电力电子技术

（第二版）

杨 威 张金栋 主编

重庆大学出版社

内容简介

本书介绍晶闸管、单相可控整流电路、三相可控整流电路、晶闸管有源逆变电路、晶闸管变频电路、晶闸管斩波电路及交流调压电路、触发电路、晶闸管主电路的参数计算及保护。在有关章节还介绍了新型电力电子器件,如 GTO、GTR,对某些先进的控制方式如集成触发、SPWM 调制也作了介绍。

本书可作为电类专业的高等职业技术院校本、专科教材。对职业教育、自学考试、成人教育及科研工作者同样适用。

图书在版编目(CIP)数据

电力电子技术/杨威,张金栋主编. —2 版. —重庆:重庆大学出版社,2003.7(2020.1 重印)
(电气工程专科系列教材)
ISBN 978-7-5624-2952-4

Ⅰ.电... Ⅱ.①杨...②张... Ⅲ.电力电子学—高等学校—教材 Ⅳ.TM1

中国版本图书馆 CIP 数据核字(2003)第 055188 号

电力电子技术
(第二版)
杨 威 张金栋 主编
责任编辑:彭 宁 版式设计:彭 宁
责任校对:廖应碧 责任印制:张 策
*
重庆大学出版社出版发行
出版人:饶帮华
社址:重庆市沙坪坝区大学城西路 21 号
邮编:401331
电话:(023) 88617190 88617185(中小学)
传真:(023) 88617186 88617166
网址:http://www.cqup.com.cn
邮箱:fxk@cqup.com.cn(营销中心)
全国新华书店经销
POD:重庆新生代彩印技术有限公司
*
开本:787mm×1092mm 1/16 印张:13.25 字数:331 千
1995 年 6 月第 1 版 2003 年 7 月第 2 版 2020 年 1 月第 16 次印刷
ISBN 978-7-5624-2952-4 定价:38.00 元

初版序

近年来我国高等专科教育发展很快，各校招收专科生的人数呈逐年上升趋势，但是专科教材颇为匮乏，专科教材建设工作进展迟缓，在一定程度上制约了专科教育的发展。在重庆大学出版社的倡议下，中国西部地区 14 所院校（云南工学院、贵州工学院、宁夏工学院、新疆工学院、陕西工学院、广西大学、广西工学院、兰州工业高等专科学校、昆明工学院、攀枝花大学、四川工业学院、四川轻化工学院、渝州大学、重庆大学）联合起来，编写、出版机类和电类专科教材，开创了一条出版系列教材的新路。这是一项有远见的战略决策，得到国家教委的肯定与支持。

质量是这套教材的生命。围绕提高系列教材质量，采取了一系列重要举措：

第一，组织数十名教学专家反复研究机类、电类三年制专科的培养目标和教学计划，根据高等工程专科教育的培养目标——培养技术应用型人才，确定了专科学生应该具备的知识和能力结构，据此制订了教学计划，提出了 50 门课程的编写书目。

第二，通过主编会议审定了 50 门课程的编写大纲，不过分强调每门课程自身的系统性和完整性，从系列教材的整体优化原则出发，理顺了各门课程之间的关系，既保证了各门课程的基本内容，又避免了重复和交叉。

第三，规定了编写系列专科教材应该遵循的原则：

1. 教材应与专科学生的知识、能力结构相适应，不要不切实际地拔高；

2. 基础理论课的教学应以“必须、够用”为度，所谓“必须”是指专科人才培养规格之所需，所谓“够用”是指满足后续课程之需要；

3. 根据专科的人才培养规格和人才的主要去向，确定专业课教材的内容，加强针对性和实用性；

4. 减少不必要的数理论证和数学推导；

5. 注意培养学生解决实际问题的能力，强化学生的工程意识；

6. 教材中应配备习题、复习思考题、实验指示书等，以方便组织教学；

7. 教材应做到概念准确，数据正确，文字叙述简明扼要，文、图配合适当。

第四，由出版社聘请学术水平高、教学经验丰富、责任心强的专家担任主审，严格把住每门教材的学术质量关。

出版系列专科教材堪称一项“浩大的工程”。经过一年多的艰苦努力，系列专科教材陆续面市了。它汇集了中国西部地区 14 所院校专科教育的办学经验，是西部地区广大教师长期教学经验的结晶。

纵观这套教材，具有如下的特色：它符合我国国情，符合专科教育的教学基本要求和教学规律；正确处理了与本科教材、中专教材的分工，具有很强的实用性；与出版单科教材不同，有计划地成套推出，实现了整体优化。

这套教材立足于我国西部地区，面向全国市场，它的出版必将对繁荣我国的专科教育发挥积极的作用。这套教材可以作为大学专科及成人高校的教材，也可作为大学本科非机类或非电类专业的教材，亦可供有关工程技术人员参考。因此我不揣冒昧向广大读者推荐这套系列教材，并希望通过教学实践后逐版修订，使之日臻完善。

吴云鹏

1993年

仲夏

前　言

《电力电子技术》教材的编写，是针对工科院校专科的教学实际，确定了与专科学生知识、能力结构相适应的原则，注意培养学生理论联系实际，强化学生工程意识的宗旨而编写的。

本书编写中注意突出利用电力电子器件对电能进行变换和控制这一主题。其主要内容为：晶闸管可控整流、有源逆变、变频、交流调压及直流斩波、晶闸管的触发电路、晶闸管的选择与保护。为了反映电力电子技术的飞速发展，在有关章节中还介绍了新型电力电子器件，如GTO、GTR等，同时对某些先进的控制方法如：集成触发、SPWM调制等也作了相应介绍。本书可作为大学专科电气技术，工业电气自动化等专业的教材，也适合职工大学、电视大学及其他有关专业师生、工程技术人员参考。

本书由杨威、张金栋担任主编。参加编写的有：第1、4章由杨威编写，第2、3章由张金栋编写，第5章由赵来贞编写，第6章由惠毅编写，第7章由何凭编写，第8章由马奇环编写。全书由缪尔康担任主审。在编写过程中，得到了重庆大学侯振程教授的悉心指导，在此表示衷心的感谢。

鉴于编者的水平及经验所限，错误及疏漏之处难以避免，切望广大读者批评指正。

编　者

目　录

绪论…… 1
第 1 章　晶闸管…… 4
1.1　晶闸管的结构及可控特性 …… 4
1.2　晶闸管的工作原理 …… 6
1.3　晶闸管的伏安特性及主要特性参数 …… 8
1.4　晶闸管的现场测试方法…… 13
习题及思考题 …… 16
第 2 章　单相可控整流电路 …… 17
2.1　单相半波可控整流电路…… 17
2.2　单相全波可控整流电路…… 22
2.3　单相半控桥式整流电路…… 28
习题及思考题 …… 32
第 3 章　三相可控整流电路 …… 35
3.1　三相半波可控整流电路…… 35
3.2　三相全控桥式整流电路…… 40
3.3　三相半控桥式整流电路…… 43
3.4　大容量可控整流主电路的接线型式及特点 …… 45
3.5　变压器漏电抗对整流电路的影响…… 50
3.6　整流电路的谐波分析…… 53
习题及思考题 …… 57
第 4 章　晶闸管有源逆变电路 …… 60
4.1　逆变概念…… 60
4.2　三相半波逆变电路…… 64
4.3　三相桥式逆变电路…… 66
4.4　逆变失败原因分析及逆变角的限制…… 68
4.5　有源逆变应用实例…… 70
4.6　变流装置的功率因数及对电网的影响…… 74
习题及思考题 …… 77
第 5 章　晶闸管变频电路 …… 79
5.1　变频概念及晶闸管换流方式…… 79
5.2　并联谐振变频电路…… 81
5.3　串联电感式变频电路…… 85
5.4　三相串联电感式变频电路——三相异步电机变频调速原理…… 87
5.5　交流-交流变频电路 …… 90

5.6 新型电力电子器件简介……………………………………………………………………………………… 93
5.7 正弦波脉宽调制(SPWM)型晶体管逆变电路 …………………………………………… 98
习题及思考题……………………………………………………………………………………………………… 102
第6章 晶闸管斩波电路及交流调压电路……………………………………………………………… 103
6.1 晶闸管斩波器的工作原理与分类 ………………………………………………………………… 103
6.2 几种直流斩波电路的分析 …………………………………………………………………………… 106
6.3 晶闸管交流调压电路及双向晶闸管的应用 ………………………………………………… 116
6.4 晶闸管过零调功电路 ………………………………………………………………………………… 126
习题及思考题……………………………………………………………………………………………………… 133
第7章 触发电路………………………………………………………………………………………………… 134
7.1 触发电路的技术指标 ………………………………………………………………………………… 134
7.2 简单触发电路 …………………………………………………………………………………………… 136
7.3 单结晶体管触发电路 ………………………………………………………………………………… 139
7.4 同步信号为正弦波的晶体管触发电路 ………………………………………………………… 143
7.5 同步信号为锯齿波的晶体管触发电路 ………………………………………………………… 149
7.6 触发电路中的同步 …………………………………………………………………………………… 154
7.7 集成触发器及数字触发器简介 …………………………………………………………………… 159
习题及思考题……………………………………………………………………………………………………… 163
第8章 晶闸管主电路的参数计算及保护……………………………………………………………… 164
8.1 晶闸管电压电流参数的选择 ……………………………………………………………………… 164
8.2 晶闸管过电压保护 …………………………………………………………………………………… 166
8.3 晶闸管过电流保护及电流上升率、电压上升率的限制……………………………………… 174
8.4 晶闸管串并联运行 …………………………………………………………………………………… 180
习题及思考题……………………………………………………………………………………………………… 185
附录……… 186
附录1 整流变压器参数计算 ………………………………………………………………………………… 186
附录2 平波电抗器参数计算 ………………………………………………………………………………… 193
附录3 脉冲变压器设计 ……………………………………………………………………………………… 196
主要参考文献……… 203

绪　论

电力电子技术目前已发展为一门新兴的学科。该学科横跨“电力”、“电子”及“控制”3个领域,国际电气和电子工程师协会(IEEE)中的电力电子学会对电力电子技术具体表述为:应用电路理论及有关设计分析方法,使用电力半导体器件,实现对电能高效能的变换及控制的一门技术,这种变换及控制包括电压、电流、频率等几方面内容。电力半导体器件主要有整流二极管、晶闸管及其派生器件、功率晶体管及其派生器件等。其中,普通型晶闸管(可控硅)目前应用十分广泛。它也是出现较早的电力半导体器件,由于晶闸管的出现,使弱电对强电的有效控制成为现实。特别从20世纪80年代以来,晶闸管的派生器件及功率晶体管制作水平不断提高,其应用领域日渐广阔,电力电子技术已被公认为当今最先进的电气技术,它的发展标志着人类对电能有效与合理的应用进入了一个更高的水平。

20世纪早些时候,人们为了对电能进行变换和控制,主要应用电机机组、汞弧整流器、闸流管等功率器件,这些器件普遍存在着功率放大倍数低、响应特性差、体积大、效率低,有的还存在噪音或者有毒等一系列缺点,从而限制了电能变换控制技术水平的提高和推广应用。自1956年美国贝尔电话公司实验室制成了世界上第一支晶闸管后,仅用了两年时间,该公司就生产出具有工业用途的晶闸管产品,从而使电能的变换与控制技术进入了一个全新的时代。晶闸管以其响应特性好、重量轻、体积小、消耗能量低、功率放大倍数高等特点在工业领域应用日益广泛。当前以晶闸管(可控硅)为主体的电力半导体器件已成为电力电子技术发展的基础。为适应电能变换及控制技术领域不断扩大,技术要求水平的不断提高,随着半导体平面工艺技术的发展,目前除普通型晶闸管外,还相继研制出了满足特殊需要的快速晶闸管、逆导晶闸管、双向晶闸管及可关断晶闸管等一批晶闸管派生器件,同时还有功率晶体管,功率场效应晶体管,以及将功率开关与控制电路集成在同一块半导体芯片上的新一代的功率集成电路,从而进一步推动了电力电子技术的迅猛发展。

我国自1962年研制成功晶闸管以来,产品的产量、质量以及相应的派生器件历年均有较快的发展,特别是近十年来,设计、工艺、测试及工艺装备等方面都有了长足的进步,从而使我国制造的电力半导体器件无论从器件本身的容量定额或是其动静态特性方面都有了很大的提高和改善。为我国电力电子技术的发展奠定了较坚实的物质基础。

目前,国外普通型晶闸管的生产水平已达到1 000 A、4 000 V,研制水平达到3 000 A、6 500 V。快速晶闸管的生产水平已达到1 500 A、1 200 V、20 μs,研制水平达到1 000 A、2 500 V、30 μs。双向晶闸管的生产水平为500 A、1 000 V,研制水平达到1 000 A、1 800 V。功率晶体管的生产水平为200 A、900 V,研制水平为400 A、1 000 V。

国内普通型晶闸管的生产水平已达到1 000 A、2 600 V,研制水平为1 000 A、3 000 V。快速晶闸管的生产水平为500 A、1 600 V、40 μs,研制水平达到1 000 A、1 200 V、30 μs。双向晶闸管的生产水平为300 A、1 000 V,研制水平达到1 000 A、1 200 V。功率晶体管的生产水平为50 A、600 V,研制水平为100 A、600 V。

由电力半导体器件构成的变流装置,一般均具有以下的特点:

1. 体积小、重量轻，与机组相比，无噪声，没有机械旋转部分的磨损，维护方便。

2. 功率放大倍数高。只需几伏电压和几百毫安电流的小信号，即可控制数百安及数千伏的大功率电能，其放大倍数可达数万倍。

3. 控制动态特性好。机组的快速响应为秒级，而晶闸管变流装置可达毫秒级。

4. 功耗小、效率高，节能效果显著。

5. 可提高技术经济指标。

晶闸管变流装置的缺点主要表现为：

1. 过载能力差。主要表现在过电压及过电流能力低。

2. 工作在深控状态时装置的功率因数降低，并产生较强的高次谐波，引起电网波形畸变，造成对电网上其他电器设备的干扰。

我国已将电力电子技术列为重点发展的高技术领域之一，电力电子技术的地位已被充分加以肯定。

电力电子技术的应用按其功能可分为下述几种类型：

1. 可控整流器：把交流电压变换为固定或者大小可调的直流电压。

2. 逆变器：把直流电变换为频率固定或可调的交流电。

3. 交流调压器：把固定的交流电压变换成大小可调的交流电压。

4. 周波变换器：把固定频率的交流电变换为频率可调的交流电。

5. 斩波器：把固定的直流电压变换成大小可调的直流电压。

6. 无触点功率静态开关：用以代替接触器、继电器，用于频繁操作与开关频率较高的场合。

围绕上述几种类型，电力电子技术在国民经济的许多领域应用极其广泛，下面通过几个应用实例来加深理解。

（一）直流调速装置

对直流电机的调速，可通过改变电枢电压或激磁电压来实现。以往采用电动-发电机组，需要多台电机，设备庞大。控制复杂而且维护工作量大。改用晶闸管可控整流器供电的直流调速系统，只需一台电机，结构简单，易于实现自动控制，而且系统的动、静特性好。目前该技术已在冶金、机械、造纸、轻纺等部门广泛采用。

采用晶闸管斩波器对直流电机供电，可以实现直流电机的直流脉冲调速。其技术性能在调速、启动、平稳制动、操纵灵活等方面均明显优于传统的直流电机电阻调速方式，而且可节能30% ~40%，该技术已用于地铁电机车、矿山电机车、城市无轨电车及电瓶车的控制系统。

（二）交流调速系统

利用变流装置，通过改变交流电机供电频率实现对交流电机无级调速的交流变频调速技术，以其调速范围宽、功率因数高及性能可靠的特点受到世界各国的重视，并成为电力电子技术近期的一个发展重点。交流变频调速将逐渐取代直流调速，是当今电力拖动发展的必然。

应用晶闸管可逆整流电路，将绕线式异步电动机转子中的能量经过变换后送回电网，以实现对其转速调节的串级调速，则是交流调速的另一种类型。它具有明显的节能效果，结构简单、控制方便而且调速范围宽，特别适用于提升设备及泵和风机类负载。

（三）晶闸管中频电源

它是利用晶闸管变流装置，将工频交流电经整流后再逆变为中频交流电供给中频交流负载的设备。目前有 1 000 Hz、1 500 Hz、2 500 Hz 等型的中频电源用于熔炼和热处理的感应加热。还有 400 ~ 800 Hz 供电的仪器设备电源，从而逐渐取代了传统的中频发电机组。

（四）不停电电源

在通信中心、计算机房、气象站，医院及国防重要部门，通常是不允许发生停电事故的。利用晶闸管或其他功率器件所组成的逆变器，在出现交流电网断电时，把事先充好的蓄电瓶的直流电逆变为交流电并自动投入供电。目前我国已生产中小容量的系列化的不停电电源。

（五）交流灯光控制及电炉温度调节电源

利用晶闸管的交流调压与调功装置，可以方便地实现不同场合灯光的控制，例如影剧院及舞台灯光的调节，使之适应场景及环境气氛的要求。当其用于电炉温度调节系统时，可以方便地实现自动控制，易维护，操作方便，较之老式的感应调压器和饱和电抗器有不可比拟的优点。

电力电子技术还应用于高压直流输电、有源滤波、无功补偿等许多方面。可以肯定，随着电力电子技术的进一步发展，定将在国民经济的各个部门发挥更大作用。

“电力电子技术”在工业电气化与自动化等专业中，是一门专业基础性质较强并与生产联系紧密的课程。该课程包含器件、电路及有关应用三方面内容，其中应以电路为主，在电路的分析中，要格外重视各种与电路有关的波形的分析，从波形的分析中进一步理解电路的工作原理。此外，还应注意掌握适应电能不同的变换控制功能的主电路结构，不同负载对电路工作的影响以及主电路元件参数的计算和选择。讲解器件工作原理及特性的目的，是为了应用它来组成有关电路，所以应注意掌握器件的外部特性和各种表征其特性的电参数的含义。此外还应了解并熟悉一些较典型的触发电路的组成、工作原理及其特点。由于本书内容编排均按章节分单元进行，读者应特别注意在掌握一定的单元内容后，提高自己对整个装置的系统的认识及分析水平，最终达到灵活运用所学知识，对晶闸管变流装置具备初步的设计计算能力。

第1章 晶闸管

内容提要

晶闸管包括普通晶闸管、快速晶闸管、可关断晶闸管、双向晶闸管等电力半导体器件。由于普通晶闸管应用广泛,通常就用晶闸管来代替普通晶闸管的名称。本章所述的晶闸管专指普通晶闸管,其内容主要讨论晶闸管的结构及工作特点,晶闸管的伏安特性,晶闸管的主要参数,了解晶闸管以便更好地应用它。至于普通晶闸管以外的其他晶闸管,将在本书有关章节中结合应用加以介绍。

1.1 晶闸管的结构及可控特性

晶闸管即人们习惯称之可控硅的器件,是用N型单晶硅片,按一定的工艺要求,分别进行扩散及烧结处理后,形成PNPN4层结构的一种大功率半导体器件。常用的有螺栓式和平板式两种封装形式。晶闸管有3个引出电极,分别称为阳极(A)、阴极(K)和门极(G),其外形和电气符号如图1.1所示。

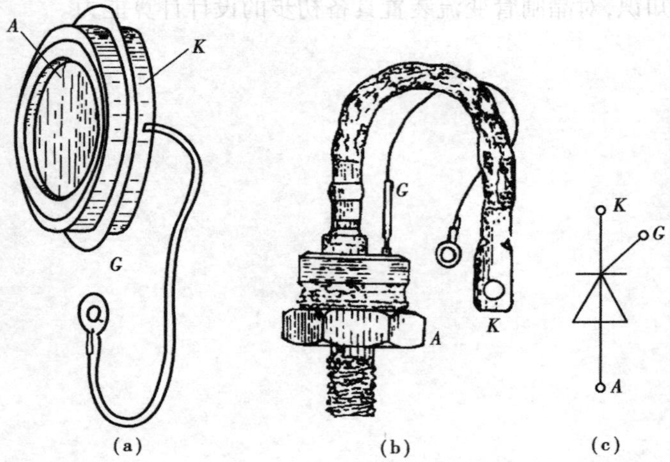

图1.1 晶闸管外形及符号
(a)平板型 (b)螺旋型 (c)符号

晶闸管属于大功率的半导体器件,导通工作时自身发热量大,必须采用相应的散热措施,否则将由于晶闸管温升过高而损坏。一般均安装铝制散热器来达到降温的目的。根据散热方式分为自冷、强迫风冷及水冷和热管散热等几种类型。螺栓式晶闸管的散热器直接安装在阳极螺旋上,平板式的晶闸管则由互相绝缘的两个散热器将其夹固在中间,两面散热,其效果比螺栓式好,一般容量在200 A以上的晶闸管,都采用平板式结构。

晶闸管的核心部分称为管芯,如前所述,它是用磨制好的N型单晶硅片作为基片,在高温密封状态下,进行铝或硼(P型杂质)双面扩散,形成$P_1N_1P_2$结构,然后在P_2面用烧结的办法在其大部分区域扩散锑或磷(N型杂质),最终形成$P_1N_1P_2N_2$ 4层3个PN结的结构,P_1层引出线作为阳极A,N_2层引出线作为阴极K,P_2层剩下的小部分区域引出线为门极G。螺栓式和平板式的管芯分别如图1.2(a)、

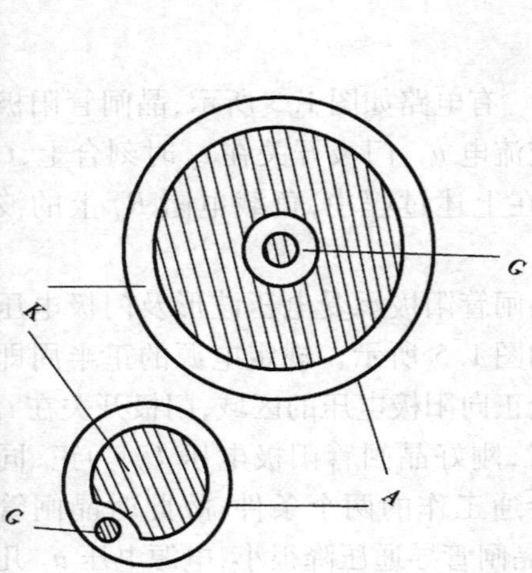

图 1.2　晶闸管管芯

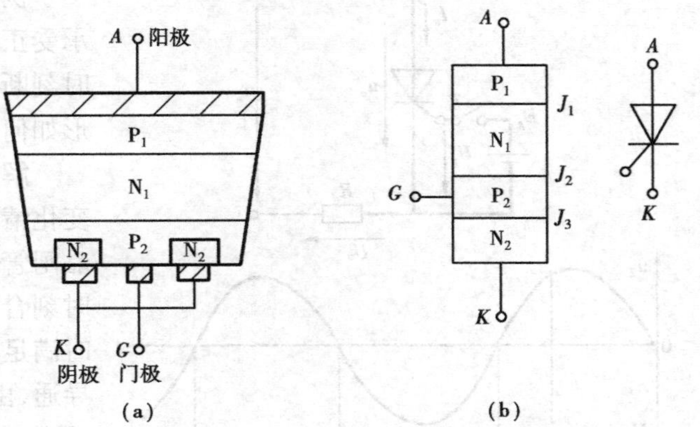

图 1.3　晶闸管内部结构

(b)所示。管芯内部4层3结的结构示意如图1.3所示。当晶闸管的阳极与阴极间加上 $u_{AK}>0$ 的正向电压时，J_2 结处于反向偏置，当加上 $u_{AK}<0$ 的反向电压时，J_1、J_3 结处于反向偏置，均呈现高电阻状态，即阻断状态。这是晶闸管与二极管根本的差异。

晶闸管在什么条件下，才能够从阻断状态转变为导通状态或者反之呢？可以照图1.4连接实验线路，分别就有关情况进行实验观察。图中，E_a 为直流电源，经过双向闸刀开关(K_1)，将负载(白炽灯)与晶闸管连接成一个实验电路。该电路称主电路，用粗线表示。门极电源 E_g 经双向闸刀开关(K_2)与晶闸管的门极和阴极连接，称为控制电路，用细线表示。白炽灯的明或暗分别表示晶闸管的导通或关断。通过实验可得出如下结论：

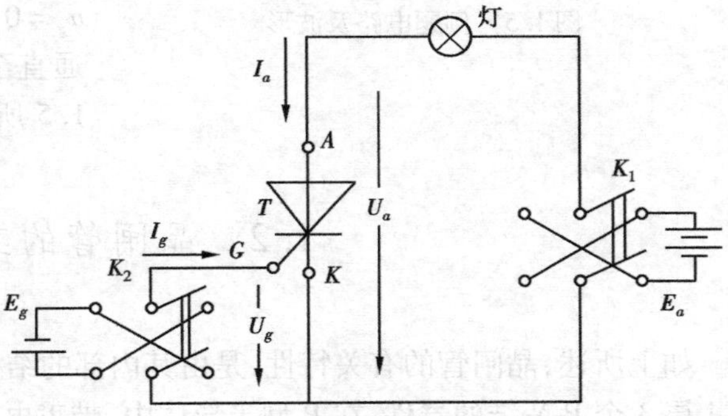

图 1.4　晶闸管导通关断实验

(1)当晶闸管承受正向阳极电压时，只有当门极与阴极间施加适当的正向电压并有一定 I_g 的情况下，晶闸管才能导通。

(2)当晶闸管承受反向电压时，则不论门极与阴极间施加何种极性的电压，晶闸管均处于阻断状态。

(3)晶闸管在导通的情况下，只要保持承受一定的正向阳极电压，则不论门极与阴极间电压如何，晶闸管均仍然导通，即晶闸管导通后，门极就失去对它的控制作用。

(4)晶闸管在导通情况下，只有当其正向阳极电压减少到一定值或者阳极电压为负值，晶闸管才从导通状态恢复为阻断状态。

综上所述，晶闸管欲从阻断转变为导通状态，必须同时具备正向阳极电压和正向门极电流两个条件。晶闸管一旦导通，门极即失去对它的控制作用。因此，通常在门极只要施加一个正向脉冲电压即可，称为触发电压。当晶闸管承受正向阳极电压时，只要控制施加触发电压的时刻，则晶闸管导通工作的时间即可控制，这正是晶闸管的可控特性。正是这种特性，使晶闸管在电能的变换和控制中获得了广泛应用。

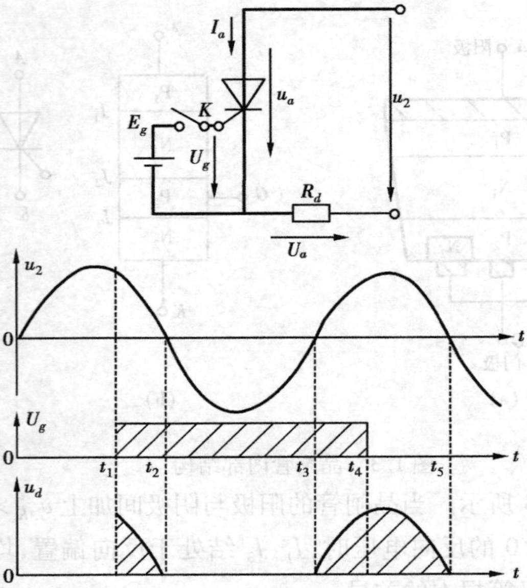

图 1.5　例题电路及波形

例 1.1　有电路如图 1.5 所示，晶闸管阳极承受正弦交流电 u_2，门极开关在 t_1 时刻合上，t_4 时刻断开，在上述过程中，负载电阻 R_d 上的波形如何？

解　晶闸管阳极承受电压波形及门极电压变化情况如图 1.5 所示。规定电源的正半周即晶闸管承受正向阳极电压的区域，门极开关在 t_1 时刻合上时，刚好晶闸管阳极电压 U_a 为正，同时满足其导通工作的两个条件，故此时晶闸管导通，由于晶闸管导通压降很小，电源电压 u_2 几乎全部加于负载 R_d 上，到 t_2 时刻，因电源 u_2 开始过零并反向，如上述实验晶闸管即关断，一直到 t_3 时刻，晶闸管重新承受正向阳极电压且有正向门极电压存在，故晶闸管又导通工作；t_4 时刻，开关断开，管子承受正向阳极电压 u_a，虽然 $u_g=0$，由于晶闸管已处于导通状态，故将继续导通直至 t_5 时刻关断。R_d 上的电压波形 u_d 如图 1.5 所示。

1.2　晶闸管的工作原理

如上所述，晶闸管的有关特性，是由其内部的结构所决定的。前节内容已说明晶闸管为具有 4 层 3 个 P-N 结的器件，在 P 型半导体中，带正电的空穴为多数载流子，N 型半导体中则是带负电的电子为多数载流子。为便于分析，可按照图 1.6 所示，将晶闸管的中间层 N_1 和 P_2 分为两部分，即可认为晶闸管等效为一个 PNP 和一个 NPN 组合的复合管，这样就可以采用三极管的工作原理来进行分析。

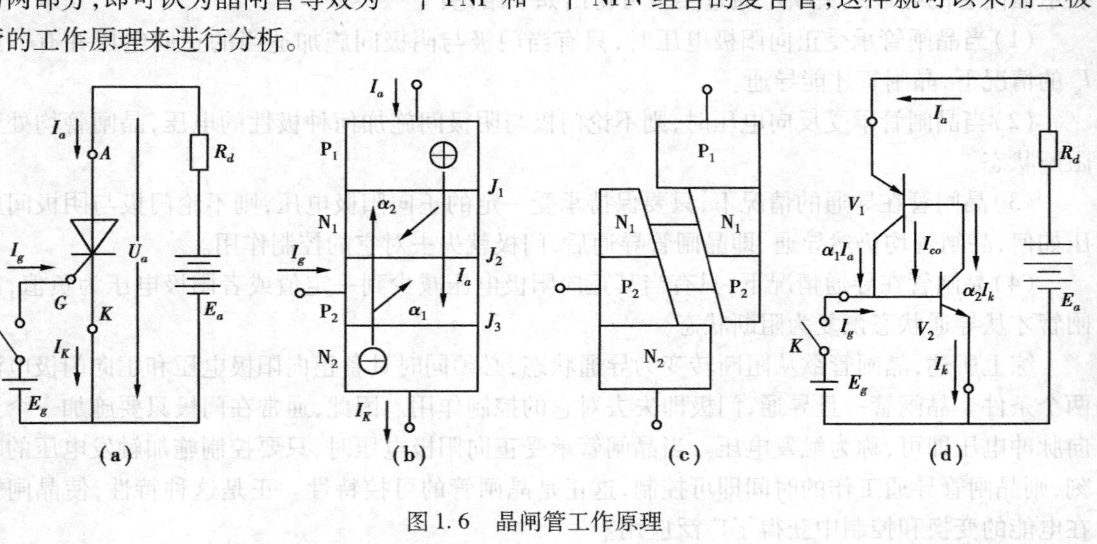

图 1.6　晶闸管工作原理

当晶闸管承受正向阳极电压时，J_1 和 J_3 结均处于正向偏置，而 J_2 结则处于反向偏置，欲使晶闸管导通，必须设法消除 J_2 结的阻挡作用。图 1.6 中三极管 V_1 的集电极同三极管 V_2 的基极相接，只要有相应的门极电流 I_g 流入，就会形成强烈的正反馈，造成复合三极管的饱和导通，即晶闸管导通。

设 V_1 管与 V_2 管的集电极电流分别为 I_{c_1} 及 I_{c_2}，发射极电流分别为 I_a 及 I_K，共基极电流放大系数分别为 $\alpha_1=\frac{I_{c_1}}{I_a}$ 和 $\alpha_2=\frac{I_{c_2}}{I_K}$。晶闸管的工作过程可简单表示如下

流入 I_g 时，

$$I_g\uparrow\rightarrow I_{b_2}\uparrow\rightarrow I_{c_2}\uparrow = I_{b_1}\uparrow\rightarrow I_{c_1}\uparrow$$

设流过 J_2 结的反向漏电流为 I_{co}，阳极电流 I_a 进入 P_1 区形成空穴扩散电流，到达 J_2 结的电流为 $\alpha_1 I_a$，而阴极电流 I_K 在 N_2 区为电子扩散电流，它到达 J_2 结的电流值为 $\alpha_2 N_K$；因此，流过 J_2 结的总电流也就是阳极电流应由上述 3 部分组成

$$I_a = \alpha_1 I_a + \alpha_2 I_K + I_{co} \tag{1.1}$$

当 $I_g=0$，即门极无触发电流时 $I_a=I_K$。代入(1.1)式，晶闸管流过的正向漏电流为

$$I_a = \frac{I_{co}}{1-(\alpha_1+\alpha_2)} \tag{1.2}$$

此时，因无 I_g 的注入，$(\alpha_1+\alpha_2)$ 很小，故晶闸管的正向漏电流 $I_a\approx I_{co}$，它处于正向阻断状态。

注入门极电流 I_g，则阴极电流为

$$I_K = I_a + I_g \tag{1.3}$$

从而可得

$$I_a = \frac{I_{co}+\alpha_2 I_g}{1-(\alpha+\alpha_2)} \tag{1.4}$$

因为晶体三极管的电流放大系数 α 随其发射极电流的增大而增大，其曲线如图 1.7 所示。当门极电流 I_g 达到一定值时，随着发射极电流的增大，$(\alpha_1+\alpha_2)$ 将增大到接近 1，则公式(1.4)中的阳极电流急剧增加，I_a 的大小由阳极电源电压及负载电阻的比值来确定，此时，即使 I_g 降为零或者出现负值，由于晶体管强烈正反馈作用，也能保持 I_a 值不变，即晶闸管仍继续导通。只有设法使晶闸管阳极电流减少到一定程度（约几十毫安），此时 α_1 及 α_2 相应减小，导致其内部正反馈无法维持时，晶闸管才恢复阻断。

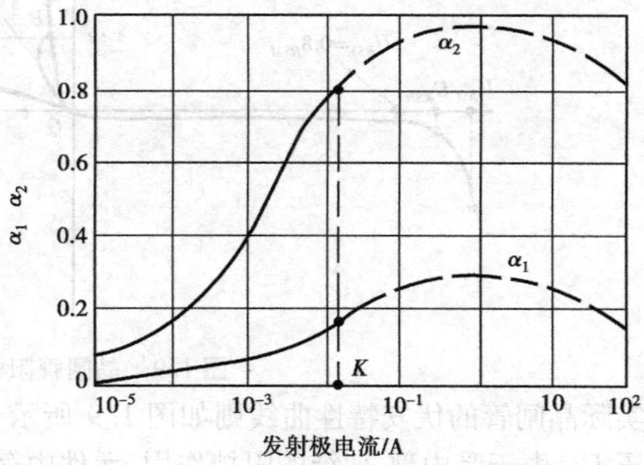

图 1.7　等效晶体管 α 变化曲线

如果晶闸管施加反向阳极电压，则由于此时 V_1 及 V_2 均处于反压状态，无论有否门极电压，晶闸管都处于阻断状态。

1.3 晶闸管的伏安特性及主要特性参数

所谓晶闸管的伏安特性,即是其阳极和阴极之间的电压 U_a 与阳极电流 I_a 一一对应的关系,掌握晶闸管的上述关系,才能正确可靠地应用它。

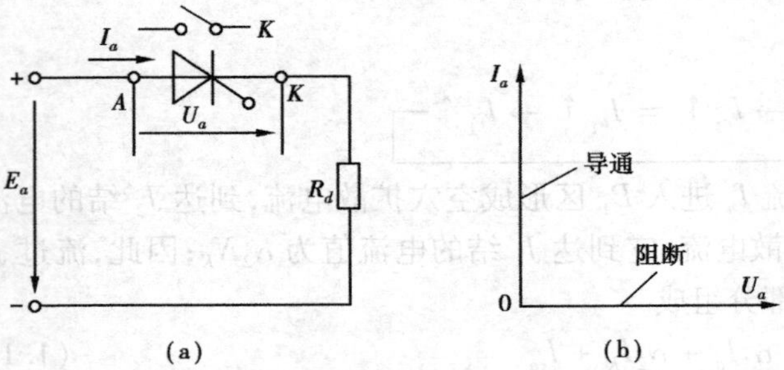

图 1.8 晶闸管理想开关伏安特性

作为一只理想的晶闸管,要求其关断时,阳极 A 与阴极 K 之间电阻无穷大,阳极漏电流为零,如门极加足够的触发电压,使晶闸管转为正向导通时,则要求 A 与 K 之间的电压降为零。上述理想晶闸管的特性如果用直角坐标中相应曲线来表示即如图 1.8(a)、(b)所示。

图中,横轴代表 A 与 K 之间的电压,纵轴代表阳极电流。当理想晶闸管关断时,其特性曲线即与横轴重合;当理想晶闸管转为正向导通时,特性曲线则与纵轴重合。

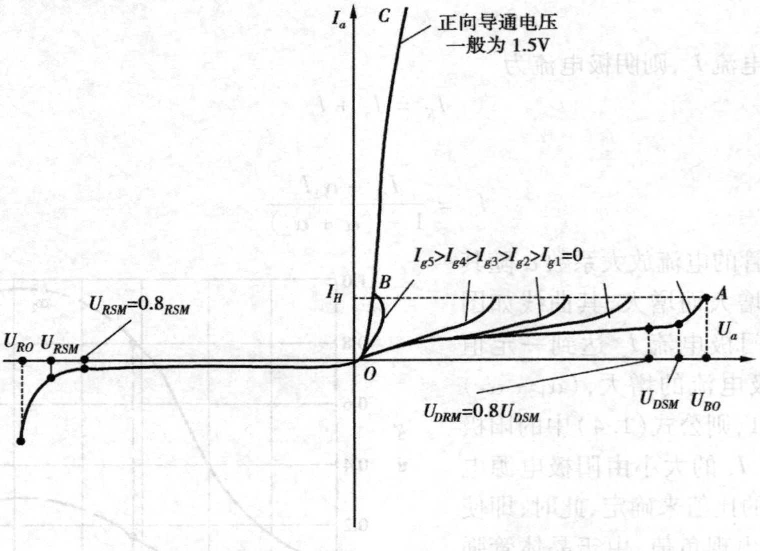

图 1.9 晶闸管阳极伏安特性

实际晶闸管的伏安特性曲线则如图 1.9 所示。当门极无触发信号 $I_g=0$ 时,逐渐增大阳极电压 U_a,由于受内部 J_2 结的阻挡作用,元件中存在着很小的漏电流。当 U_a 上升到电压 U_{BO} 数值时,由于 J_1、J_3 结内电场削弱显著,α_1 及 α_2 相应增加,促使扩散电流 $\alpha_2 I_K$ 与 $\alpha_1 I_a$ 分别和 J_2 结中的载流子复合,导致 J_2 结内部电场的消失,从而使晶闸管突然从阻断变为导通,A 与 K 之间的大部分电压降到负载上,特性曲线也突变到接近纵轴的位置。电压 U_{BO} 称为晶闸管的转折电压。晶闸管导通后的特性和一般整流二极管的正向特性是一致的。

随着门极供给触发电流 I_g 的逐渐加大,晶闸管转折电压也将逐渐减小。实际使用中,一般让晶闸管在足够大的 I_g 电流作用下,较低的转折电压状态导通。$I_g=0$ 时元件处于较高 U_{BO} 值导通多次后,会大大影响其性能以致将其损坏,因此上述“硬开通”是不允许的。

晶闸管导通后,其阳极与阴极间的管压降是很小的,其值如特性曲线中的 $U_{T(AV)}$ 所示。当阳极电流 I_a 减小达到曲线中的 I_H 电流以下时,晶闸管又从导通返回到正向的阻断状态。

晶闸管施加反向阳极电压时,由于 J_1、J_3 结均为反向偏置,因此元件只流过很小的反向漏电流,曲线处于靠近横轴的位置;但是,当反向电压升高到 U_{RO}时,反向电流急剧增加,元件即被反向击穿。实际工作时,决不允许元件承受的反向电压达到 U_{RO}值。

理想晶闸管实质上就是一种理想的无触点功率开关,将实际晶闸管的伏安特性与它比较,不难看出,实际晶闸管相当于一支较理想的无触点功率开关元件。

为了正确使用晶闸管,除了上述对晶闸管的伏安特性作定性了解外,还必须以此为基础对晶闸管的主要特性参数作深入的研究。

1. 晶闸管的电压定额

晶闸管工作时,必须能够重复承受一定的电压而不影响其性能,这种电压的极限值就叫晶闸管的“重复峰值电压”。在特殊情况下,晶闸管偶然承受不影响其性能的较高电压,但该电压不能重复施加,这就是晶闸管“不重复峰值电压”的含义。显然,该电压为小于转折电压 U_{BO}的值。

(1)转折电压 U_{BO}:门极开路,漏电流突然增加,晶闸管从正向阻断状态转入导通状态的最小瞬态电压。

(2)反向击穿电压 U_{RO}:晶闸管承受反向阳极电压,其漏电流突然增加,晶闸管反向阻断作用消失的最小瞬态电压。

(3)断态不重复峰值电压 U_{DSM}:不允许重复加于晶闸管 A 与 K 之间的正向瞬态电压。U_{DSM}小于 U_{BO},具体值由厂家确定。

(4)反向不重复峰值电压 U_{RSM}:不允许重复加于晶闸管 A 与 K 之间的反向瞬态电压。该电压小于 U_{RO},具体值由厂家确定。

(5)断态重复峰值电压 U_{DRM}:规定断态重复峰值电压 U_{DRM}为断态不重复峰值电压 U_{DSM}的 80%。$U_{DRM}=80\%\,U_{DSM}$

(6)反向重复峰值电压 U_{RRM}:规定反向重复峰值电压 U_{RRM}为反向不重复峰值电压 U_{RSM}的 80%。$U_{RRM}=80\%\,U_{RSM}$

(7)额定电压 U_{Te}:该电压即为晶闸管铭牌标出的额定电压,一般为晶闸管实测值 U_{DRM}与 U_{RRM}中较小的一个值,取相应的标准电压等级,电压等级如表 1.1 所示。

如某晶闸管实测的 U_{DRM}为 768 V,U_{RRM}为 880 V,按上述规定,额定电压应取 768 V,按照表 1.1 的电压等级,可取 U_{Te}为 700 V,即该晶闸管铭牌标出的额定电压为 700 V,属于 7 级。

表 1.1　晶闸管正反向重复峰值电压等级

级　　别	1	2	3	4	5	6	7	8	9	10
正反向重复峰值电压/V	100	200	300	400	500	600	700	800	900	1 000
级　　别	12	14	16	18	20	22	24	26	28	30
正反向重复峰值电压/V	1 200	1 400	1 600	1 800	2 000	2 200	2 400	2 600	2 800	3 000

因晶闸管工作时，外加电压峰值如果超过其反向不重复峰值电压，将造成晶闸管永久性损坏，或者由于环境温度升高或散热不良使其耐压等级下降。所以考虑上述因素，选用元件的额定电压应比实际工作的电压峰值大 2 ~3 倍，作为晶闸管工作时的安全裕量。

如某晶闸管工作电源为工频交流 220 V，则晶闸管的额定电压 U_{Te} 应选择为 $(2\sim3)U_M$，U_M 为晶闸管实际工作电压的峰值，即 U_M 为 $\sqrt{2}\times220\ \text{V}=311\ \text{V}$，则 $U_{Te}=(2\sim3)\times311\ \text{V}=622\sim933\ \text{V}$，可选择其范围内某电压等级即可。

(8)通态(平均)电压 $U_{T(AV)}$：在一定条件下，晶闸管通过其额定电流时，阳极与阴极之间电压降的平均值，通态平均电压一般俗称为管压降，从减小损耗及发热而言，应选择 $U_{T(AV)}$ 较小的元件。晶闸管元件按 $U_{T(AV)}$ 的大小可分为 9 组，如表 1.2 所示。

2. 晶闸管的电流定额

(1)断态重复峰值电流 I_{DRM} 和反向重复峰值电流 I_{RRM}。一般俗称为晶闸管正向和反向漏电流。其值在几十毫安以内。

表 1.2　通态平均电压分组

组别	通态平均电压/V	组别	通态平均电压/V	组别	通态平均电压/V
A	$U_{ON}\leqslant0.4$	D	$0.6<U_{ON}\leqslant0.7$	G	$0.9<U_{ON}\leqslant1.0$
B	$0.4<U_{ON}\leqslant0.5$	E	$0.7<U_{ON}\leqslant0.8$	H	$1.0<U_{ON}\leqslant1.1$
C	$0.5<U_{ON}\leqslant0.6$	F	$0.8<U_{ON}\leqslant0.9$	I	$1.1<U_{ON}\leqslant1.2$

(2)维持电流 I_H：晶闸管从导通状态转变为阻断状态时所需的最小阳极电流。

(3)擎住电流 I_L：晶闸管加上门极触发电压，从阻断状态转变为导通状态后消除触发电压，能维持导通状态所需的最小阳极电流。一般 $I_L=(2\sim4)I_H$。

(4)通态平均电流 $I_{T(AV)}$：该电流也称为晶闸管的额定电流。它规定为晶闸管在标准散热条件下通以工频正弦半波通态电流的平均值(一个周期内)。

由于晶闸管首先是在可控整流电路中应用，其额定电流自然就按电流的平均值来标定，但是晶闸管也和其他电气设备一样，决定其允许电流大小的标准是温度的高低。造成晶闸管发热的原因主要是管芯中 3 个 PN 结的结温，如果认为其管芯通态时电阻不变，则其发热的多少就和通过电流的有效值有关。因而有必要根据晶闸管通态平均电流 $I_{T(AV)}$ 求出其相对应的电流有效值，根据有效值对应热等效的原则。合理地选择晶闸管额定电流值的大小。

根据晶闸管额定电流的定义，其额定电流是工频正弦半波电流波形的平均值，如果电流波形峰值为 I_m，则其额定电流为

$$I_{T(AV)}=\frac{1}{2\pi}\int_0^{\pi}I_m\sin\omega t\,\mathrm{d}\omega t=\frac{I_m}{\pi}\tag{1.5}$$

相应的电流有效值为

$$I_{Te}=\sqrt{\frac{1}{2\pi}\int_0^{\pi}(I_m\sin\omega t)^2\,\mathrm{d}\omega t}=\frac{I_m}{2}\tag{1.6}$$

为了表明各种不同波形电流的有效值与平均值之间的关系，现定义某电流波形的有效值与平均值之比，称为这个电流的波形系数，用 K_f 表示

$$K_f = \frac{I}{I_d} \tag{1.7}$$

式中，I 为某波形电流的有效值（均方根值），I_d 为该波形电流相应的平均值。

在正弦半波的情况下，其波形系数 K_f 为

$$K_f = \frac{I_{Te}}{I_{T(AV)}} = \frac{\pi}{2} = 1.57$$

这说明一只 $I_{T(AV)}$ 为 100 A 的晶闸管，其额定有效值 I_{Te}（晶闸管允许最大电流有效值）为 $K_f \cdot I_{T(AV)} = 157$ A。

晶闸管实际工作中，其波形系数 K_f 将随着通过电流的波形及导电角度的不同而不同。表 1.3 给出额定电流 $I_{T(AV)}$ 为 100 A 的晶闸管，在不同波形情况下的波形系数及允许的电流平均值。

表 1.3　四种波形的 K_f 值与 100 A 晶闸管容许电流平均值

波　形	平均值 I_d 与有效值 I	波形系数 $K_f = \frac{I}{I_d}$	允许电流平均值 $I_{de} = \frac{I_{Te}}{K_f}$
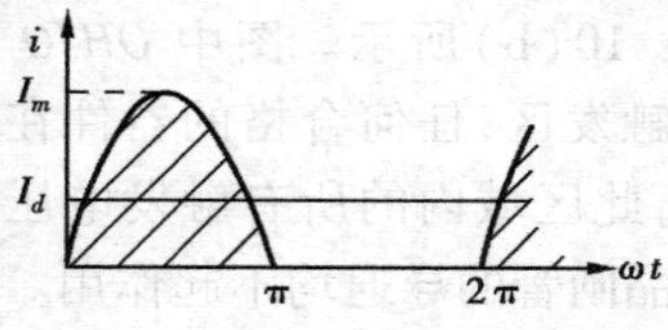	$I_d = \frac{1}{2\pi}\int_0^{\pi} I_m \sin\omega t \mathrm{d}(\omega t) = \frac{I_m}{\pi}$ $I = \sqrt{\frac{1}{2\pi}\int_0^{\pi}(I_m \sin\omega t)^2 \mathrm{d}(\omega t)} = \frac{I_m}{2}$	1.57	$I_{de} = \frac{100 \times 1.57}{1.57} =$ 100 A
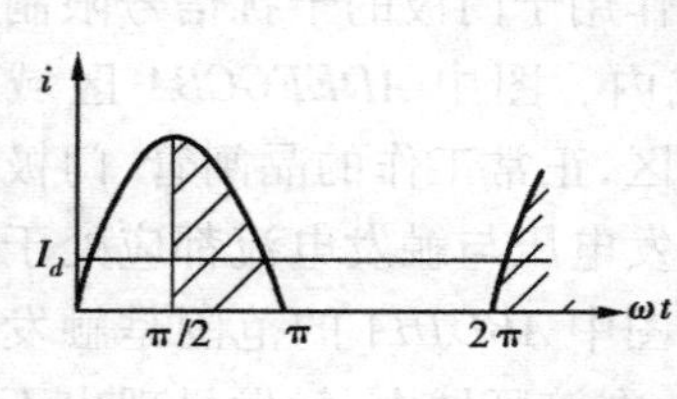	$I_d = \frac{1}{2\pi}\int_{\pi/2}^{\pi} I_m \sin\omega t \mathrm{d}(\omega t) = \frac{I_m}{2\pi}$ $I = \sqrt{\frac{1}{2\pi}\int_{\pi/2}^{\pi}(I_m \sin\omega t)^2 \mathrm{d}(\omega t)} =$ $\frac{I_m}{2\sqrt{2}}$	2.22	$I_{de} = \frac{100 \times 1.57}{2.22} =$ 70.7 A
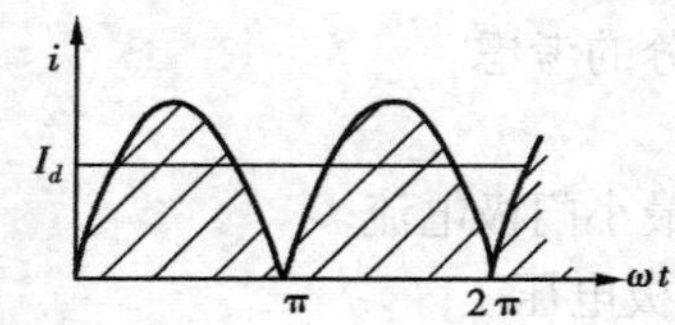	$I_d = \frac{1}{\pi}\int_0^{\pi} I_m \sin\omega t \mathrm{d}(\omega t) = \frac{2}{\pi} I_m$ $I = \sqrt{\frac{1}{\pi}\int_0^{\pi}(I_m \sin\omega t)^2 \mathrm{d}(\omega t)} = \frac{I_m}{\sqrt{2}}$	1.11	$I_{de} = \frac{100 \times 1.57}{1.11} =$ 141.4 A
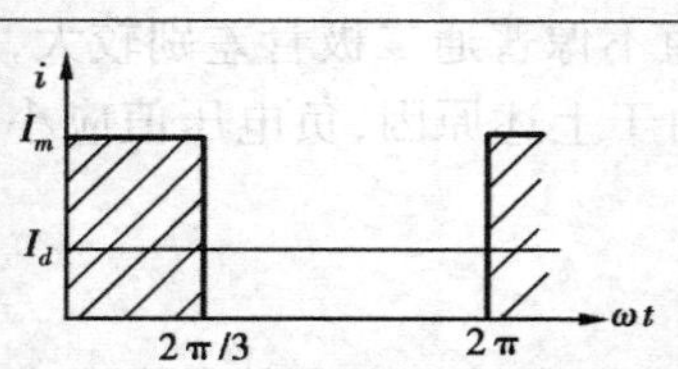	$I_d = \frac{1}{2\pi}\int_0^{2\pi/3} I_m \mathrm{d}(\omega t) = \frac{I_m}{3}$ $I = \sqrt{\frac{1}{2\pi}\int_0^{2\pi/3} I_m^2 \mathrm{d}(\omega t)} = \frac{I_m}{\sqrt{3}}$	1.73	$I_{de} = \frac{100 \times 1.57}{1.73} =$ 90.7 A

从表 1.3 中不难看出，在非正弦的电流波形通过晶闸管时，对额定电流为 100 A 的晶闸管而言，其允许的电流平均值都不是 100 A。当波形系数 $K_f > 1.57$ 时，允许的电流平均值均小于 100 A；当 $K_f < 1.57$ 时，允许的电流平均值都大于 100 A。

由于晶闸管的过载能力较小，在选择晶闸管额定电流时，应为其正常工作电流的 1.5 ~ 2

倍，详细的选择方法在本书第 8 章中论述。

3. 晶闸管门极特性及其额定参数

晶闸管在正向阳极电压作用下，当门极加入适当的信号时，可使晶闸管由阻断变为导通。从内部结构讲，晶闸管的门极和阴极间具有一个 PN 结 J_3，J_3 结的伏安特性即为晶闸管的门极特性。如图 1. 10 所示。

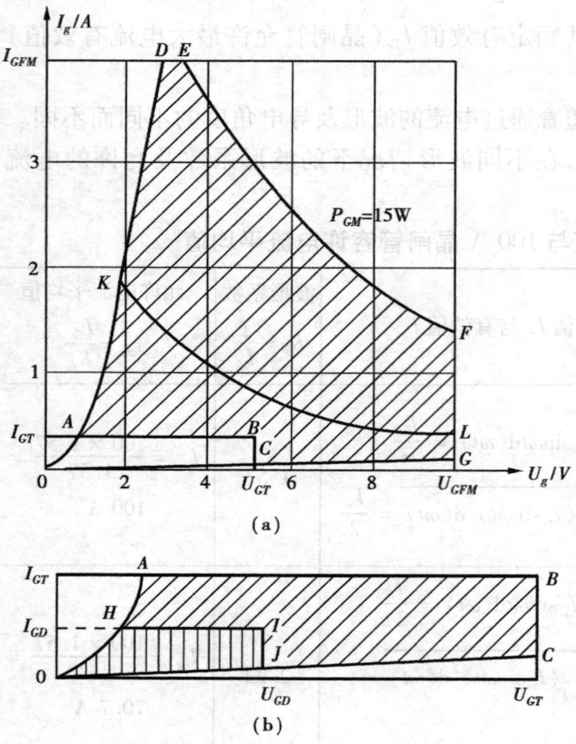

图 1. 10 晶闸管门极伏安特性

因为晶闸管实际产品的门极特性有较大分散性，故通常以门极伏安特性的区域来代表同类产品的门极特性。图 1. 10 所表示的是额定电流为 500 A 晶闸管的门极伏安特性，图中曲线 *OD* 为低阻极限伏安特性，曲线 *OG* 为高阻极限伏安特性，为不使加于门极的信号超过其允许功率，曲线中 *DE* 线及 *FG* 线分别标明允许的正向门极峰值电流及峰值电压值。把接近坐标原点处的特性区域放大，如图 1. 10(b) 所示。图中 *OHJO* 范围称为不触发区，任何合格的器件在额定结温时，此区域内的所有触发电压和电流值对晶闸管的导通均不起作用。故应把可能作用于门极的干扰信号限制在上述区域内。图中 *ADEFGCBA* 区域为可靠触发区，正常工作的晶闸管，门极所获得的触发电压与触发电流都应处于该区域内。图中 *ABCJHA* 的范围是触发的过渡区域，在该区域内，触发呈现出不可靠的性质。在设计晶闸管的触发电路时，应对上述特性给予充分的考虑。

晶闸管的门极额定参数有下面两种：

(1) 门极触发电流 I_{gT}：使晶闸管由断态转入通态所必须的最小门极电流。

(2) 门极触发电压 U_{gT}：产生门极触发电流所必须的最小门极电压。

晶闸管门极和阴极间的 PN 结特性较软，正向和反向电阻值不像普通二极管差别较大，在应用晶闸管时，为防止误触发干扰，往往在门极上加负电压，由于上述原因，负电压值应小于 5 V，否则将造成 J_3 结的击穿。

4. 晶闸管的动态参数和结温

(1) 断态电压临界上升率 $\frac{\mathrm{d}u}{\mathrm{d}t}$：在规定条件下，不导致晶闸管从断态转入通态的最大主电压上升率。即使晶闸管的阳极电压低于转折电压 U_{BO}，超过规定值的 $\frac{\mathrm{d}u}{\mathrm{d}t}$ 也会引起其误导通。因为晶闸管内部的 J_2 结存在结电容，当突加阳极正向电压时，其充电电流注入 J_3 结，起到类似触发电流的作用。如果 $\frac{\mathrm{d}u}{\mathrm{d}t}$ 过大，其充电电流就可能使晶闸管误导通。其过程可由下式说明。

设 J_2 结的结电容为 C,其充电电流为

$$i_C = \frac{\mathrm{d}(Cu)}{\mathrm{d}t} = C\frac{\mathrm{d}u}{\mathrm{d}t}$$

(2)通态电流临界上升率$\frac{\mathrm{d}i}{\mathrm{d}t}$:在规定条件下,晶闸管能承受的最大通态电流上升率。

当门极注入触发电流后,晶闸管开始只在靠近门极的区域导通,以后导通区才逐渐扩大,直至全部结面导通为止。若电流上升太快,则将造成大电流流过门极附近小区域的局面,最终导致局部过热而损坏晶闸管。

(3)额定结温 T_{Jm}:晶闸管在正常工作时所允许的最高结温,在此温度范围内,其有关的特性及额定值才能得到保证。

至于晶闸管的开通时间及关断时间等有关特性,将在本书涉及的章节内容中介绍。

5. 晶闸管的型号

按照原机械工业部标准 JB1144—75 规定,KP 型普通晶闸管的型号及其含义如下:

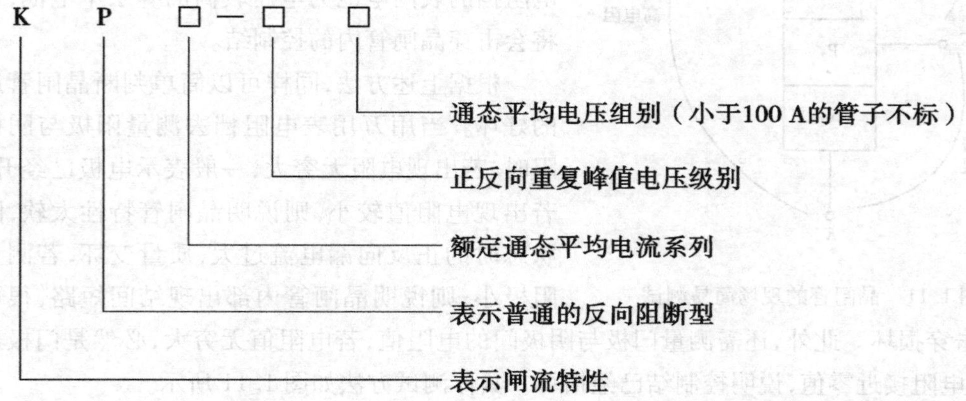

(1)按额定通态平均电流分系列——分为 1、3、5、10、20、30、50、100、200、300、400、500、600、800、1 000 A,共 15 个系列。

(2)按正反向重复峰值电压分级——在 1 000 V 以下的每 100 V 为一级;1 000 V 以上到 3 000 V的每 200 V 为一级;均按实际值缩小 100 倍来表示。

(3)通态平均电压分组——共分为 9 组,如表 1.2 所示。

例如 KP200—15G 的型号,具体表示为额定电流 200 A,额定电压为 1 500 V,通态平均电压为 1 V 的普通型晶闸管。

旧型号采用 3CT□/□,如 3CT200/1000 则表示额定电流为 200 A,额定电压为 1 000 V 的普通型晶闸管。

1.4 晶闸管的现场测试方法

晶闸管的现场测试,主要指在应用晶闸管的工作现场,用普通的万用电表去鉴别其 3 个电极以及简单判断晶闸管质量的好坏情况。这是因为一般生产现场不太可能也无必要配备专门

的晶闸管测试装置。

螺栓式晶闸管的 3 个电极，在外形上有明显的区别，即螺栓为阳极 A，粗辫子导线为阴极 K，细辫子导线为门极 G。

平板式晶闸管的 3 个电极，除门极导线外，阳极和阴极难从外形区分。

在 1.1 节中已介绍，晶闸管可看成具有 PNPN 四层及 J_1、J_2、J_3 三个 PN 结的器件，无论阳极电压极性如何，上述 3 个结均有处于反向偏置的情况存在，所以当用万用电表 $R\times10$ 的电阻档去测定阳极和阴极间的电阻时，不管万用表正、负表笔是接在阳极还是阴极，其表头显示的电阻都较大，一般为几百千欧，但是门极与阴极之间，不管正负表笔怎么接，此时表头显示的电阻值要小得多，一般为几十到几百欧，这样就很容易将晶闸管的阳极和阴极区别开来。在用万用表对晶闸管进行测试时，务必不要采用高电阻挡，因为高电阻挡的表内电池为电压较高的叠层干电池，否则将会击穿晶闸管内的控制结。

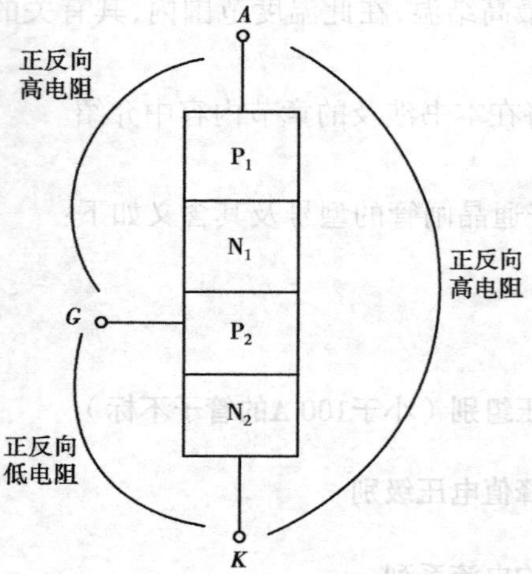

图 1.11　晶闸管的现场简易测试

根据上述方法，同样可以简单判断晶闸管质量的好坏。当用万用表电阻档去测量阳极与阴极电阻时，若出现电阻无穷大，一般表示电极已经开路；若出现电阻值较小，则说明晶闸管特性太软，阻断状态时的正反向漏电流过大，质量变坏，若测量电阻极小，则说明晶闸管内部出现结间短路，很可能已经被击穿损坏。此外，还需测量门极与阴极间的电阻值，若电阻值无穷大，必然是门极已经开路，若电阻接近零值，说明控制结已经损坏。具体测试方法如图 1.11 所示。

上述方法，仅对生产现场中如何鉴别晶闸管的电极以及简单判断其质量状况而采用，这是一种简易的也是较粗糙的方法。要准确掌握晶闸管的特性，诸如其正反向重复峰值电压，触发电流及触发电压，维持电流及其他动态参数等，尚需依靠专门的测试装置才行。

表 1.4　晶闸管元件的主要参数

参数 系列	通态平均电流 I_{TaV}/A	断态重复峰值电压，反向重复峰值电压 U_{DRM}/V，U_{RRM}/V	断态重复平均电流，反向重复平均电流 I_{DR}/mA，I_{RR}/mA	额定结温 T_{jM}/℃	断态电压临界上升率 du/dt /V(μs)$^{-1}$	通态电流临界上升率 di/dt /A(μs)$^{-1}$	浪涌电流 I_{TSM}/A
序　号	1	2	3	4	5	6	7
KP　1	1	100 ~ 3 000	≤1	100	30	—	20
KP　5	5	100 ~ 3 000	≤1	100	30	—	90
KP　10	10	100 ~ 3 000	≤1	100	30	—	190
KP　20	20	100 ~ 3 000	≤1	100	30	—	380
KP　30	30	100 ~ 3 000	≤2	100	30	—	560

续表

参数 系列	通态平均电流 I_{TaV}/A	断态重复峰值电压，反向重复峰值电压 U_{DRM}/V，U_{RRM}/V	断态重复平均电流，反向重复平均电流 I_{DR}/mA，I_{RR}/mA	额定结温 T_{jM}/℃	断态电压临界上升率 du/dt /V(μs)$^{-1}$	通态电流临界上升率 di/dt /A(μs)$^{-1}$	浪涌电流 I_{TSM}/A
序　号	1	2	3	4	5	6	7
KP　50	50	100 ~ 3 000	≤2	100	30	30	940
KP　100	100	100 ~ 3 000	≤4	115	100	50	1 880
KP　200	200	100 ~ 3 000	≤4	115	100	80	3 770
KP　300	300	100 ~ 3 000	≤8	115	100	80	5 650
KP　400	400	100 ~ 3 000	≤8	115	100	80	7 540
KP　500	500	100 ~ 3 000	≤8	115	100	80	9 420
KP　600	600	100 ~ 3 000	≤9	115	100	100	11 160
KP　800	800	100 ~ 3 000	≤9	115	100	100	14 920
KP　1000	1000	100 ~ 3 000	≤10	115	100	100	18 600

注：T 表示通态　D 表示断态　R 表示反向（第一位）或重复的（第二位）

S 表示不重复的　M 表示最大值

表 1.5　晶闸管门极的参数

参数 系列	门极触发电流 I_{GT}/mA	门极触发电压 U_{GT}/V	门极不触发电流 I_{GT}/mA	门极不触发电压 U_{GD}/V	门极正向峰值电流 I_{GFM}/A	门极反向峰值电压 I_{GRM}/A	门极正向峰值电压 U_{GFM}/V	门极平均功率 P_{Gav}/W	门极峰值功率 P_{GM}/W
序　号	1	2	3	4	5	6	7	8	9
KP　1	3 ~ 30	≤2.5	0.4	0.3	—	5	10	0.5	—
KP　5	5 ~ 70	≤3.5	0.4	0.3	—	5	10	0.5	—
KP　10	5 ~ 100	≤3.5	1	0.25	—	5	10	1	—
KP　20	5 ~ 150	≤3.5	1	0.25	—	5	10	1	—
KP　30	8 ~ 150	≤3.5	1	0.15	—	5	10	1	—
KP　50	9 ~ 150	≤3.5	1	0.15	—	5	10	1	—
KP　100	10 ~ 250	≤4	1	0.15	—	5	10	2	—
KP　200	10 ~ 250	≤4	1	0.15	—	5	10	2	—
KP　300	20 ~ 300	≤5	1	0.15	4	5	10	4	15
KP　400	20 ~ 300	≤5	1	0.15	4	5	10	4	15
KP　500	20 ~ 300	≤5	1	0.15	4	5	10	4	15
KP　600	30 ~ 350	≤5	—	—	4	5	10	4	15
KP　800	30 ~ 350	≤5	—	—	4	5	10	4	15
KP　1000	40 ~ 400	≤5	—	—	4	5	10	4	15

注：G 表示门极　T 表示触发　D 表示不触发　F 表示正向　R 表示反向　M 表示最大值

习题及思考题

1.1　晶闸管导通的条件是什么？导通后流过晶闸管的电流由哪些因素决定？晶闸管的关断条件是什么？如何实现？晶闸管处于阻断状态时其两端电压由什么决定？

1.2　温度升高时，晶闸管的触发电流，正反向漏电流、维持电流以及正向转折电压和反向击穿电压各将如何变化？

1.3　晶闸管的控制特性与晶体三极管的控制特性有何不同？晶闸管能否像晶体三极管一样构成放大器？

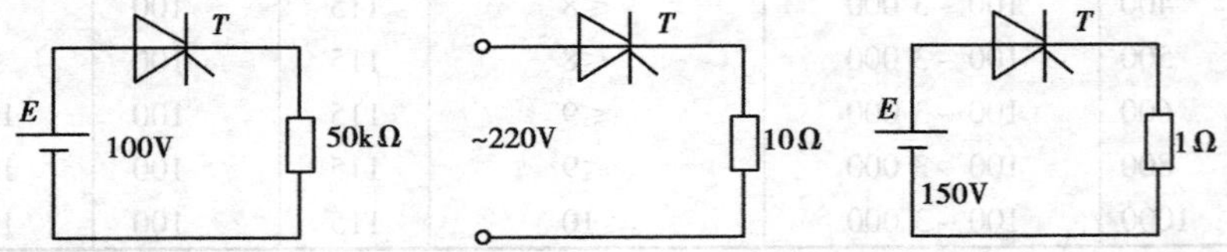

图 1.12　题 1.4 图

1.4　型号为 KP100—3 的晶闸管，维持电流 $I_I = 4$ mA，使用在题 1.4 图的电路中是否合理？说明其理由。（不考虑电压、电流裕量）

1.5　在对题 1.5 图晶闸管电路进行调试时，发现断开 R_d 后，电压表的读数不正确，当接上 R_d 后，一切均恢复正常，这是为什么？

1.6　某晶闸管正向转折电压为 300 V，能否将其使用在交流 220 V 的场合？为什么？

1.7　某晶闸管型号为 KP200—8D。试说明该型号规格各代表什么意义？

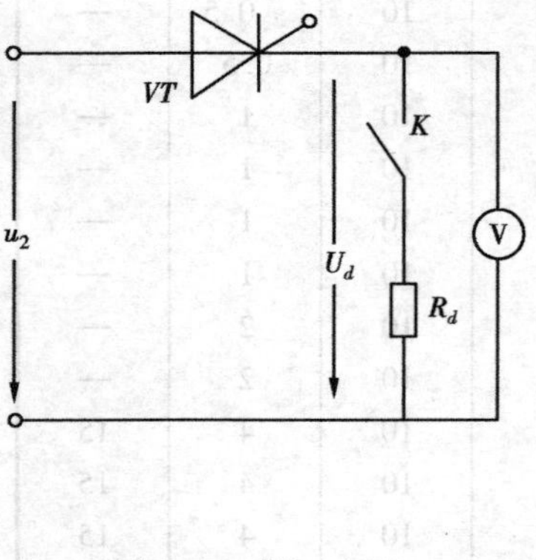

图 1.13　题 1.5 图

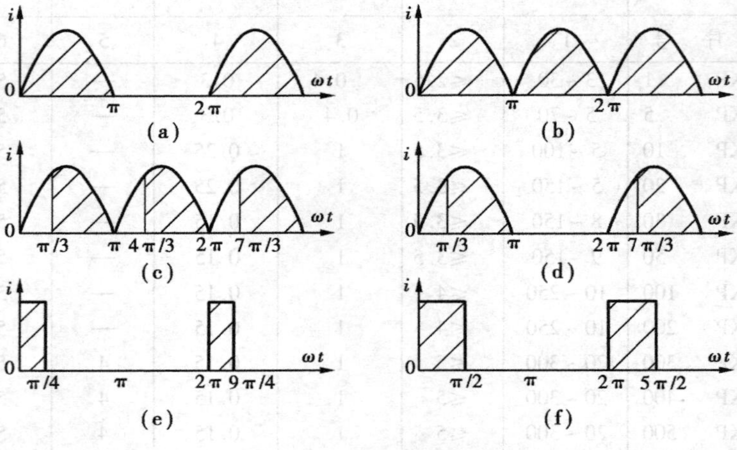

图 1.14　题 1.9 图

1.8　试从晶闸管管芯结构来说明超过标准的 dv/dt 及 di/dt 会损坏晶闸管的原因。

1.9　题 1.9 图中阴影部分表示流过晶闸管的电流波形，其最大值为 I_M。试计算晶闸管的电流平均值 I_d，有效值 I_T 及波形系数 K_f。

1.10　上题中，如不考虑安全裕量，试问选用 KP100 的晶闸管，在上述 6 种电流波形情况下，晶闸管实际流过的平均电流分别为多少？对应的电流最大值 I_m 各等于多少？

第 2 章　单相可控整流电路

内容提要

在生产中，如直流电动机的调速，同步电机励磁等都需要可调的直流电源。用硅整流二极管、晶闸管组成的可控整流电路，由于具有体积小、重量轻、效率高、控制方便等优点，得到广泛应用，替代了电动机-发电机组、汞弧整流器等。

可控整流就是将交流电变成大小可调的直流电，能够完成这种转变的装置称为可控整流装置(整流器)。学习晶闸管整流电路应注意的问题是：整流电路输出直流平均电压 U_d 与交流输入电压 U_2 及控制角 α 之间的关系，输入交流电流有效值 I_2 与输出直流电流平均值 I_d 及控制角 α 的关系，流过晶闸管电流有效值 I_V 与输出电流 I_d 及控制角 α 的关系，负载性质对整流电路的影响，负载、晶闸管和整流二极管上电压和电流波形，触发脉冲的最大移相范围。

本章将介绍单相半波、单相全波(双半波)、单相全控桥、单相半控桥等可控整流电路，重点研究各种单相可控整流电路带不同性质负载时的工作原理、特点和分析方法，特别是重视电压电流波形的分析。

为分析电路方便，把晶闸管与二极管都看成理想元件，即导通时的正向压降与关断时的漏电流均忽略不计，且认为导通与关断都是瞬时完成的。

2.1　单相半波可控整流电路

2.1.1　电阻性负载

1. 工作原理

在生产中，如电阻加热炉、电解、电镀等都属于电阻性负载。图 2.1(a)是单相半波可控整流电路。图中 VT 是晶闸管。整流变压器 T 主要用来变换电压，其次级电压 u_2 为正弦波，有效值 U_2 是根据输出直流电压平均值 U_d 决定的。

在 u_2 的正半周内，加于晶闸管 VT 的阳极电压为正，在 ωt_1 以前，由于未加触发脉冲，所以 VT 是阻断的，负载 R 上无电流通过，输出电压 $u_d=0$。如在 ωt_1 所处时刻对 VT 加上触发脉冲 u_g，则 VT 立即导通，电源电压 u_2 全部加在 R 上。当 $\omega t=\pi$ 时，u_2 降至零，流过晶闸管的电流随之降至零，因小于管子维持电流 I_H 而关断，i_d，u_d 都变为零。在 u_2 负半周期间，VT 因受反压而不能导通。到第二周期的 ωt_2 时刻，VT 被再次触发导通，如此不断循环。

当保持 u_2 在每一个周期的 α 角不变时，则在负载上可得到一个稳定的有缺角的正弦半波电压——单向脉动直流电压，如图 2.1(b)阴影部分所示。

从晶闸管开始承受正向电压起到触发导通止这段时间所对应的电角度称为控制角(移相角)，用 α 表示。在 1 个周期内晶闸管导通的电角度称为导通角(导电角)，用 θ 表示。改变 α 的大小，即改变触发脉冲来到的时刻，称为移相。在单相半波电路中，α 的移相范围为 $0\sim\pi$，

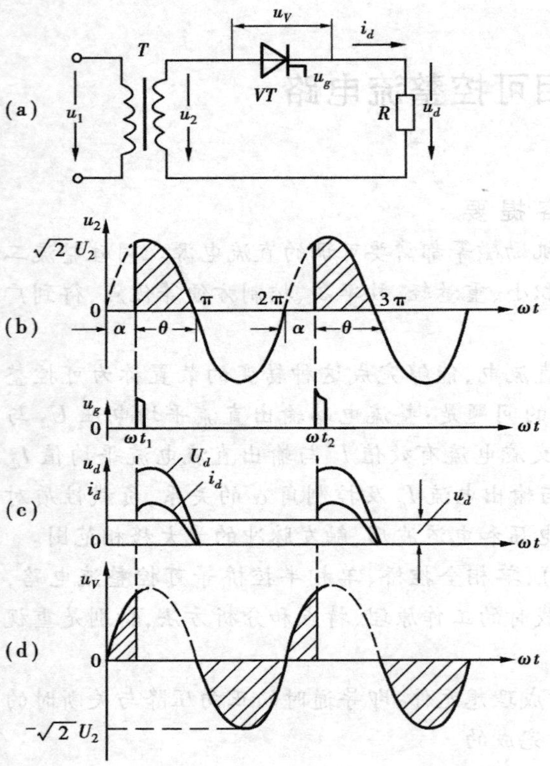

图 2.1 单相半波可控整流电路及波形

$\theta=\pi-\alpha$。改变 α 即改变了 u_d 波形，就改变了 U_d 的大小，α 小则 U_d 值大，反之则 U_d 值小，这种控制方式称为移相控制（简称相控）。

2. 参数计算

（1）直流平均电压 U_d 和直流侧电压有效值 U 的计算

输出直流平均电压 U_d 是 u_d 在一个周期内的平均值。若以零点作为坐标原点，设 $u_2=\sqrt{2}U_2\sin\omega t$，则 U_d 可由下式求得

$$U_d=\frac{1}{2\pi}\int_\alpha^\pi\sqrt{2}U_2\sin\omega t\,\mathrm{d}\omega t=\frac{\sqrt{2}U_2}{\pi}\frac{1+\cos\alpha}{2}=0.45\frac{1+\cos\alpha}{2}\tag{2.1}$$

有效值为

$$U=\frac{1}{2\pi}\int_\alpha^\pi\sqrt{(\sqrt{2}U_2\sin\omega t)^2\mathrm{d}\omega t}=U_2\sqrt{\frac{1}{4\pi}\sin2\alpha+\frac{\pi-\alpha}{2\pi}}\tag{2.2}$$

由上式可看出 α 愈小，U_d 就愈大。当 α 为零时，相当于不控整流，U_d 最大值为 $U_{do}=0.45U_2$，当 $\alpha=\pi$ 时，$U_d=0$。

（2）直流回路电流平均值 I_d，有效值 I 和波形系数 K_f

$$I_d=\frac{U_d}{R}=\frac{\sqrt{2}U_2}{\pi R}\cdot\frac{1+\cos\alpha}{2}=0.45\frac{U_2}{R}\frac{1+\cos\alpha}{2}\tag{2.3}$$

$$I=\sqrt{\frac{1}{2\pi}\int_\alpha^\pi\left(\frac{\sqrt{2}U_2}{R}\sin\omega t\right)^2\mathrm{d}\omega t}=\frac{U_2}{R}\sqrt{\frac{1}{4\pi}\sin2\alpha+\frac{\pi-\alpha}{2\pi}}\tag{2.4}$$

$$K_f=\frac{I}{I_d}=\frac{\sqrt{\frac{1}{4\pi}\sin2\alpha+\frac{\pi-\alpha}{2\pi}}}{\frac{\sqrt{2}}{\pi}\frac{1+\cos\alpha}{2}}=\frac{\sqrt{\pi\sin2\alpha+2\pi(\pi-\alpha)}}{\sqrt{2}(1+\cos\alpha)}\tag{2.5}$$

当 $\alpha=0$ 时，代入上式可得 $K_f=1.57$。

（3）整流电路的功率因数 $\cos\phi$

变压器次级所供给的有功功率为 $P=I^2R=UI$，供给的视在功率 $S=U_2I$。若定义 $\cos\phi=P/S$，则

$$\cos\phi=\frac{P}{S}=\frac{UI}{U_2I}=\sqrt{\frac{1}{4\pi}\sin2\alpha+\frac{\pi-\alpha}{2\pi}}\tag{2.6}$$

当 $\alpha=0$ 时，$\cos\phi=0.707$。这是因为半波整流电路是非正弦电路，存在谐波电流，虽然为电阻

性负载，电源的功率因数也不会是1，且α愈大，功率因数愈低。此外，从图2.1(e)不难看出，晶闸管承受的正反向峰值电压均为电源电压最大值，即$U_{am}=\sqrt{2}U_2$。

根据(2.1)、(2.5)、(2.6)，可见U_d/U_2、I_d/I_2及$\cos\phi$均与α角有关，可作出三条曲线如图2.2所示，其数值列在表2.1中。

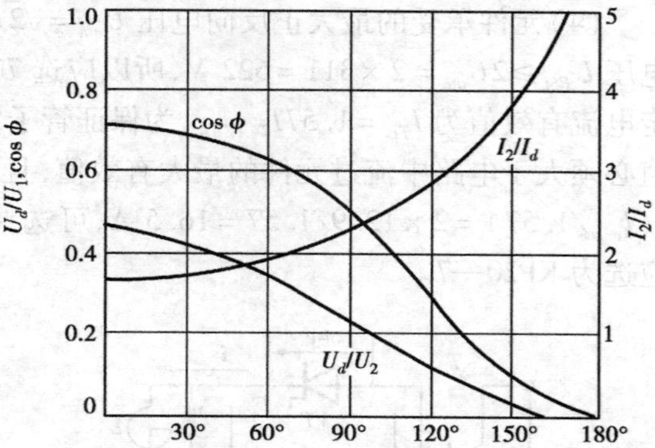

图2.2 单相半波可控整流的电压、电流及功率因数与控制角的关系

例2.1 有一单相半波可控整流电路，电阻负载$R=12\ \Omega$，交流电源电压$U_2=220$ V，要求控制角α从0°~180°可移相。试求：

(1)$\alpha=60°$时，输出电压U_d和电流I_d。

(2)如果连接导线电流密度$j=6\ \text{A/mm}^2$，计算导线截面积。

(3)计算负载消耗的最大功率。

(4)若考虑电压电流裕量为2倍，试选择晶闸管元件。

表2.1 U_d/U_2、$\cos\phi$、k_f与控制角的关系

控制角α	0°	30°	60°	90°	120°	150°	180°
U_d/U_2	0.45	0.42	0.338	0.225	0.113	0.03	0
$k_f=I/I_d$	1.57	1.66	1.88	2.22	2.78	3.99	—
$\cos\phi$	0.707	0.608	0.635	0.508	0.302	0.12	0

解 (1)将$\alpha=60°$代入公式(1.1)得

$$U_d=0.45U_2\frac{1+\cos\alpha}{2}=0.45\times220\times\frac{1+\cos60°}{2}=74.25\ \text{V}$$

$$I_d=\frac{U_d}{R}=\frac{74.25}{12}=6.2\ \text{A}$$

(2)计算导线截面及负载功率。选择晶闸管时，应考虑$\alpha=0$时，电流、电压最大的情况。$\alpha=0$时，

$$U_{d\max}=0.45U_2=0.45\times220=99\ \text{V}$$

$$I_{d\max}=\frac{U_{d\max}}{R}=\frac{99}{12}=8.25\ \text{A}$$

因为

$$k_f=\frac{I}{I_d}=1.57$$

所以

$$I_{\max}=1.57I_{d\max}=1.57\times8.25=12.95\ \text{A}$$

导级截面积为

$$S\geqslant\frac{I_{\max}}{j}=\frac{12.95}{6}=2.16\ \text{mm}^2$$

(3)$P_{\max}=I_{\max}^2R=(12.95)^2\times12=2.012$ kW

(4)元件承受的最大正反向电压 $U_{am}=\sqrt{2}U_2=\sqrt{2}\times 220=311$ V。晶闸管正反向重复峰值电压 $U_{RM}\geqslant 2U_{am}=2\times 311=622$ V,所以应选 700 V 的晶闸管。晶闸管额定电流为 $I_{T(AV)}$,则额定电流有效值为 $I_{TE}=1.57I_{T(AV)}$。为保证管子发热在允许的范围内,所选晶闸管额定电流有效值必须大于电路中流过元件的最大有效值,且留有余地。所以,$I_{TE}=1.57I_{T(AV)}>I_{\max}$。$I_{T(AV)}=2(I_{\max}/1.57)=2\times 12.9/1.57=16.5$ A,可选择额定电流 20 A 的晶闸管。晶闸管的型号规格应选为 KP20—7。

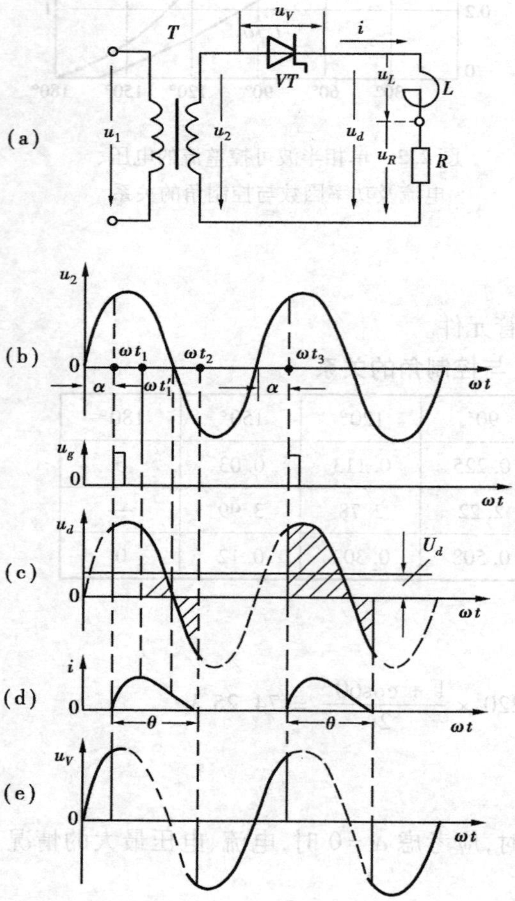

图 2.3 单相半波电感负载电路及波形图

2.1.2 电感性负载与续流二极管

同步电机的励磁绕组,串接平波电抗器的负载等,都是电感性负载。这种电路工作情况与电阻性负载时差异很大。为便于分析,将电感 L 和电阻 R 分开,如图 2.3(a)所示。

众所周知,通过电感的电流变化时,会产生自感电势 e_L,$e_L=-L\dfrac{di}{dt}$,它起阻碍电流变化的作用,当电流增加时,电势的方向是阻止电流增加,反之,则阻止电流减少。

在 u_2 正半周 $\omega t_1=\alpha$ 时,触发晶闸管 VT,在负载两端就会立即出现脉动直流电压 u_d。回路电压瞬时值方程为

$$u_2=u_R+e_L=iR-L\frac{di}{dt}$$

所以 $$i=\frac{1}{R}\left(u_2-L\frac{di}{dt}\right) \tag{2.7}$$

由于电感的存在,i 只能从零逐渐增加,如图 2.3(d)所示。在 i 增加过程中,e_L 上正下负,力图阻止电流增加。在这期间,交流电网除供给电阻 R 所消耗的电能外,还要供给电感 L 建立磁场所需要的能量。当 i 增加到极大值时(如图2.3 $\omega t'_1$ 所处时刻),$e_L=0$,此后,由于 u_2 不断减小,电流 i 也处于逐渐减小过程中,此时,自感电势 e_L 则为上负下正,与 i 方向一致,力图阻止电流 i 减小,当 u_d 仍大于零时,e_L 与 u_2 共同供给电阻能量。当 u_2 变负时,只要 $|e_L|>|u_2|$,晶闸管便承受正向电压而继续导通。这时电感将原先储存的磁场能量放出,除供给电阻 R 消耗外,还有一部分通过晶闸管馈送给交流电网。直到 $|e_L|=|u_2|$(极性相反)时,晶闸管承受的正向电压为零,$i=0$,磁场能量放完,晶闸管关断(图中 ωt_2 所处时刻),并立即承受反向电压,如图 2.3(e)。从 ωt_3 开始,重复上述过程。从图中可看出,由于电感的存在,延长了晶闸管的关断时间,使 u_d 波形出现负值,输出直流电压平均值 U_d 下降。

晶闸管在 $\omega t_1=\alpha$ 时触发导通,在 $\omega t_2=\alpha+\theta$(θ 为导通角)时关断,负载两端电压平均值由

下式决定

$$
\begin{aligned}
U_d &= \frac{1}{2\pi}\int_{\alpha}^{\alpha+\theta} u_2 \mathrm{d}\omega t = \frac{1}{2\pi}\int_{\alpha}^{\alpha+\theta}(u_R + e_L)\mathrm{d}\omega t = \\
&\frac{1}{2\pi}\int_{\alpha}^{\alpha+\theta} u_R \mathrm{d}\omega t + \frac{1}{2\pi}\int_{\alpha}^{\alpha+\theta}(+e_L)\mathrm{d}\omega t = \\
&\frac{1}{2\pi}\int_{\alpha}^{\alpha+\theta} u_R \mathrm{d}\omega t - \frac{1}{2\pi}\int_{\alpha}^{\alpha+\theta} L \cdot \frac{\mathrm{d}i}{\mathrm{d}t}\mathrm{d}\omega t = \\
&U_{dR} - \frac{\omega L}{2\pi}\int_{0}^{0}\mathrm{d}i = U_{dR}
\end{aligned}
\tag{2.8}
$$

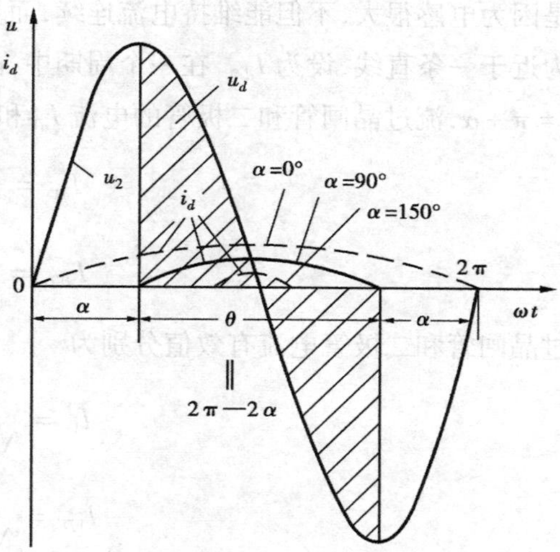

图 2.4　当 $\omega L \gg R$ 时不同 α 时的电流波形

式(2.8)说明，电感负载时，输出电压的平均值就是加于负载 R 上的电压平均值，而加于电感上的电压平均值为零。这是因为，u_d 波形中的直流成分全部降落在电阻 R 上，而 u_d 的交流部分降落在电感 L 上。

不难看出，当电感 L 越大时，维持导电的时间越长，u_d 负值部分占的比例越大，使输出直流平均电压下降越多。当电感 L 足够大时（一般 $\omega L > 10R$，即认为 $\omega L \gg R$），对不同控制角 α，导通角 θ 将接近 $2\pi - 2\alpha$，电流电压波形如图 2.4 所示。u_d 波形正负面积接近相等，$U_d \approx 0$。由此可见，单相半波可控整流电路带大电感负载时，无论如何调节 α，U_d 总是很小，如果不采取措施，电路是无法满足输出一定平均电压要求的。

为了解决单相半波整流电路带大电感负载时的上述问题，可在负载两端并联一个二极管，如图 2.5(a)所示。

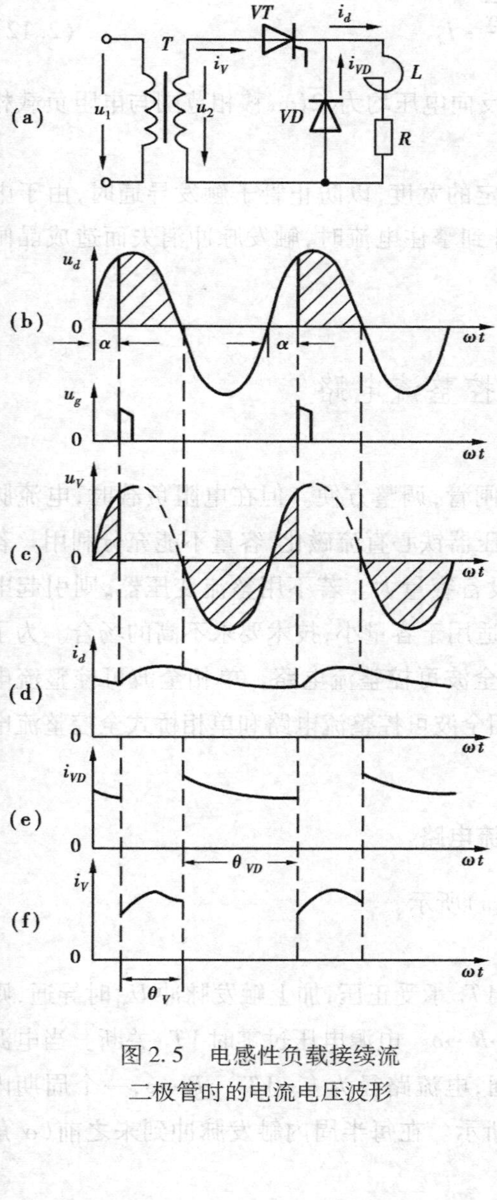

图 2.5　电感性负载接续流二极管时的电流电压波形

当 u_2 过零变负后，自感电势 e_L 可维持电流 i_d 通过二极管 VD 而继续流通（不再经电源），因此常称它为续流二极管。如果忽略续流管的正向压降，则此时 $u_d = 0$。在续流期间，晶闸管 VT 承受反压而关断，因而不会出现负电压。加接续流管后电压电流波形如图 2.5 所示。

从图可以看出，加接续流二极管后，u_d 波形和电阻性负载时一样。而 i_d 波形就大不相同，这是因为电感很大，不但能维持电流连续，而且能维持基本不变。电感足够大时，电流波形可认为近于一条直线，设为 I_d。在一个周期中，晶闸管的导通角 $\theta_V = \pi - \alpha$，续流二极管的导通角 $\theta_{VD} = \pi + \alpha$，流过晶闸管和二极管的电流 I_{dV} 和 I_{dVD} 分别为

$$I_{dV} = \frac{\pi - \alpha}{2\pi} \cdot I_d \tag{2.9}$$

$$I_{dVD} = \frac{\pi + \alpha}{2\pi} \cdot I_d \tag{2.10}$$

流过晶闸管和二极管电流有效值分别为

$$I_V = \sqrt{\frac{\pi - \alpha}{2\pi}} \cdot I_d \tag{2.11}$$

$$I_{VD} = \sqrt{\frac{\pi + \alpha}{2\pi}} \cdot I_d \tag{2.12}$$

从图 2.5 看出，晶闸管和续流管承受的最大正反向电压均为 $\sqrt{2}U_2$，移相范围与电阻负载相同为 $\pi(180°)$。

整流电路中接大电感负载时，触发脉冲要有一定的宽度，以防止管子触发导通时，由于电感的存在，阳极电流上升速度较慢，以致还没有上升到擎住电流时，触发脉冲消失而造成晶闸管恢复阻断。

2.2 单相全波可控整流电路

单相半波可控整流电路线路简单，只有 1 只晶闸管，调整方便。但在电阻负载时，电流脉动大，波形系数大，交流回路中有直流流过，造成变压器铁心直流磁化，容量不能充分利用。若要使变压器铁心不饱和，必须增大铁心截面，所以设备容量大。若不用整流变压器，则引起电网波形畸变，增加额外功耗。所以单相半波电路只适用于容量小、技术要求不高的场合。为了克服单相半波可控整流电路的缺点，可以采用单相全波可控整流电路。单相全波可控整流电路有多种形式。本节介绍变压器带中心抽头的单相全波可控整流电路和单相桥式全控整流电路。单相桥式半控整流电路放在下节介绍。

2.2.1 变压器带中心抽头的单相全波可控整流电路

这种电路又称双半波可控整流电路，如图 2.6(a)所示。

1. 电阻性负载

当电源电压为正半周时（a 端为正，b 端为负），VT_1 承受正压，加上触发脉冲 U_{g1} 时导通，则 VT_2 处于反压而呈阻断状态。电流路径为 $a \to VT_1 \to R \to o$。电源电压过零时 VT_1 关断。当电源电压为负半周时（a 为负，b 为正），u_{g2} 触发 VT_2 导通，电流路径为 $b \to VT_2 \to R \to o$，一个周期内负载上得到两个半波电压（即全波），如图 2.6(b)所示。在每半周内触发脉冲到来之前（α 角

内)，两只元件均处于阻断状态，一个元件承受正压，一个元件承受反压，其值均为 u_2。一旦触发，则承受正压的元件导通，处于反压的元件承受全部电压 U_{ab}，元件 VT_1 的电压波形 u_{V1} 如图 2.6(d)所示(请自行分析 U_{V2} 波形)。由图可看出元件可能承受的最大正向电压为 $\sqrt{2}U_2$，而最大反向电压为 $2\sqrt{2}U_2$。变压器一次绕组电流 i_1 波形如图 2.6(e)所示，正负对称，无直流分量。控制角 α 的移相范围及导通角 θ 的变化范围与单相半波时相同，即 $\alpha = 0° \sim 180°, \theta = 180° - \alpha$。输出直流电压平均值和有效值计算公式为

$$U_d = \frac{1}{\pi}\int_{\alpha}^{\pi} \sqrt{2}U_2 \sin\omega t \mathrm{d}\omega t = 0.9U_2 \frac{1+\cos\alpha}{2} \quad (2.13)$$

$$U = \sqrt{\frac{1}{\pi}\int_{\alpha}^{\pi} (\sqrt{2}U_2 \sin\omega t)^2 \mathrm{d}\omega t} = U_2 \sqrt{\frac{1}{2\pi}\sin 2\alpha + \frac{\pi-\alpha}{\pi}} \quad (2.14)$$

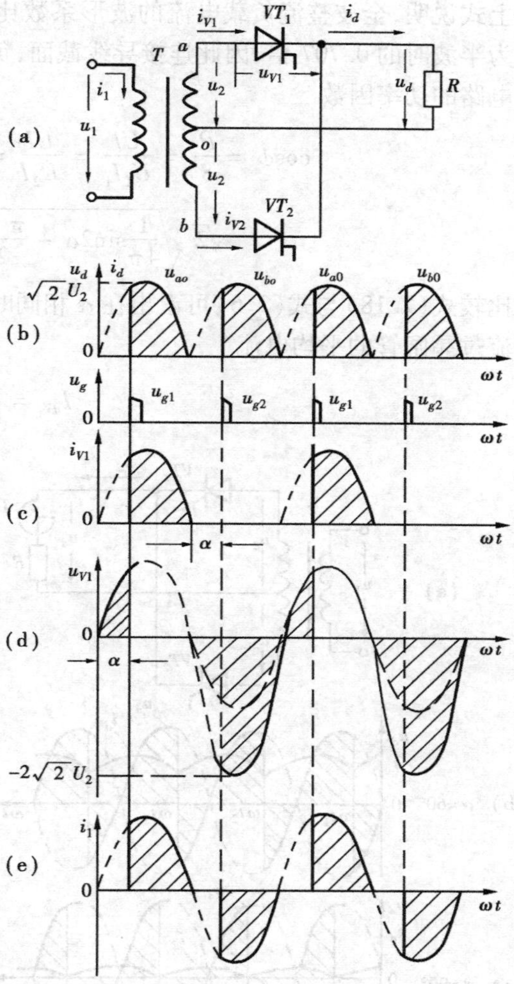

图 2.6　单相双半波可控整流电路及波形

负载电流平均值

$$I_d = \frac{U_d}{R} = \frac{2\sqrt{2}U_2}{\pi R}\frac{1+\cos\alpha}{2} = 0.9\frac{U_2}{R}\frac{1+\cos\alpha}{2} \quad (2.15)$$

负载电流有效值

$$I = \frac{U}{R} = \frac{U_2}{R}\sqrt{\frac{1}{2\pi}\sin 2\alpha + \frac{\pi-\alpha}{\pi}} \quad (2.16)$$

负载电流波形系数

$$k_{f全} = \frac{I}{I_d} = \frac{\sqrt{\frac{1}{2\pi}\sin 2\alpha + \frac{\pi-\alpha}{\pi}}}{\frac{\sqrt{2}}{\pi}(1+\cos\alpha)} = \frac{\sqrt{\frac{1}{2\pi}\sin 2\alpha + \frac{\pi-\alpha}{\pi}}}{0.45(1+\cos\alpha)} = \frac{1}{\sqrt{2}}k_{f半} = 0.707k_{f半} \quad (2.17)$$

当 $\alpha = 0°$ 时，$k_{f全} = 0.707 \times 1.57 = 1.11$。

上式说明，全波整流负载电流的波形系数比半波整流时小。在同样 I_d 时，全波时的有效电流为半波时的 0.707 倍，因此连接导线截面，负载电阻的功耗都可相应减小。

电路的功率因数

$$\cos\phi = \frac{P}{S} = \frac{UI}{U_1 I_1} = \frac{UI}{U_2 I} = \sqrt{\frac{1}{2\pi}\sin 2\alpha + \frac{\pi - \alpha}{\pi}} =$$

$$\sqrt{2}\sqrt{\frac{1}{4\pi}\sin 2\alpha + \frac{\pi - \alpha}{2\pi}} \tag{2.18}$$

比较式(2.18)与式(2.6)可看出在 α 相同时，全波电路比半波的功率因数提高 $\sqrt{2}$ 倍。

流过晶闸管的平均电流

$$I_{dV} = \frac{1}{2} I_d$$

流过晶闸管的电流有效值为

$$I_V = \sqrt{\frac{1}{2\pi}\int_{\alpha}^{\pi}\left(\frac{\sqrt{2}U_2\sin\omega t}{R}\right)^2 d\omega t} =$$

$$\frac{U_2}{\sqrt{2}R}\sqrt{\frac{1}{2\pi}\sin 2\alpha + \frac{\pi - \alpha}{\pi}} =$$

$$\frac{1}{\sqrt{2}} I \tag{2.19}$$

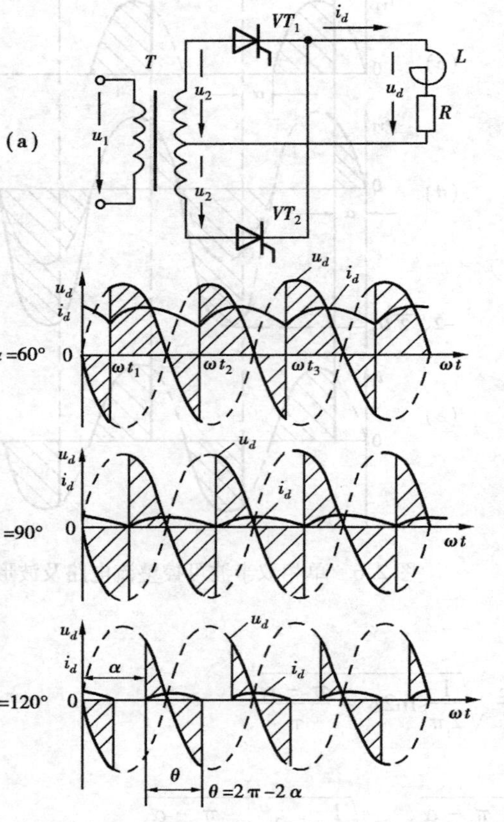

图 2.7　双半波可控整流电路电感负载电路及波形

2. 电感性负载

全波可控整流电路带电感性负载时工作情况与单相半波有很大不同。如前分析，单相半波可控整流电路带大电感负载时，如果没有续流二极管，不论控制角 α 如何变化，负载上的直流电压总是很小。全波电路只要在 $\alpha < 90°$ 范围内，U_d 均可在 $0 \sim 0.9U_2$ 范围内调节。其电路及波形如图 2.7 所示。在 ωt_1 时刻 VT_1 被 u_{g1} 触发导通后，由于电感 L 自感电势的作用，使其一直维持到电源电压为负值，待相隔 180° 的 u_{g2} 出现时，VT_2 被触发导通，VT_1 承受反压关断，VT_1 与 VT_2 进行换流。这种换流是自然进行的，不需任何换流措施。这种利用电源电压极性的变化，使得待导通的管子承受正压才能触发导通，使已导通的管子承受反压关断的换流方式称为自然换流或电源换流。图 2.7(b) 中的 ωt_1，ωt_2，ωt_3 等处即为换流点。若 L 足够大，当 $\alpha = 90°$ 时，输出电压 u_d 正负面积近似相等，$U_d \approx 0$。电流为一条与横轴十分接近的脉动波，如图 2.7(c) 所示。在 $0 < \alpha \leqslant 90°$ 范围内，晶闸管的导通角 $\theta = 180°$。当 L 不够大时，则不能维持电流连续，导通的管子将在电源负半周的 90° 前提早关断，i_d 波形断续，脉动较大。电路在 $0 \leqslant$

$\alpha \leqslant 90°$范围工作时，U_d 的计算公式为

$$U_d = \frac{1}{\pi}\int_{\alpha}^{\pi+\alpha} \sqrt{2}U_2\sin\omega t\mathrm{d}\omega t = 0.9U_2\cos\alpha \tag{2.20}$$

当 $\alpha > 90°$时，u_d 则为断续的波形，每只晶闸管的导通角 $\theta \approx 2\pi - 2\alpha$，$i_d$ 是断续且幅值很小的脉动波。输出直流电压 $U_d \approx 0$。

全波电路带电感性负载时，元件可能承受的最大正向电压也为 $2\sqrt{2}U_2$，与电阻性负载相同。

为了提高输出电压，消除 u_d 负值部分，同时使输出电流更加平直，在实用中，可接续流二极管 VD。当 L 足够大时，其电路和波形如图 2.8 所示。这时 U_d 和 I_d 的计算公式与电阻性负载时相同。从图 2.8 不难看出：在一个周期中每只晶闸管导通角 $\theta_V = \pi - \alpha$，续流二极管导通角 $\theta_{VD} = 2\alpha$，因此可计算晶闸管电流平均值

$$I_{dV} = \frac{\pi - \alpha}{2\pi}I_d \tag{2.21}$$

晶闸管电流有效值

$$I_V = \sqrt{\frac{\pi - \alpha}{2\pi}}I_d \tag{2.22}$$

续流管电流平均值

$$I_{dVD} = \frac{\alpha}{\pi}I_d \tag{2.23}$$

续流管电流有效值

$$I_{VD} = \sqrt{\frac{\alpha}{\pi}}I_d \tag{2.24}$$

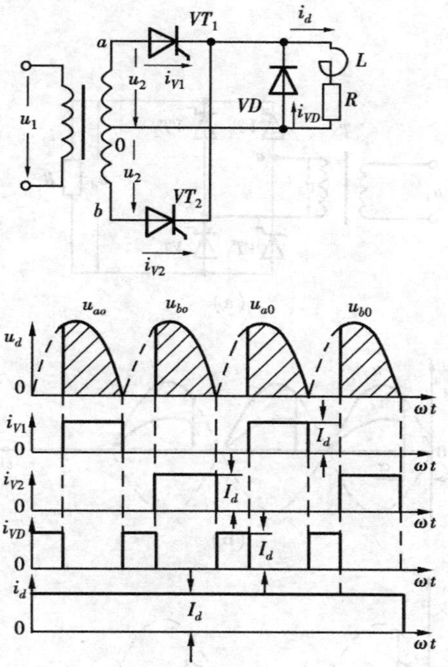

图 2.8　双半波电感性负载接续流管时电压电流波形

全波可控整流电路输出电压脉动比单相半波小，变压器中两个次级绕组的直流安匝互相抵消，不会引起直流磁化。但这种线路要求有带中心抽头的变压器，它的次级绕组每周期只工作半个周期，利用率较低，所用晶闸管正反向耐压要求较高，故只适用于较小容量的场合。

2.2.2　单相全控桥式整流电路

1. 电阻性负载

电路如图 2.9(a)所示，4 只晶闸管接成桥式电路。当电源电压 u_2 为正半周时（a 为正，b 为负），在控制角为 α 时刻同时触发 VT_1 和 VT_4，VT_1 和 VT_4 即导通，这时电流回路为 $a \to VT_1 \to R \to VT_4 \to b$。这期间 VT_2 和 VT_3 均承受反压而截止。当 u_2 过零时，电流也降到零，VT_1 和 VT_4 即关断。

当 u_2 为负半周时，仍在相应的 α 时刻同时触发 VT_2 和 VT_3，则 VT_2 和 VT_3 导通，电流回路为 $b \to VT_2 \to R \to VT_3 \to a$。到一周期结束过零时，电流亦降至零。这期间，$VT_1$ 和 VT_4 均承受反压而截止。两组触发脉冲在相位上应相差 180°。以后又是 VT_1 和 VT_4 工作，如此循环下去。

由于负载在两个半波中都有电流流过，属全波整流，除具有双半波电路的优点外，因变压

器次级绕组全周期工作，因而利用率高，且不需要具有中心抽头的变压器，因此在中小容量场合广泛应用。

输出电压电流及晶闸管承受电压波形如图 2.9(b)和(c)所示。可看出，晶闸管承受的最大反向电压为$\sqrt{2}U_2$。至于正向电压，如果漏电阻相等，最大值为$(\sqrt{2}U_2/2)$。

输出电压，电流等计算公式与双半波电路一样。

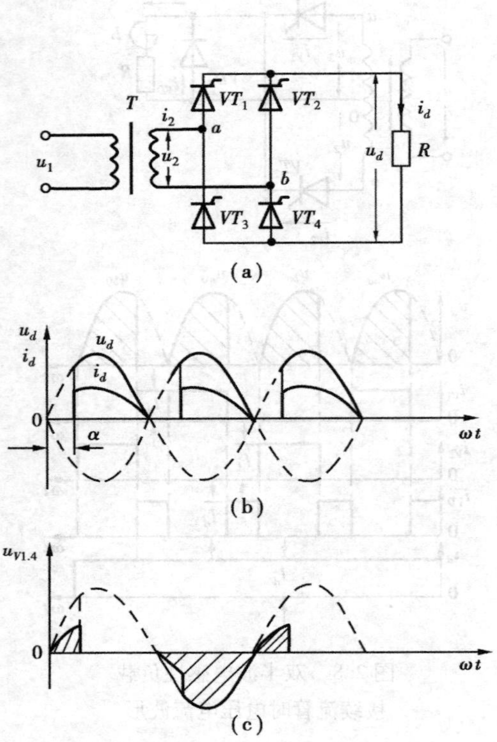

图 2.9　单相全控桥整流电路电阻负载时的电路及波形

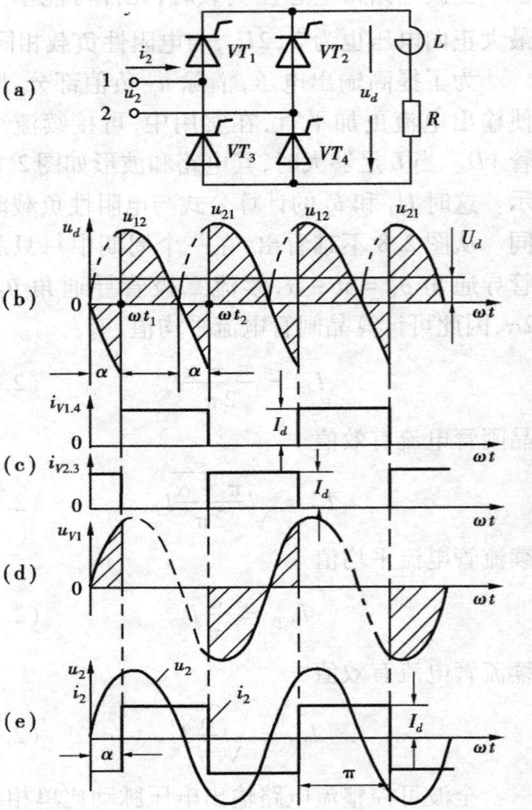

图 2.10　单相全控桥大电感负载时电路及波形

2. 电感性负载

接线如图 2.10(a)所示。当电感足够大时，电流连续，其波形为一水平线。u_d 波形与双半波电路一样，分析如下：

当 u_2 为正时，在 $\omega t_1=\alpha$ 时刻对 VT_1 和 VT_4 加上触发脉冲，则 VT_1 和 VT_4 即导通，使电流流过负载。当 u_2 过零变负时，因电感自感电势而能维持 VT_1、VT_4 继续导通，因而 u_d 波形中出现负值部分。此时，VT_2 和 VT_3 上虽然都已承受正向电压，由于其触发脉冲还未到来，所以都不会导通。当至 ωt 所处时刻，VT_2 和 VT_3 触发导通，从而使 VT_1 和 VT_4 承受反压而关断。此后则重复上述过程。其电压，电流和元件承受的电压等波形如图 2.10 所示。整流电压平均值为

$$U_d=\frac{1}{\pi}\int_{\alpha}^{\pi+\alpha}\sqrt{2}U_2\sin\omega t\mathrm{d}\omega t=\frac{2\sqrt{2}}{\pi}U_2\cos\alpha=0.9U_2\cos\alpha \qquad (2.25)$$

两组晶闸管轮流导通,一个周期中各导通180°。α 在 0~90°内变化时,U_d 从 $0.9U_2$ 下降到零。当 $\alpha>90°$ 时,$U_d\approx0$,电流很小,并且断续。整流桥交流侧电流 i_2 为正负对称的矩形波且与 u_2 波形有 α 的相位移。

3. 反电势负载

蓄电池、直流电动机等负载,它们都是一种反电势性质的负载。如图 2.11(a)所示。

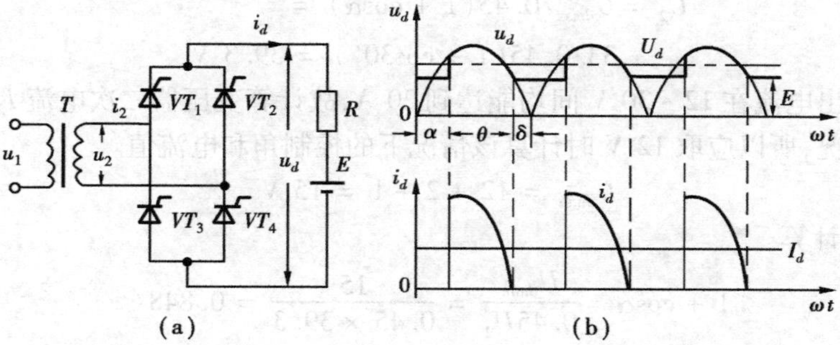

图 2.11　单相全控桥接反电势负载时电路及波形

如果忽略回路电感,则只有当整流输出电压 U_d 大于反电势 E 时才有电流输出,因而晶闸管导通角变小了,电流不连续。如果输出同样的平均电流,则要求峰值电流要大,如图 2.11(b)所示,因此,电流有效值要比平均值大得多。若已确定交流电源电压最大值$\sqrt{2}U_2$ 和反电势 E 值,则停止导电角 δ 的大小可以求出

$$\delta = \arcsin\frac{E}{\sqrt{2}U_2} \tag{2.26}$$

输出平均电流 I_d 为

$$I_d = \frac{1}{\pi}\int_{\alpha}^{\pi-\delta}\frac{\sqrt{2}U_2\sin\omega t - E}{R}\mathrm{d}\omega t \tag{2.27}$$

当控制角 $\alpha<\delta$ 时,由于触发脉冲出现时 $u_2<E$,晶闸管承受反压而不能导通。因此,要求触发脉冲要有足够的宽度,直到 $\omega t=\delta$ 时脉冲还未消失,从而保证晶闸管可靠触发导通。

$$U_d = E + \frac{1}{\pi}\int_{\delta}^{\pi-\delta}(\sqrt{2}U_2\sin\omega t - E)\mathrm{d}\omega t \tag{2.28}$$

当 $\alpha>\delta$ 时

$$U_d = E + \frac{1}{\pi}\int_{\alpha}^{\pi-\delta}(\sqrt{2}U_2\sin\omega t - E)\mathrm{d}\omega t \tag{2.29}$$

晶闸管不导通时输出电压不是零而是 E。

由上可知,对直流电动机负载来说,由于电流断续,不仅使其机械特性变软,而且对换向不利,因为换向电流大容易产生火花。对电源来说,因为电流有效值大,要求容量也大。为了克服这些缺点,一般可在负载回路中串联一个平波电抗器,以平滑电流的脉动和延长晶闸管导通的时间。接电抗器后,若电感足够大,整流电路的工作情况就与大电感负载时基本一样了。

单相桥式全控整流电路,由于线路较复杂,费用高,在电阻性负载时并不比半控桥优越,但它控制灵敏度较高,且可实现逆变(在第四章中介绍),所以多用于要求较高或要求逆变的小功率场合。

例 2.2 有一单相全控桥整流电路，接线如图 2.9(a)所示。要求输出直流电压 $U_d=12\sim30$ V 连续可调，在此范围内，要求输出平均电流 I_d 为 20 A。为了可靠控制，设最小控制角 $\alpha_{\min}=30°$，并考虑两个晶闸管的平均压降为 2 V，线路压降 1 V，试计算晶闸管的电流有效值和变压器次级电压和电流有效值。

解 最高整流输出电压 $U_{d\max}=30+2+1=33$ V，将 $U_{d\max}$ 和 $\alpha_{\min}=30°$ 代入式(2.13)，求得

$$U_2=U_{d\max}/0.45(1+\cos\alpha)=$$
$$33/0.45(1+\cos30°)=39.3\ \text{V}$$

因为要求输出电流在 12~30 V 间均能达到 20 A，故计算变压器二次电流 I_2 时，应考虑比较严重的工作情况，所以应取 12 V 时计算该情况下的控制角和电流值。

$$U_{d\min}=12+2+1=15\ \text{V}$$

根据公式(2.13)计算

$$1+\cos\alpha=\frac{U_{d\min}}{0.45U_2}=\frac{15}{0.45\times39.3}=0.848$$

求得

$$\alpha=99°$$

将 α 代入式(2.17)得

$$I_2=1.67I_d=1.67\times20=33.4\ \text{A}$$

根据式(2.19)可求得流过晶闸管电流有效值为

$$I_V=\frac{1}{\sqrt{2}}I_2=\frac{1}{\sqrt{2}}\times33.4=23.6\ \text{A}$$

要注意，如果按 $\alpha=0°$ 计算，则 $I_2=1.11I_d=1.11\times20=22.2$ A。

这样选择的变压器容量较小，晶闸管元件定额较小，是不能长期运行的。由此可知，恒定电流的电阻性负载在计算变压器容量和选择晶闸管定额时应按最大控制角计算。

2.3 单相半控桥式整流电路

在单相全控桥式整流电路中把其中两个晶闸管换成二极管就组成了半控桥式整流电路。与全控桥比较，因为减少了晶闸管，控制简单，广泛用于小容量电阻性负载的场合。

2.3.1 电阻性负载

电路如图 2.12(a)所示。晶闸管 VT_1，VT_2 的阴极接在一起称为共阴极连接。即使当 u_{g1}、u_{g2} 同时触发两管时，也只能是阳极电位高的管子导通，另一只管子承受反压阻断。硅整流二极管 VD_3，VD_4 共阳极连接，总是阴极电位最低的管子导通，另一只管子承受反压阻断。当 u_2 正半周时，VT_1 管阳极电位高，触发导通，电流路径为 $1\to VT_1\to R\to VD_4\to2$，此时 VT_2，VD_3 均承受反压。u_2 过零时，VT_1 关断。当 u_2 负半周时，触发 VT_2 管，电流路径为 $2\to VT_2\to R\to VD_3\to1$。这样在负载上得到与全波时一样的 u_d 波形，如图 2.12(b)所示。输出直流电压平均值、有效值及电流等的计算公式与双半波电阻性负载电路的计算公式一样。

晶闸管两端电压波形(如 u_{V1})如图 2.12(d)所示，承受的最大正反向电压均为电源峰值电压 $\sqrt{2}U_2$，与双半波及全控桥都不一样(双半波电路最大反向电压 $2\sqrt{2}U_2$，正向电压 $\sqrt{2}U_2$；全控

桥最大反向电压$\sqrt{2}U_2$，而正向电压为$\sqrt{2}U_2/2$)。当VT_1、VT_2都不导通时如图中$\omega t_1 \sim \omega t_2$期间，此时2端为正，1端为负，由于经$VT_2 \to R \to VD_3$回路存在漏电流，而晶闸管$VT_2$的正向漏电阻远大于二极管$VD_3$的正向电阻与$R$之和，分压结果使$a$点与1点同电位，所以在此期间，$VT_1$管两端电压近似为0。

变压器次级电流i_2为正负对称的缺角正弦波，如图2.12(f)所示。二极管VD_4两端电压波形如图2.12(e)所示。

例2.3 某单相半控桥式整流电路，电源电压$U_1 = 220$ V，电阻负载$R = 4\ \Omega$，要求I_d在0~25 A之间变化，求：

(1)整流变压器T的变比(不考虑α余量)

(2)计算负载电流有效值I及变压器次级电流有效值I_2。

(3)计算晶闸管电流，电压定额，考虑2倍余量选择晶闸管型号规格。

(4)忽略变压器励磁功率，选择变压器容量。

(5)计算负载电阻R的功率。

(6)计算电路最大功率因数。

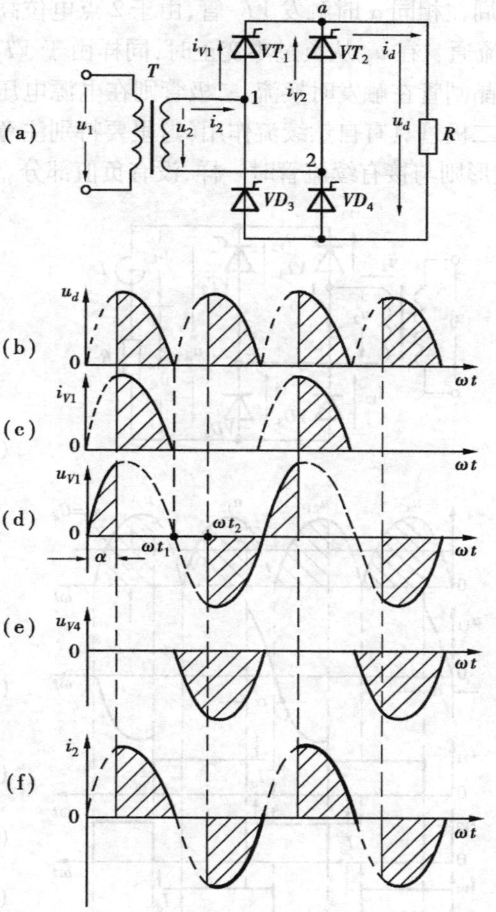

图2.12 单相半控桥整流电路电阻负载时电路及波形

解 (1)$U_{d\max} = I_{d\max}R = 25 \times 4 = 100$ V，对应$\alpha = 0°$时，$U_2 = _{d\max}/0.9 = 100/0.9 = 111$ V。

所以 变压器变比$K = U_1/U_2 = 220/111 \approx 2$

(2)$\alpha = 0°$时，i_d的波形系数可由公式(2.17)求出$k_f = 1.11$ 所以$I = k_f I_d = 1.11 \times 25 = 27.75$ A。变压器次级电流有效值I_2与负载电流有效值相等，即$I_2 = I = 27.75$ A。

(3)由式(2.19)，计算晶闸管电流有效值$I_V = (1/\sqrt{2})I = 0.707I = 0.707 \times 27.75 = 19.62$ A。晶闸管额定电流$I_{T(AV)} \geqslant I_V/1.57 = 19.62/1.57 = 12.5$ A，$U_{am} = \sqrt{2}U_2 = 157$ V。考虑2倍裕量，$I_{T(AV)}$取30 A，U_{RM}取400 V。故选择30 A，400 V的晶闸管，型号规格为KP30—4。

(4)$S = U_2 I_2 = 111 \times 27.75 = 3.08$ kVA

(5)$P_R = U^2/R = I^2 R = (27.75)^2 \times 4 = 3\ 080$ W $= 3.08$ kW

(6)由公式(2.18)$\cos\phi = \sqrt{\frac{1}{2\pi}\sin 2\alpha + \frac{\pi - \alpha}{\pi}}$，功率因数随$\alpha$不同在0~1间变化，当$\alpha = 0°$时，$\cos\phi = 1$。

2.3.2 大电感负载

电路及各处电压电流波形如图 2.13 所示。当在 u_2 正半周控制角 α 时，触发晶闸管 VT_1 导通，i_d 经 VT_1、VD_4 流通。到 u_2 下降到零开始变负时，由于 L 自感电势的作用，维持 VT_1 继续导通。但此时 1 点电位比 2 点低，二极管 VD_3，VD_4 为共阳极连接，转为 VD_3 导通，VD_4 关断。此时负载电流 i_d 经 VT_1、VD_3 构成的回路续流，输出电压为这两个管子的正向压降，接近于 0。当 u_2 负半周在相同 α 时触发 VT_2 管，由于 2 点电位高于 1 点，换流使 VT_2 导通，VT_1 关断，电流经 VT_2、VD_3 流通。在 u_2 从负过零变正时，同样由于 VT_2、VD_4 的续流作用，输出电压为零。电路工作特点是晶闸管在触发时换流，二极管则在电源电压过零时换流。由于正在导通的晶闸管及与其串联的二极管具有自然续流作用（这里要特别注意与并接续流二极管续流作用的区别），负载电压 u_d 波形则与接有续流管时一样，没有负值部分。u_d，I_d 计算公式与电阻性负载时一样。

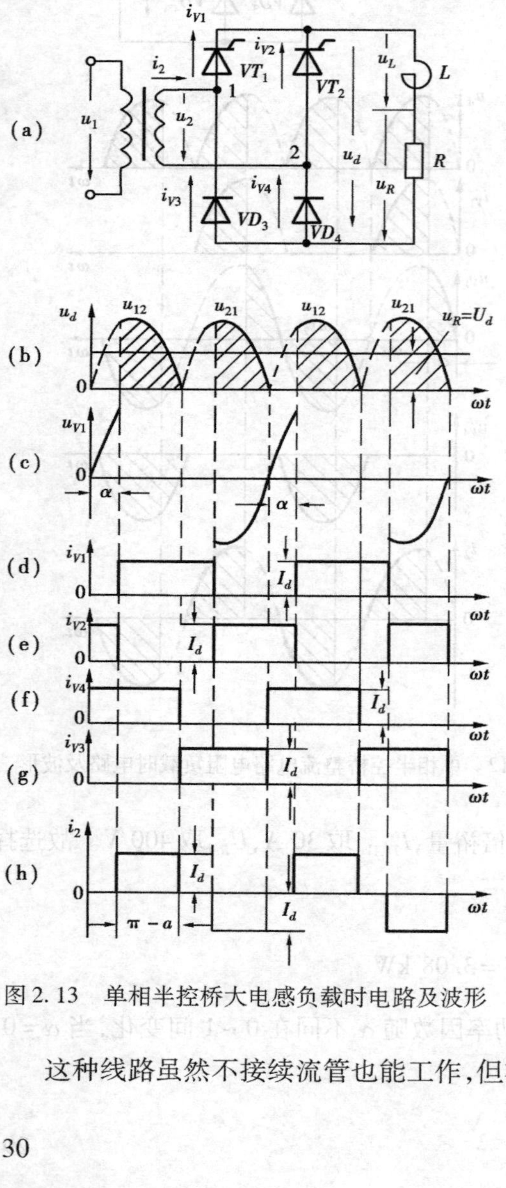

图 2.13 单相半控桥大电感负载时电路及波形

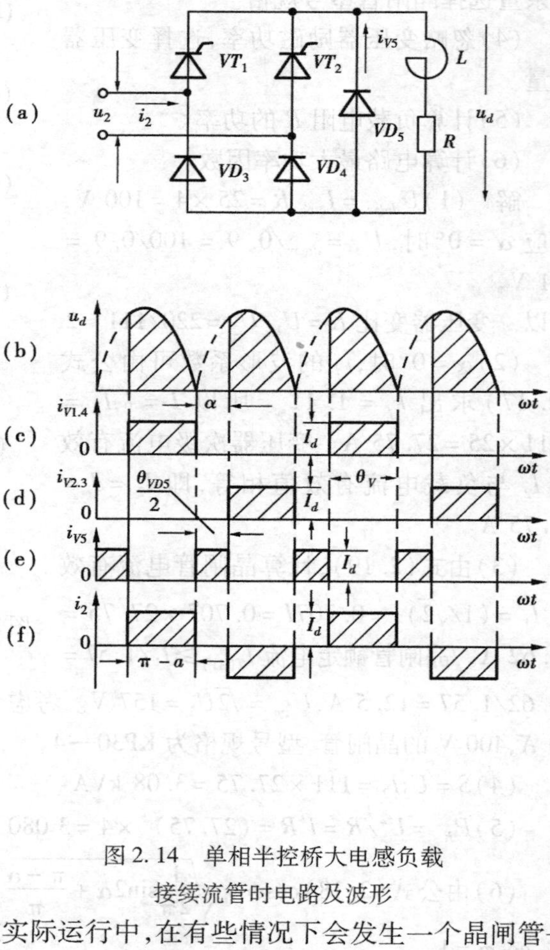

图 2.14 单相半控桥大电感负载接续流管时电路及波形

这种线路虽然不接续流管也能工作，但在实际运行中，在有些情况下会发生一个晶闸管一直导通，另两个二极管轮流导通的失控现象。例如当 VT_1 导通时突然切断触发电路或突然把控制角 α 增大到 180°，则以后 VT_2 不会再导通。每当 u_2 正半周时，电流从电源经 VT_1 到负载，再经 VD_4 回到电源。在 u_2 负半周时，由自感电势维持，负载电流经 VD_3 到 VT_1 续流，使 VT_1 关不断。此时输出电压的波形相当于单相半波不可控整流时的波形。为了避免发生失控现象，可与负载并联一个续流二极管 VD_5，使负载电流经 VD_5 续流，而不再经 VT_1 和 VD_3，VT_1 可正常关断。为了使续流二极管工作可靠，其接线要粗而短，连接要牢，接触电阻要小，不宜串接熔断器。

接续流管后，电压，电流波形如图 2.14 所示。控制角为 α，则晶闸管导通角 $\theta_V = 180° - \alpha$，续流二极管导通角 $\theta_{VD5} = 2\alpha$。不难看出，输出电压平均值计算公式为 $U_d = 0.9U_2(1 + \cos\alpha)/2$。电流计算公式与(2.21)～(2.24)各式一样。续流管承受的最大反压为 $\sqrt{2}U_2$。

表 2.2　常用单相可控整流电路的参数

整流主电路		单相半波	单相双半波	单相半控桥	单相全控桥	晶闸管在负载侧单相桥式
控制角 $\alpha = 0°$ 时，直流输出电压平均值 U_{d0}		$0.45U_2$	$0.9U_2$	$0.9U_2$	$0.9U_2$	$0.9U_2$
控制角 $\alpha \neq 0$ 时空载直流输出电压平均值	电阻负载或电感负载有续流二极管的情况	$\frac{1+\cos\alpha}{2} \times U_{d0}$	$\frac{1+\cos\alpha}{2} \times U_{d0}$	$\frac{1+\cos\alpha}{2} \times U_{d0}$	$\frac{1+\cos\alpha}{2} \times U_{d0}$	$\frac{1+\cos\alpha}{2} \times U_{d0}$
	电阻加无限大电感的情况	—	$U_{d0}\cos\alpha$	$\frac{1+\cos\alpha}{2} \times U_{d0}$	$U_{d0}\cos\alpha$	—
$\alpha = 0°$ 时的脉动电压	最低脉动频率	f	$2f$	$2f$	$2f$	$2f$
	脉动系数	1.57	0.666	0.666	0.666	0.666
元件承受的最大正反向电压		$\sqrt{2}U_2$	$2\sqrt{2}U_2$	$\sqrt{2}U_2$	$\sqrt{2}U_2$	$\sqrt{2}U_2$（正向）
移相范围	纯电阻负载或电感负载有续流二极管的情况	$0 \sim \pi$	$0 \sim \pi$	$0 \sim \pi$	$0 \sim \pi$	$0 \sim \pi$
	电阻＋无限大电感的情况	—	$0 \sim \frac{\pi}{2}$	$0 \sim \pi$	$0 \sim \frac{\pi}{2}$	—
最大导通角		π	π	π	π	2π
特点与适用场合		一个晶闸管，最简单，用于波形要求不高的小电流负载	二个晶闸管，较简单，用于波形要求稍高的低压小电流场合	二个晶闸管，各项指标较好，用于不要逆变的小功率场合	四个晶闸管，各项指标好，用于要求较高或要求逆变的小功率场合	一个晶闸管，适用于要求不高的小功率负载，但电感负载时需加续流管

例 2.4　有一大电感负载采用单相半控桥有续流二极管的整流电路，负载电阻 $R = 4\Omega$，电

源电压 $U_2=220$ V，晶闸管控制角 $\alpha=60°$，求流过晶闸管、二极管的电流平均值及有效值。

解 求整流输出平均电压：

$$U_d=0.9U_2(1+\cos\alpha)/2=$$
$$0.9\times220\times(1+0.5)/2=148.5\ \text{V}$$

负载电流平均值

$$I_d=U_d/R=148.5/4=37.13\ \text{A}$$

由(2.21)式可得晶闸管电流平均值

$$I_{dV}=[(\pi-\alpha)/2\pi]I_d=$$
$$[(\pi-\frac{\pi}{3})/2\pi]\times37.13=12.38\ \text{A}$$

由(2.22)式可得晶闸管电流有效值

$$I_V=\sqrt{(\pi-\alpha)/2\pi}\cdot I_d=$$
$$\sqrt{(\pi-\frac{\pi}{3})/2\pi}\times37.13=21.44\ \text{A}$$

由(2.23)式可得续流管电流平均值

$$I_{dV5}=(\alpha/\pi)I_d=(\frac{\pi}{3}/\pi)\times37.13=12.38\ \text{A}$$

由(2.24)式可得续流管电流有效值

$$I_{V5}=\sqrt{\alpha/\pi}I_d=\sqrt{\frac{\pi}{3}/2\pi}\times37.13=21.44\ \text{A}$$

由上述计算可知：当 $\alpha=60°$ 时，流过续流二极管的电流与流过晶闸管的电流相等。当 $\alpha<60°$ 时，流过晶闸管的电流大于流过续流管的。$\alpha>60°$ 时，流过晶闸管的电流小于流过续流管的。因此必须根据续流二极管中，实际流过的电流大小而选择定额，有时应选比晶闸管额定电流大一级的元件。

习题及思考题

2.1 单相半波可控整流电路中，如晶闸管(1)不加触发脉冲，(2)内部短路，(3)内部断路，试分析元件两端与负载电压的波形。

2.2 某单相可控整流电路给电阻性负载和给反电势性蓄电池充电，在流过负载电流平均值相同的条件下，哪一种负载的晶闸管额定电流应选大一点？为什么？

2.3 某一电阻性负载，$R=1\ \Omega$，要求直流电压在 0~45 V 范围内连续可调，如果用 220 V 交流电网直接供电，或者用降压变压器，其二次电压为 100 V 供电，都采用单相半波可控整流电路，试比较两种方案对晶闸管的定额、导通角、装置的功率因数以及电源要求的容量。

2.4 单相双半波可控整流电路，大电感负载，接有续流二极管，$U_2=220$ V，$R=10\ \Omega$。当 $\alpha=30°$ 时，求直流平均电压 U_d 和负载电流 I_d 及流过晶闸管和续流管的平均值和有效值，若考虑 2 倍裕量，试选择元件定额和型号规格。

2.5 试画出图 2.15 所示整流电路的整流电压 u_d，晶闸管、二极管和整流变压器一次绕组电流的波形,推导求输出平均电压 U_d 的计算公式。

2.6 单相桥式全控整流电路,大电感负载,$U_2 = 110$ V,$R = 2$ Ω,试计算当 $\alpha = 30°$时,输出电压电流平均值 U_d 和 I_d。如接续流二极管,U_d,I_d 为多少?并计算流过晶闸管和续流管的电流平均值和有效值,画出二种情况的电压,电流波形。

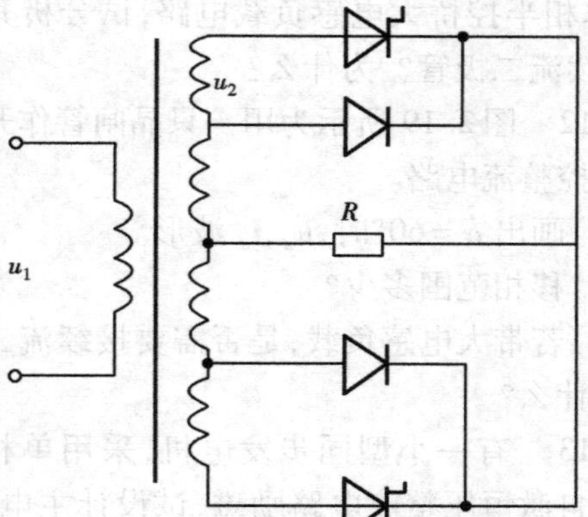

图 2.15 题 2.5 图

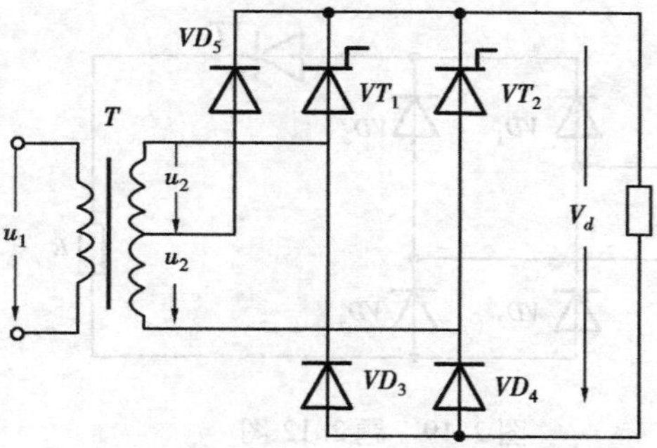

图 2.16 题 2.7 图

2.7 图 2.16 为具有中点二极管的单相半控桥式整流电路。

(1)画出 $\alpha = 60°$和 90°时 u_d 波形。

(2)推导 U_d 的计算公式。

(3)求输出平均电压最大值和最小值。

2.8 某一电阻性负载,采用单相半控桥整流电路。要求 0 ~ 86 V 连续可调,在 30 ~ 86 V 范围内,负载平均电流为 20 A。如直接由 220 V 电网供电,试计算晶闸管的导通角,电流平均值和有效值,交流侧电流有效值和对电网的容量要求。如果经降压变压器供电,考虑最小控制角 $\alpha_{min} = 30°$,计算变压器二次电压和变比,一次和二次电流有效值及变压器的容量。并说明如用 $\alpha = 0°$时选整流变压器,将产生什么后果。

2.9 有续流二极管的单相半控桥整流电路,带大电感性负载。电源电压 $U_2 = 220$ V,控制角$\alpha = 60°$,此时负载电流 $I_d = 30$ A。计算晶闸管、整流管和续流二极管的电流平均值和有效值,交流侧有效值、容量以及功率因数。

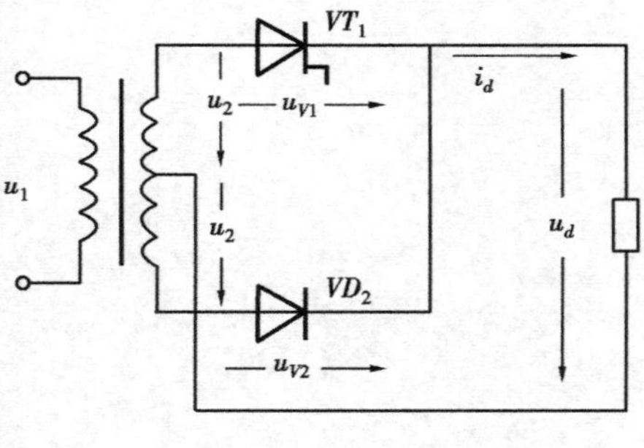

图 2.17 题 2.10 图

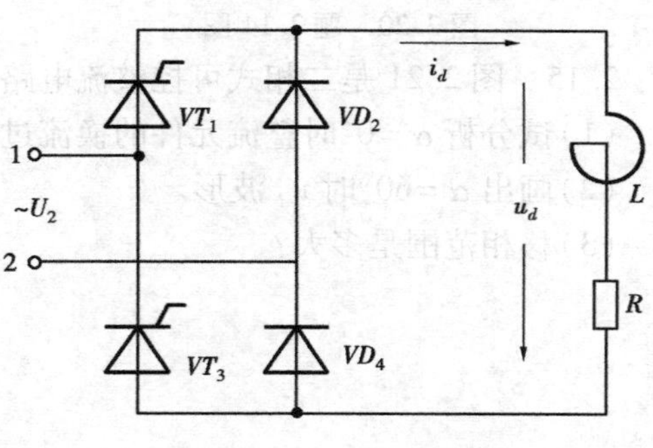

图 2.18 题 2.11 图

2.10 图 2.17 为由 1 只晶闸管和 1 只二极管组成的单相全波整流电路,已知 $U_2 = 220$ V,

$\alpha=30°$，求：

(1)输出直流电压 U_d。

(2)画出 u_d，u_{V1}和 u_{V2}波形。

(3)推导 U_d 的计算公式。

2.11　图2.18所示为晶闸管(二极管)串联的单相半控桥大电感负载电路，试分析其工作原理，画出输出电压 u_d，电流 i_d 波形。是否需要接续流二极管？为什么？

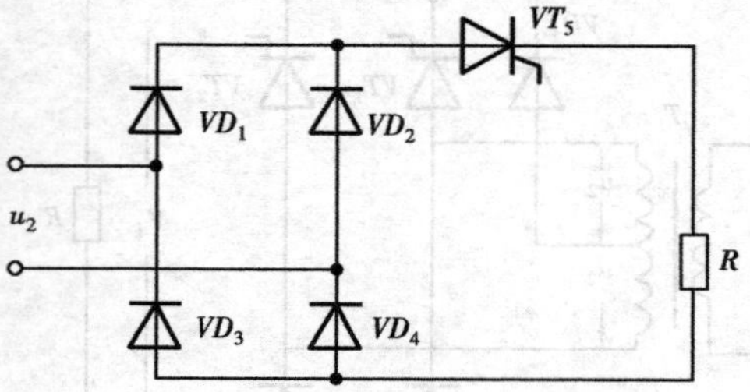

图2.19　题2.12图

2.12　图2.19所示为用一只晶闸管作开关管的可控整流电路。

(1)画出 $\alpha=60°$时，u_d，i_d 波形。

(2)移相范围多少？

(3)若带大电感负载，是否需要接续流二极管？为什么？

2.13　有一小型同步发电机，采用单相半波可控自激恒压整流电路励磁，试设计主电路。若已知发电机额定电压为220 V，要求励磁电压为60 V，励磁绕组电阻为4 Ω，电感为0.3 H，试计算晶闸管导通角，流过各元件的电流平均值和有效值。

2.14　图2.20是二相零式可控整流电路。

(1)试分析 $\alpha=0°$时整流元件换流过程。

(2)画出 $\alpha=60°$时 u_d 波形。

(3)求移相范围和晶闸管承受的正反向峰值电压。

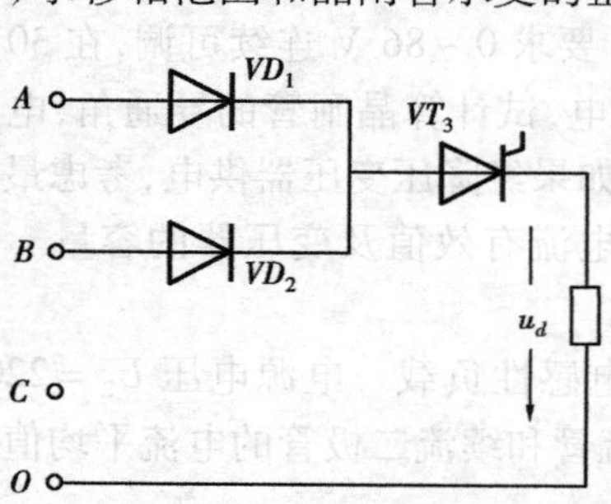

图2.20　题2.14图

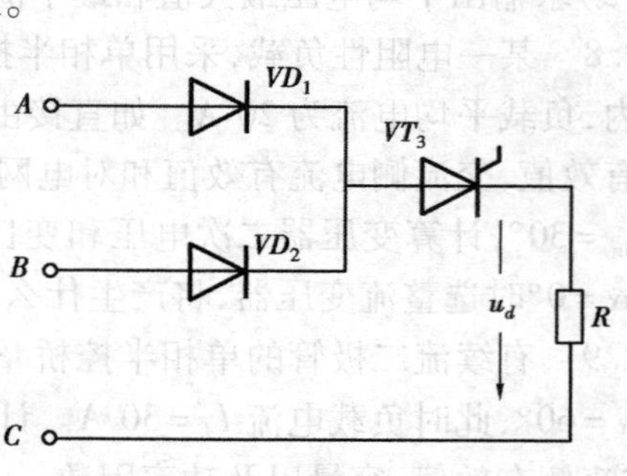

图2.21　题2.15图

2.15　图2.21是二相式可控整流电路。

(1)试分析 $\alpha=0°$时整流元件的换流过程。

(2)画出 $\alpha=60°$时 u_d 波形。

(3)移相范围是多大？

第 3 章 三相可控整流电路

内容提要

负载容量较大时(4kW 以上)一般都要用三相整流电路,因为它具有电压脉动较小,控制滞后时间短,脉动频率较高,三相平衡等优点。三相可控整流电路类型很多,本章将介绍三相半波,三相全控桥,三相半控桥,双反星形等整流电路。但三相半波可控整流电路是最基本的形式,其余电路都可看做是三相半波电路以不同方式串联或并联组成的,所以将重点介绍。

3.1 三相半波可控整流电路

3.1.1 电阻性负载

三相半波又称三相零式,电路如图 3.1(a)所示。图中 T 是整流变压器,也可直接由三相四线电源供电。3 只晶闸管的阴极连在一起,称为共阴极接法,这对触发电路有公共线者连接比较方便,所以得到广泛应用。

图 3.1(b)是电源相电压波形,三相电压正半周交点(图中 1、2、3 等点)是不控整流的自然换流点,也就是各相晶闸管能被触发导通的最早时刻(1 点离 u_a 原点 $\pi/6$),作为控制角 α 的计算起点。当 $\alpha=0$ 时(ωt_1 所处时刻),触发 VT_1 管,则 VT_1 导通,负载上得到 a 相电压。同理,隔 120°电角(ωt_2 时刻)触发 VT_2 管,则 VT_2 导通,VT_1 则受反压而关断,负载得到 b 相电压。ωt_3 时刻触发 VT_3 导通,而 VT_2 关断,负载上得到 c 相电压。如此循环下去。输出电压 u_d 是一个脉动的直流电压,如图 3.1(d)所示,它是三相交流相电压正半周包络线,相当于不控整流的情况。在一个周期内 u_d 有三次脉动,脉动的最高频率是 150 Hz。从图可看出,三相触发脉冲依次间隔 120°,在

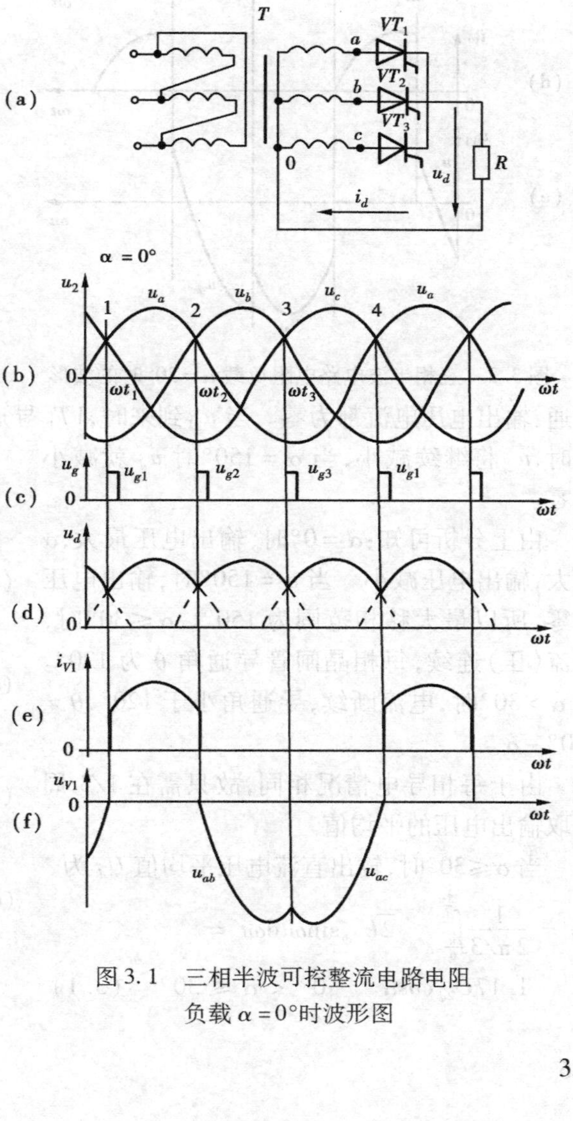

图 3.1 三相半波可控整流电路电阻负载 $\alpha=0°$时波形图

一个周期内三相电源轮流向负载供电，每相晶闸管各导通 120°，负载电源是连续的。

图 3.1(e)是流过 a 相(VT_1)的电流波形，其他两相电流波形形状相同，相位依次相差 120°。变压器绕组中流过的是直流脉动电流，在一个周期中，每相只工作 1/3 周期，所以存在直流磁化和利用率不高的问题。

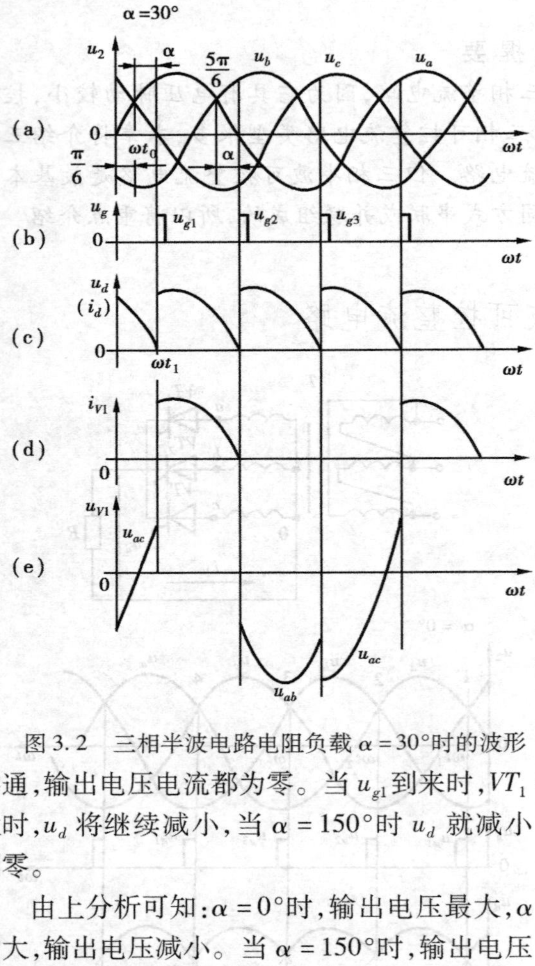

图 3.2　三相半波电路电阻负载 $\alpha=30°$时的波形

图 3.1(f)是 VT_1 上的电压波形。VT_1 导通时为零，在 VT_2 导通时，VT_1 承受的是线电压 u_{ab}。在 VT_3 导通时，VT_1 承受的是线电压 u_{ac}。其他两支晶闸管上的电压波形形状相同，只是相位依次相差 120°。

图 3.2 是 $\alpha=30°$时的波形。设 VT_3 已导通，当经过自然换流点 ωt_0 时，因为 VT_1 的触发脉冲 u_{g1} 还没来到，因而不能导通，而 u_c 仍大于零，所以 VT_3 不能关断，直到 ωt_1 所处时刻 u_{g1} 触发 VT_1 导通，VT_3 承受反压关断，负载电流从 c 相换到 a 相。以后即如此循环下去。从图可看出这是负载电流连续的临界状态，一周期中每只管子仍导通 120°。

图 3.3 是 $\alpha>30°$时波形，设 VT_3 已工作，输出电压为 u_c。当 u_c 过零变负时，VT_3 即关断。此时 VT_1 虽承受正向电压，但因其触发脉冲 u_{g1} 尚未到来，故不能导通。此后，直到 u_{g1} 到来的一段时间内，各相都不导通，输出电压电流都为零。当 u_{g1} 到来时，VT_1 导通，输出电压为 u_a。依次循环。当 α 继续增大时，u_d 将继续减小，当 $\alpha=150°$时 u_d 就减小到零。

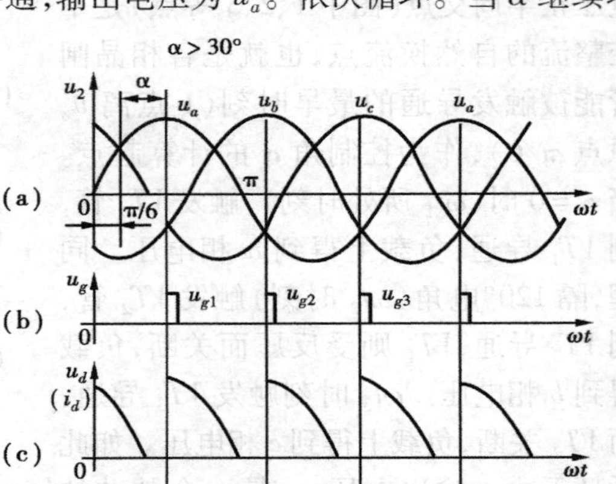

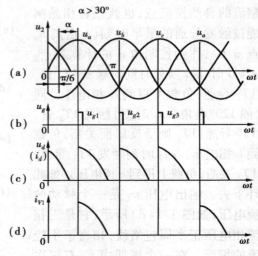

图 3.3　三相半波整流电路电阻负载当 $\alpha>30°$时的波形

由上分析可知：$\alpha=0°$时，输出电压最大，α 增大，输出电压减小。当 $\alpha=150°$时，输出电压为零，所以最大移相范围为 150°。$\alpha\leqslant30°$时，电流(压)连续，每相晶闸管导通角 θ 为 120°。当 $\alpha>30°$时，电流断续，导通角小于 120°，$\theta=150°-\alpha$。

由于每相导电情况相同，故只需在 1/3 周期取输出电压的平均值。

当 $\alpha\leqslant30°$时，输出直流电压平均值 U_d 为

$$U_d=\frac{1}{2\pi/3}\int_{\frac{\pi}{6}+\alpha}^{\frac{5\pi}{6}+\alpha}\sqrt{2}U_{2\phi}\sin\omega t\,\mathrm{d}\omega t=1.17U_{2\phi}\cos\alpha\qquad 0°<\alpha\leqslant30°\qquad(3.1)$$

式中 $U_{2\phi}$ 为变压器二次相电压有效值。

当 $30° < \alpha \leqslant 150°$ 时，u_d、i_d 波形断续，如图 3.3 所示，$\theta = 150° - \alpha$。可求得

$$U_d = \frac{1}{2\pi/3}\int_{\frac{\pi}{6}+\alpha}^{\pi} \sqrt{2}U_{2\phi}\sin\omega t\mathrm{d}\omega t =$$

$$1.17U_{2\phi}[1 + \cos(30° + \alpha)]/\sqrt{3} \qquad 30° < \alpha \leqslant 150° \tag{3.2}$$

负载电流平均值 I_d 为

$$I_d = \frac{U_d}{R}$$

流过每个晶闸管的平均电流 I_{dV} 为

$$I_{dV} = \frac{1}{3}I_d \tag{3.3}$$

根据电流有效值的定义，不难推导出流过晶闸管电流有效值的计算公式

$$I_V = \frac{U_2}{R}\sqrt{\frac{1}{2\pi}(\frac{2\pi}{3} + \frac{\sqrt{3}}{2}\cos 2\alpha)} \qquad \alpha \leqslant 30° \tag{3.4}$$

$$I_V = \frac{U_2}{R}\sqrt{\frac{1}{2\pi}(\frac{5\pi}{6} - \alpha + \frac{\sqrt{3}}{4}\cos 2\alpha + \frac{1}{4}\sin 2\alpha)} \qquad 30° < \alpha \leqslant 150° \tag{3.5}$$

当 $\alpha = 0$ 时，可求得 $I_V = 0.588I_d$。

从图 3.1(f) 可看出，晶闸管所承受的最大反向电压 U_{am} 为线电压峰值 $\sqrt{6}U_{2\phi}$。晶闸管所承受的最大正向电压为 $\sqrt{2}U_{2\phi}$。

3.1.2 大电感负载

大电感负载电路如图 3.4(a) 所示。当 $\alpha \leqslant 30°$ 时，u_d 波形与电阻性负载时一样。当 $\alpha > 30°$ 时，以 a 相为例，VT_1 管导通到其阳极电压 u_a 过 0 变负时，因为负载电流趋于减小，L 上的自感电势 e_L 将阻碍电流减小（e_L 与 i_d 方向一致），电路中（$u_a + e_L$）仍为正，维持 VT_1 一直导通到 u_{g2} 触发 VT_2 管导通为止，使 u_d 波形出现负电压部分。因此，尽管 $\alpha > 30°$，仍可使各相元件导通 120°，保证电流连续。大电感负载时，虽然 u_d 脉动较大，但可使 i_d 波形基本平直。u_d、i_d 波形如图 3.4(b)、(d) 所示。U_d 可由 u_d 波形从 $\pi/6 + \alpha$ 至 $5\pi/6 + \alpha$ 内积分求得

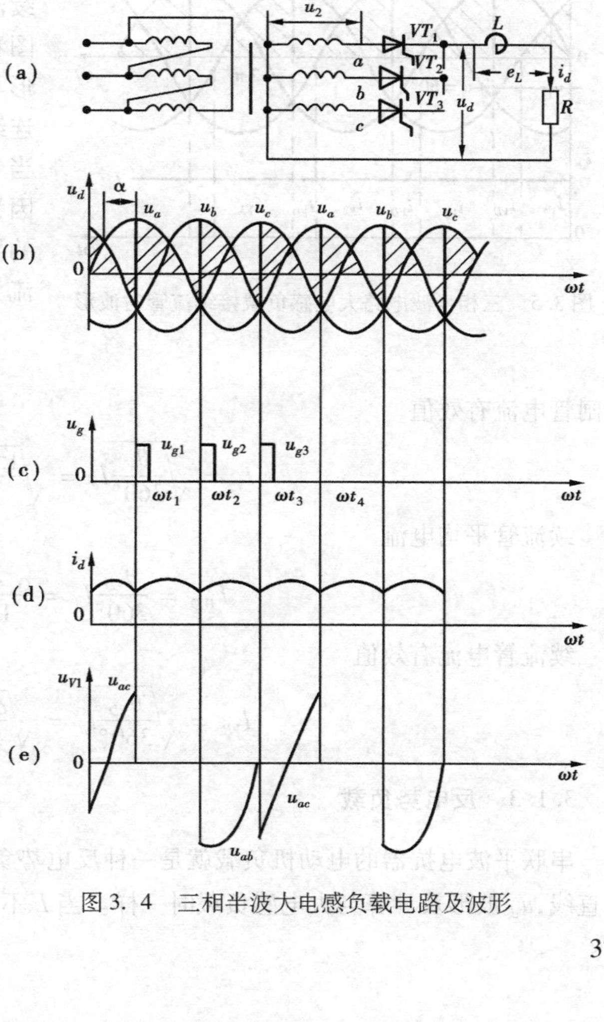

图 3.4 三相半波大电感负载电路及波形

$$U_d = \frac{1}{2\pi/3}\int_{\frac{\pi}{6}+\alpha}^{\frac{5\pi}{6}+\alpha} \sqrt{2}U_{2\phi}\sin\omega t \mathrm{d}\omega t =$$

$$1.17U_{2\phi}\cos\alpha \tag{3.6}$$

负载电流平均值

$$I_d = 1.17\frac{U_{2\phi}}{R}\cos\alpha \tag{3.7}$$

流过晶闸管的电流平均值与有效值为

$$I_{dV} = \frac{1}{3}I_d \tag{3.8}$$

$$I_V = \sqrt{\frac{1}{3}}I_d = 0.577I_d \tag{3.9}$$

由公式(3.6)可见，当 $\alpha = 90°$时，$U_d = 0$，所以在大电感负载时，触发脉冲的移相范围为0°~90°。晶闸管(例如 VT_1)两端电压 u_{V1} 波形如图 3.4(e)所示。在 $\omega t_1 \sim \omega t_2$ 期间 VT_1 导通 $u_{V1} = 0$；在 $\omega t_2 \sim \omega t_3$ 期间，VT_2 导通，$u_{V1} = u_{ab}$；在 $\omega t_3 \sim \omega t_4$ 期间，VT_3 导通，$u_{V1} = u_{ac}$。由图看出晶闸管承受的最大正反向电压均为线电压峰值$\sqrt{6}U_{2\phi}$。

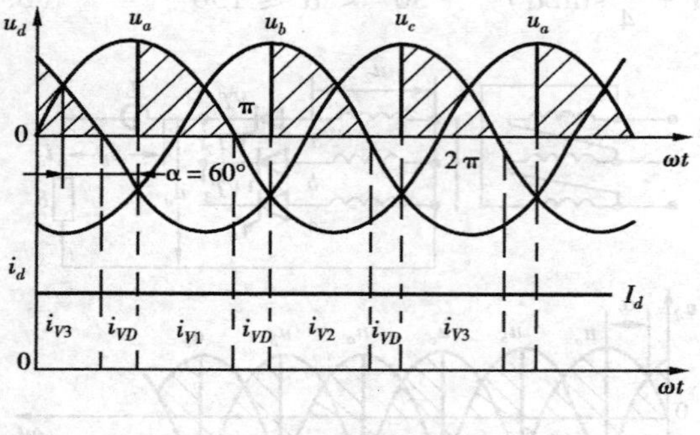

图 3.5　三相半波电路大电感负载接续流管时波形

三相半波可控整流电路大电感负载，接续流管时电压电流波形如图 3.5 所示。由图看出 u_d 波形与纯电阻负载时一样，i_d 波形与不接续流管时一样。当 $\alpha \leqslant 30°$时，u_d 连续且均大于零续流管受反压而不起作用。当 $\alpha > 30°$时，晶闸管导通角 $\theta_V = 150° - \alpha$。因为在一个周期内有 3 次续流，所以续流管的导通角 $\theta_{VD} = 3(\alpha - 30°)$。晶闸管平均电流为

$$I_{dV} = \frac{\theta_V}{360°}I_d = \frac{150° - \alpha}{360°}I_d \tag{3.10}$$

晶闸管电流有效值

$$I_V = \sqrt{\frac{\theta_V}{360°}}I_d = \sqrt{\frac{150° - \alpha}{360°}}I_d \tag{3.11}$$

续流管平均电流

$$I_{dVD} = \frac{\theta_{VD}}{360°}I_d = \frac{\alpha - 30°}{120°}I_d \tag{3.12}$$

续流管电流有效值

$$I_{VR} = \sqrt{\frac{\theta_{VD}}{360°}}I_d = \sqrt{\frac{\alpha - 30°}{120°}}I_d \tag{3.13}$$

3.1.3　反电势负载

串联平波电抗器的电动机负载就是一种反电势负载。当电感 L 足够大时，i_d 波形近似一条直线，u_d 波形及计算与大电感负载时一样。当 L 不够大或负载电流太小，L 中储存的磁场能

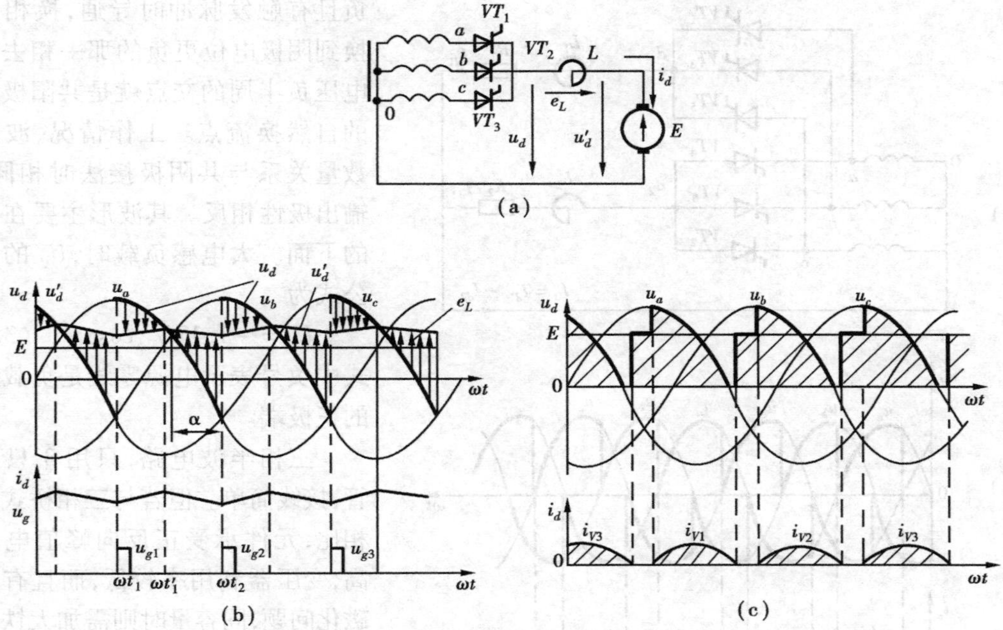

图 3.6　三相半波串电感的反电势负载波形

(a)电路图　(b)电流连续波形　(c)电流断续波形

量不足以维持电流连续，则 u_d 波形出现由反电势 E 形成的阶梯，U_d 不再符合前面的计算公式。图 3.6 为 $\alpha=60°$电流连续与断续两种情况的波形。在 ωt_1 时刻 u_{g1}触发 VT_1 管，因为 $u_a>E$，所示 VT_1 导通。i_d 增加，e_L 的方向是阻止 i_d 增加的，如图中向 τ_1 的箭头部分。当 i_d 增加到最大值(相当于 $\omega t'_1$ 时刻)e_L 为零。此后由于 u_a 继续下降，则 i_d 减小，这时 e_L 的方向是阻止 i_d 减小，如图中向上的箭头部分。直到ωt_2 时刻，u_{g2}触发 VT_2 导通，VT_1 受反压关断，以后不断循环。由于电感 L 的作用，使得负载两端的电压 u'_d 也比较平直了。电流断续的情况自行分析。

3.1.4　共阳极整流电路

图 3.7(a)所示电路为将 3 只晶闸管阳极连接在一起的三相半波可控整流电路，称为共阳极接法。这种接法可将散热器连在一起，但三个触发电源必须相互绝缘。共阳极接法时的晶闸管只能在相电压的负半周工作，其阴极电位为

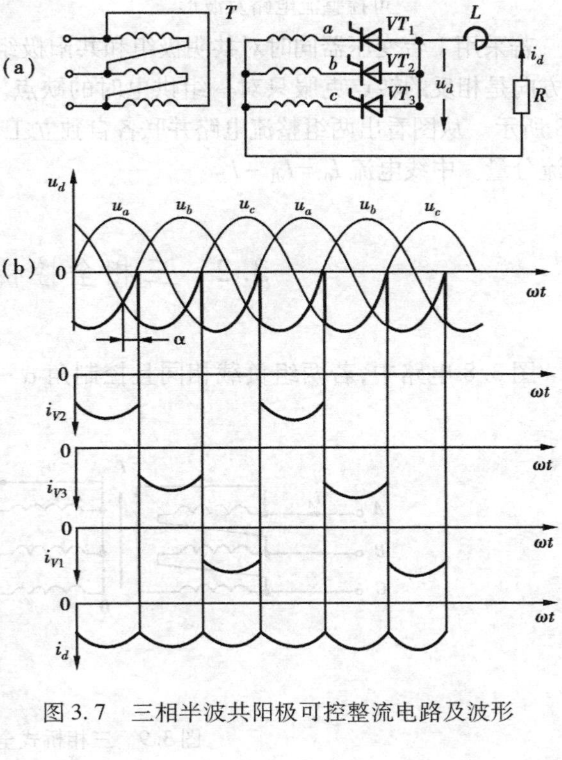

图 3.7　三相半波共阳极可控整流电路及波形

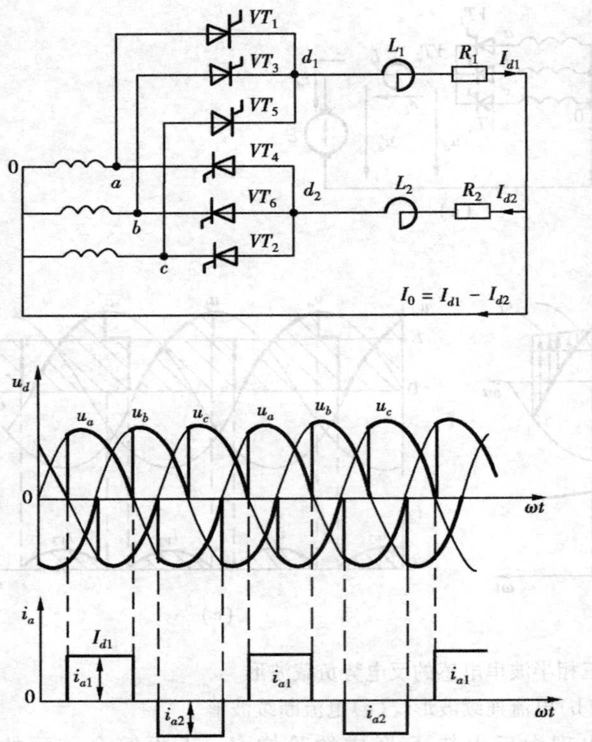

图 3.8　共用变压器共阴极和共阳极可控整流电路及波形

负且有触发脉冲时导通，换相总是换到阴极电位更负的那一相去。相电压负半周的交点就是共阳极接法的自然换流点。工作情况、波形及数量关系与共阴极接法时相同，仅输出极性相反。其波形主要在横轴的下面。大电感负载时，U_d 的计算公式为

$$U_d = -1.17U_{2\phi}\cos\alpha \tag{3.14}$$

式中负号表示电源零线是负载电压的正极端。

三相半波电路，只用 3 只晶闸管，接线简单。但若与三相桥式电路相比，元件承受正反向峰值电压较高，变压器利用率较低，而且有直流磁化问题，同容量时则需加大铁芯截面积，并要引起附加损耗。若不用变压器，则负载电流中的直流分量流入电网，不但引起电网额外损耗，而且要增大零线电流。因此这种电路多用于中等偏小容量的设备上。

若采用 1 台变压器同时对共阴极组和共阳极组供电，则可利用两组整流电流对于变压器次级方向是相反的转点克服只对一组供电时的缺点。共用变压器的共阴共阳可控整流电路如图 3.8 所示。从图看出两组整流电路并联各自独立工作，变压器次级工作时间增加 1 倍，并可减小直流分量。中线电流 $I_0 = I_{d1} - I_{d2}$。

3.2　三相全控桥式整流电路

图 3.8 电路中，若两组负载相同且控制角 α 一致时，则 $I_{d1} = I_{d2}$，零线电流 $I_0 = 0$。因此将

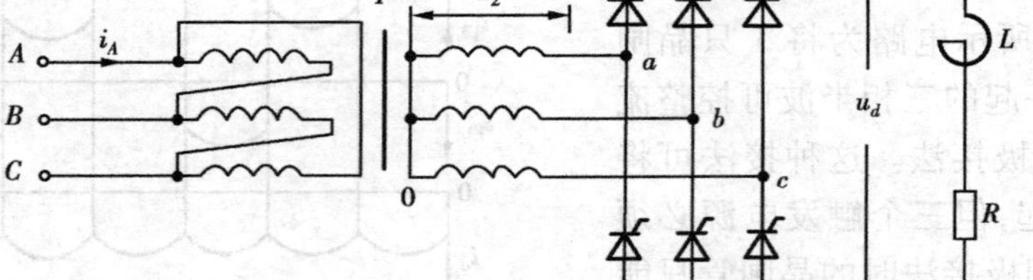

图 3.9　三相桥式全控整流电路

零线断开不会影响工作，再将两负载合一，就变成工业上常用的三相全控桥式整流电路，如图3.9所示，它实质上是共阴极组和共阳极组三相半波电路的串联，因此整流电压为三相半波时的两倍，在大电感负载时

$$U_d = 2 \times 1.17U_{2\phi}\cos\alpha = 1.35U_{2L}\cos\alpha \tag{3.15}$$

式中 $U_{2\phi}$ 和 U_{2L} 为变压器次级相电压和线电压有效值。

与三相半波电路相比，若要求输出电压相同时，三相桥式对晶闸管最大正反向电压要求则低一半，若输入电压 $U_{2\phi}$ 相同时，则输出电压 U_d 比三相半波高一倍。另外，由于共阴极组在电源电压正半周时导通，流经变压器次级绕组的电流为正，共阳极组在电压负半周时导通，流经变压器次级绕组的电流为负，因此在一个周期中变压器绕组不但提高导电时间，而且也无直流流过，这样就克服了三相半波电路存在直流磁化和变压器利用率低的缺点。下面将进一步分析其工作原理。

晶闸管的编号如图3.9所示时，则对三相全控桥的6个晶闸管的触发顺序是1—2—3—4—5—6—1。因为三相全控桥大多都用来对串接平波电抗器的电动机负载供电，因此重点研究大电感负载的工作情况。

图3.10是 $\alpha = 0°$ 时的波形。为分析方便，把一个周期分6段，每段相隔60°。在第(1)段期间，a 相电位 u_a 最高，共阴极组的 VT_1 被触发导通，b 相电位 u_b 最低，共阳极组的 VT_6 被触发导通，电流路径为 $u_a \to VT_1 \to R(L) \to VT_6 \to u_b$。变压器 a、b 两相工作，共阴极组的 a 相电流 i_a 为正，共阳极组的 b 相电流 i_b 为负，输出电压为线电压 u_{ab}。

在第(2)段期间，u_a 仍最高，VT_1 继续导通，而 u_c 变为最负，当过自然换流点时触发 VT_2，则电流即从 b 相换到 c 相，VT_2 导通，VT_6 承受反压关断。这时电流路径为 $u_a \to VT_1 \to R(L) \to VT_2 \to u_c$。变压

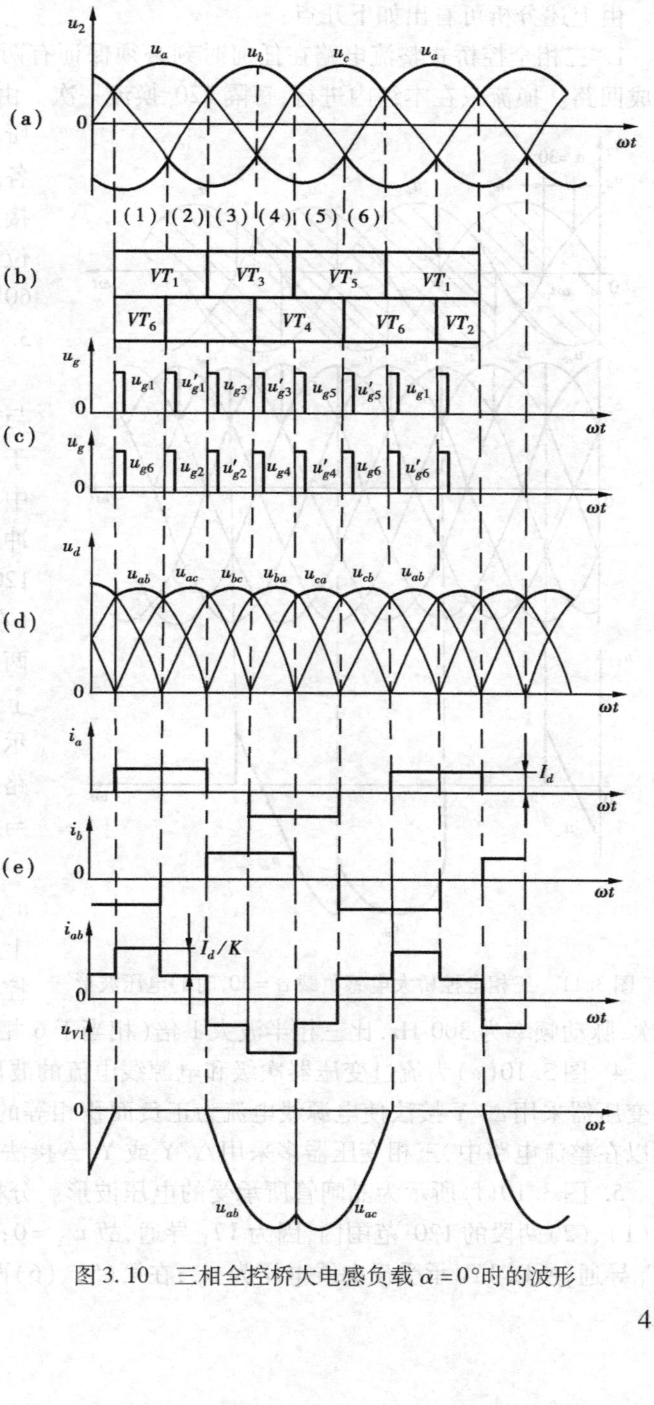

图3.10 三相全控桥大电感负载 $\alpha = 0°$ 时的波形

器 u、c 两相工作，i_a 为正，i_c 为负，输出电压 $u_d = u_{ac}$。

到第(3)段时 u_b 最高，共阴极组在经过自然换流点时触发 VT_3 导通，电流从 a 相换到 b 相。VT_2 因为 u_c 仍然最低而继续导通。输出电压 $u_d = u_{bc}$。以下各段依次类推，即可得到在第(4)段 $u_d = u_{ba}$；在第(5)段 $u_d = u_{ca}$；在第(6)段 $u_d = u_{cb}$。以后则重复上述过程。由上分析可知，三相全控桥整流电路晶闸管的导通换流顺序是：

$$\frac{1}{6} \rightarrow \frac{1}{2} \rightarrow \frac{3}{2} \rightarrow \frac{3}{4} \rightarrow \frac{5}{4} \rightarrow \frac{5}{6} \rightarrow \frac{1}{6}$$

由上述分析可看出如下几点：

1. 三相全控桥式整流电路在任何时刻必须保证有两个不同组别的晶闸管同时导通才能构成回路。换流只在本组内进行，每隔 120°换流一次。由于共阴与共阳极组换流点相隔 60°，所以每隔 60°有一个元件换流。同组内各晶闸管的触发脉冲相位差为 120°。接在同一相的两个元件的触发脉冲相位差为 180°，而相邻两脉冲的相位差是 60°。元件导通及触发脉冲情况如图 3.10(b)、(c)所示。

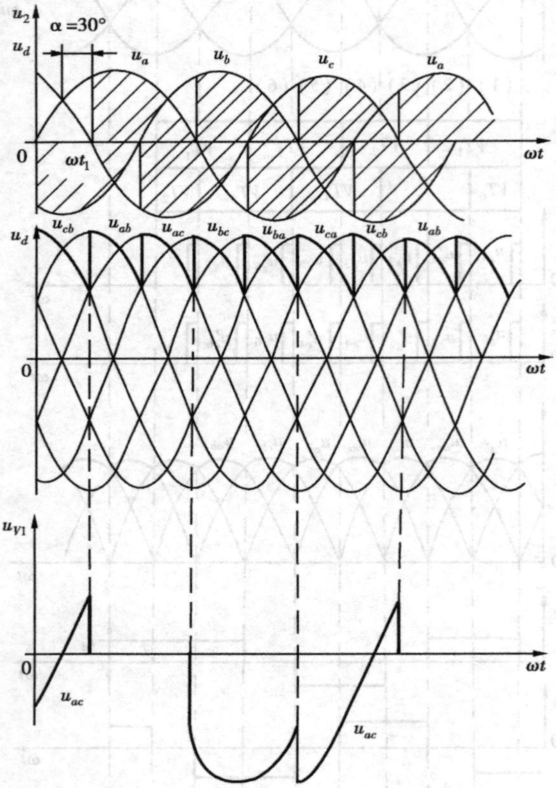

图 3.11 三相全控桥大电感负载 $\alpha = 30°$时的电压波形

2. 为了保证整流装置启动时共阴与共阳两组各有一个晶闸管导通，或由于电流断续后能再次导通，必须对两组中应导通的一对晶闸管同时加触发脉冲。采用宽脉冲（必须大于 60°，小于 120°，一般取 80°~100°）或双窄脉冲（在一个周期内对每个晶闸管连续触发两次，两次脉冲间隔为 60°）都可达到上述目的。采用双窄脉冲触发的方式示于图 3.10(c)中。双窄脉冲触发电路虽然复杂，，但可减小触发电路功率与脉冲变压器体积，所以较多采用。

3. 整流输出电压 u_d 由线电压波头 u_{ab}、u_{ac}、u_{bc}、u_{ba}、u_{ca} 和 u_{cb} 组成，其波形是上述线电压的包络线。可看出，三相全控桥式整流电压 u_d 在一个周期内脉动 6 次，脉动频率为 300 Hz，比三相半波大 1 倍（相当于 6 相）。

4. 图 3.10(e)为流过变压器次级和电源线电流的波形，K 为变压器的变化。由图看出：由于变压器采用△/Y 接法使电源线电流为正负面积相等的阶梯波更接近正弦波，谐波影响小，所以在整流电路中，三相变压器多采用△/Y 或 Y/△接法。

5. 图 3.10(f)所示为晶闸管所承受的电压波形。分析方法同三相半波。由图可看出：在第(1)、(2)两段的 120°范围内，因为 VT_1 导通，故 $u_{V1} = 0$；在第(3)、(4)段的 120°范围内，因为 VT_3 导通，所以 VT_1 承受反向线电压为 u_{ab}；在第(5)、(6)两段期间，因为 VT_5 导通，所以 VT_1 管

承受反向线电压为 u_{ac}。同理也可分析其他管子所承受电压的情况。当 α 变化时，管子电压波形也有规律的变化。可看出，晶闸管所承受最大正反向电压均为线电压峰值，即 $U_{am}=\sqrt{6}U_{2\phi}$。

6. 脉冲的移相范围在大电感负载时为0°~90°。顺便指出：电阻负载，在 $\alpha>60°$ 时波形断续，晶闸管的导通要维持到线电压过零反向时才关断。移相范围为0°~120°。

7. 流过晶闸管的电流与三相半波时相同为 $I_{dV}=(1/3)I_d$，$I_V=\sqrt{1/3}I_d=0.577I_d$。变压器次级每周期内有240°流过电流且电流正负面积相等无直流分量。次级电流有效值为 $I_2=\sqrt{2/3}I_d=0.816I_d$。

当 $\alpha>0°$ 时，每个晶闸管都不在自然换流点换流，而是后移一个 α 角开始换流，图3.11、3.12，3.13为 $\alpha=30°$、60°、90°时的波形。从图可见当 $\alpha\leqslant60°$ 时，u_d 波形均为正值，其分析方法与 $\alpha=0°$ 时相同。当 $\alpha>60°$ 时由于 L 自感电势的作用，u_d 波形出现负值，但正面积大于负面积平均电压 U_d 仍为正值。当 $\alpha=90°$ 时，正负面积相等，$U_d=0$。

三相全控桥整流电路可用于可逆电力拖动系统中。

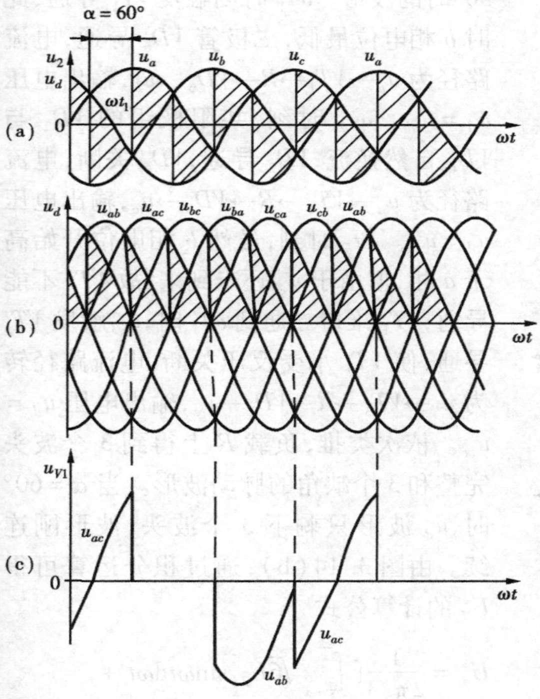

图3.12　三相全控桥大电感负载 $\alpha=60°$ 时的电压波形

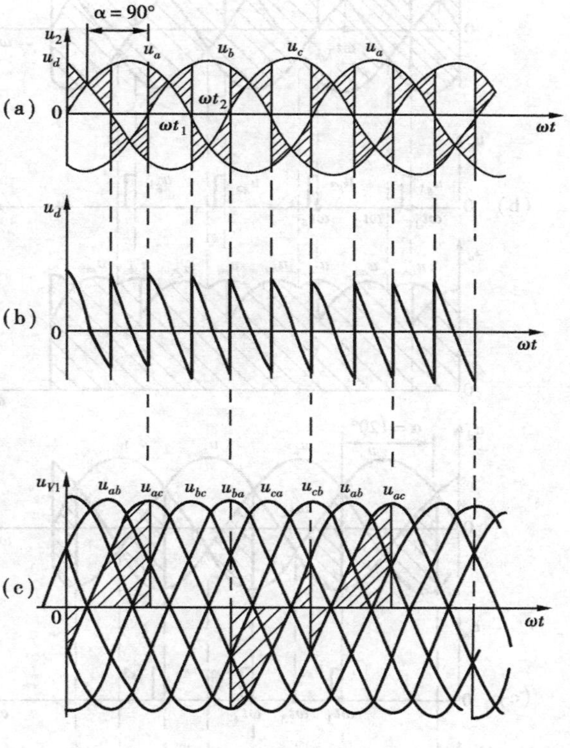

图3.13　三相全控桥大电感负载 $\alpha=90°$ 时的大电压波形

3.3　三相半控桥式整流电路

三相半控桥式整流电路比三相全控桥更简单、经济，而带电阻性负载时性能并不比全控桥差。所以多用在中等容量或不要求可逆拖动的电力装置中。电路如图3.14(a)所示。它是把全控桥中共阳极组的 3 个晶闸管换成整流二极管，因此它具有可控和不可控两者的特性。其显著特点是共阴极组元件必须触发才能换流；共阳极元件总是在自然换流点换流。一周期中仍然换流 6 次，3 次为自然换流，其余 3 次为触发换流，这是与全控桥根本的区别。改变共阴极组晶闸管的控制角 α，仍可获得 $0 \sim 2.34U_{2\phi}$ 的直流可调电压。

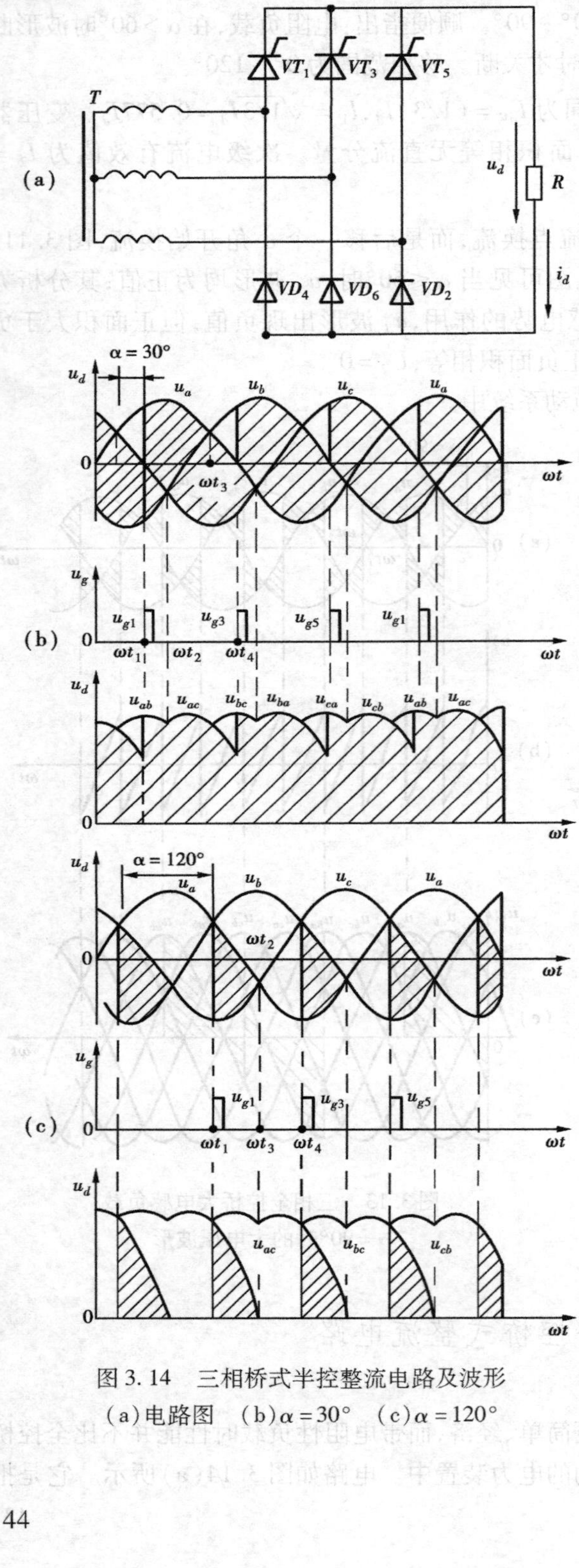

图 3.14　三相桥式半控整流电路及波形

(a)电路图　(b)$\alpha=30°$　(c)$\alpha=120°$

3.3.1　电阻性负载

控制角 $\alpha=0$ 时，电路工作情况基本与三相全控桥 $\alpha=0$ 时一样，输出电压 u_d 波形完全一样。输出直流平均电压最大为 $2.34U_{2\phi}$。

当 $\alpha \leqslant 60°$ 时：如图 3.14(b) 为 $\alpha=30°$ 时的波形。ωt_1 时刻触发 VT_1 导通，此时 b 相电位最低，二极管 VD_6 导通，电流路径为 $u_a \to VT_1 \to R \to VD_6 \to u_b$，输出电压 $u_d=u_{ab}$。ωt_2 时刻，共阳极组的 VD_2 与 VD_6 自然换流，VD_2 导通，VD_6 关断，电流路径为 $u_a \to VT_1 \to R \to VD_2 \to u_c$，输出电压 $u_d=u_{ac}$。ωt_3 时刻，虽然 b 相电位开始高于 a 相，但由于 u_{g3} 还未到来，故 VT_3 不能导通，VT_1 维持导通到 ωt_4 时，u_{g3} 触发 VT_3 导通，使 VT_1 承受反压关断，电流路径转为 $u_b \to VT_3 \to R \to VD_2 \to u_c$，输出电压 $u_d=u_{bc}$。依次类推，负载 R 上得到 3 个波头完整和 3 个缺角的脉动波形。当 $\alpha=60°$ 时，u_d 波形只剩下 3 个波头，波形刚连续。由图 3.14(b)，通过积分运算可得 U_d 的计算公式

$$U_d=\frac{1}{2\pi/3}\left[\int_{\frac{\pi}{3}+\alpha}^{\frac{2\pi}{3}}\sqrt{6}U_{2\phi}\sin\omega t\,\mathrm{d}\omega t+\int_{\frac{2\pi}{3}}^{\pi+\alpha}\sqrt{6}U_{2\phi}\sin\left(\omega t-\frac{\pi}{3}\right)\mathrm{d}\omega t\right]=1.17U_{2\phi}(1+\cos\alpha)\quad 0°\leqslant\alpha\leqslant 60° \tag{3.16}$$

当 $60°<\alpha\leqslant 180°$ 时，如 $\alpha=120°$，波形如图 3.14(c) 所示。ωt_1 时刻触发 VT_1 导通，同上述原因此时二极管 VD_2 导通，

电流路径为 $u_a \to VT_1 \to R \to VD_2 \to u_c$，输出电压 $u_d = u_{ac}$。因为 VT_1 和 VD_2 在线电压 u_{ac} 作用下，所以到 ωt_2 时刻 u_a 虽然降到零，而 VT_1 和 VD_2 也不会关断，一直维持导通到 ωt_2 时刻 $u_{ac}=0$ 为止。在 $\omega t_3 \sim \omega t_4$ 期间，VT_3 虽受 u_{ba} 正向电压作用，但因无触发脉冲而不能导通，波形出现断续。到 ωt_4 时，VT_3 被触发导通，输出电压为 u_{ba} 直到 u_{ba} 降到零时关断。平均电压为

$$U_d = \frac{1}{2\pi/3}\int_{\alpha}^{\pi}\sqrt{6}U_{2\phi}\sin\omega t \mathrm{d}\omega t = 1.17U_{2\phi}(1+\cos\alpha) \qquad 60° < \alpha \leqslant 180° \tag{3.17}$$

可见，三相半控桥电阻性负载时在移相范围 0°~180°内，输出电压平均值与计算公式一样。

3.3.2 大电感负载

三相半控桥与单相半控桥一样，因桥路内二极管有自然续流问题，所以在电感负载时 u_d 波形和 U_d 计算公式与电阻性负载时一样。

同理，在大电感负载时，若在负载端不接续流二极管，当突然丢失触发脉冲或把控制角调到 180°以外时，也会发生某个导通的晶闸管关不断，而共阳极组的 3 个二极管轮流导通的失控现象。这种现象是不允许的，因此在大电感负载时，要在负载端并接续流二极管。

并接续流管后，只有当 $\alpha > 60°$ 时，续流管才起续流作用。流过晶闸管、整流二极管和续流管的电流计算公式与三相半波相似，流过晶闸管和整流二极管的电流平均值和有效值

$$I_{dV} = \frac{\theta_v}{2\pi}I_d = \frac{\pi-\alpha}{2\pi}I_d$$

$$I_V = \sqrt{\frac{\theta_V}{2\pi}}I_d = \sqrt{\frac{\pi-\alpha}{2\pi}}I_d \qquad 60° < \alpha \leqslant 180° \tag{3.18}$$

流过续流二极管的电流平均值和有效值

$$I_{dVD} = \frac{\alpha - \pi/3}{2\pi/3}I_d$$

$$I_{VD} = \sqrt{\frac{\alpha - \pi/3}{2\pi/3}}I_d \tag{3.19}$$

由以上分析可知：

1. 三相半控桥只能工作于可控整流，而不能工作于有源逆变状态（逆变原理参阅第 4 章 4.1 节），而三相全控桥可工作于有源逆变状态。

2. 半控桥当 $\alpha \geqslant 60°$ 时，输出电压 u_d 只剩下 3 个波头，所以脉动大，其基波频率为 150 Hz，比三相全控桥低一倍，在要求脉动系数相同时，半控桥要求的平波电抗器的电感量要大。

3. 半控桥只用三个晶闸管，不需要双脉冲或宽脉冲触发，接线简单经济，调节方便。

4. 计算可知半控桥控制滞后时间（改变 α 角后，输出电压相应变化的时间）为 6.6 ms，比全控桥长 1 倍，所以控制灵敏度不如全控桥。

3.4 大容量可控整流主电路的接线型式及特点

在工业生产中，如拖动轧机的晶闸管电动机系统，功率达数千千瓦。电解、电镀等又常需要电压低至几十伏，电流高达数千安至数万安的可调直流电源，这些都需要大容量可控整流装

置。在大容量可控整流装置中,如果要求高电压小电流则会遇到晶闸管串联的均压问题;如果要求低电压大电流又会遇到晶闸管并联的均流问题。此外,在大容量可控整流电路中还必须考虑如何减少直流电压脉动和高次谐波分量而提高电压质量和减少对电网的危害问题。本节将介绍大容量可控整流主电路的接线型式和特点,探讨解决上述问题的基本途径。

3.4.1 双反星形中点带平衡电抗器的可控整流电路

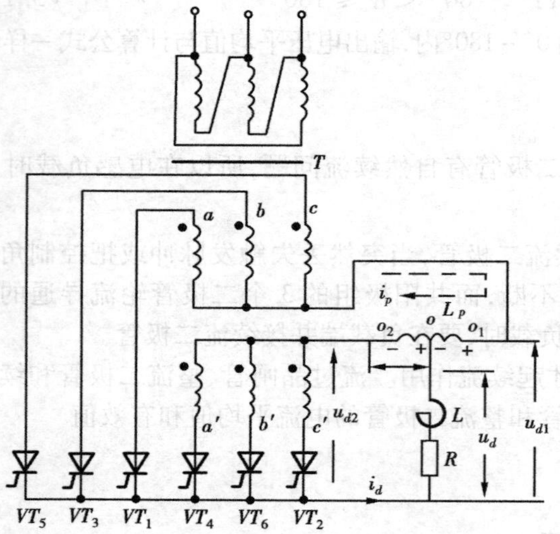

图 3.15 带平衡电抗器双反星形可控整流电路

在低电压大电流直流供电系统中,如果要采用三相半波可控整流电路,每相要多个晶闸管并联,这就带来均流、保护等一系列问题。如前所述三相半波电路还存在直流磁化和变压器利用率不高的问题。若要采用三相桥式电路,虽可提高变压器的利用率和解决直流磁化问题,但元件并联数依然如故,而且元件的数量加倍,大电流要流过两个整流元件,有两倍的管子压降损耗,使效率降低。

由上节分析可知,三相桥式电路是两组三相半波的串联,适用于高电压小电流的场合。显然,两组三相半波并联电路将适用于低电压大电流的场合。并联后,利用整流变压器次级适当的连接方法,可消除直流磁化,并使每组负担一半负载电流,比单纯用三相半波电路并联的元件数可少一半。为解决两组电流的平衡问题,可在两组中点串接平衡电抗器。这就是本节要研究的电路,如图 3.15 所示。

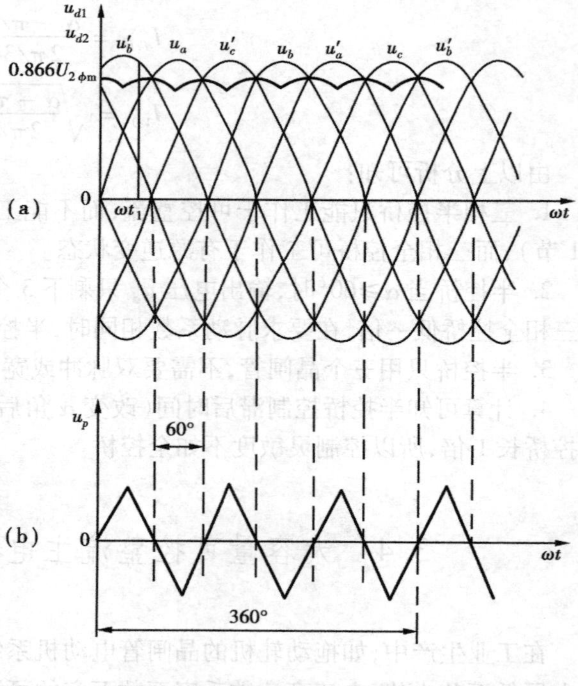

图 3.16 带平衡电抗器双反星形可控整流 u_d 和 u_P 波形

图中 T 是具有两个次级绕组的双反星形变压器,在两组绕组的中性点 o_1、o_2 间串联具有中心抽头的平衡电抗器 L_P。因为两组次级绕组都接成星形,且极性相反,所以称为双反星形。平衡电抗器 L_P 就是一个具有中心抽头的铁心线圈,抽头两侧的匝数相等,二边电感量 $L_{P1}=L_{P2}$,在任一边线圈中有交流电流过时,在 L_{P1} 和 L_{P2} 中均会感应出大小相等,方向一致的电势 u_{P1} 和 u_{P2}。

若将图 3.15 电路的 L_P 短接,即成为一般的六相半波整流电路。采取与三相半波电路同样的分析方法,不难得出:在任一瞬间只能有一个晶闸管导通,其余 5 个晶闸管均承受反压而阻断。每管最大导通角为 60°,每管的平均电流为(1/6)I_d。当 $\alpha=0°$时,输出电压为 u_a、u'_c、u_b、u'_a、u_c、u'_b 6 个波头组成的包络线,如图 3.16(a)所示。可求出输出平均直流电压 $U_d=1.35U_{2\phi}$。六相半波整流电路,因元件导电时间短,变压器利用率低,体现不出供应大电流的优点,故极少采用。

接入平衡电抗器后,工作情况就大不相同了。由于平衡电抗器的作用,而使两组半波整流电路有可能同时导电。

假设两组同时导电,当 $\alpha=0$ 时,每组的工作情况都和三相半波不控电路相同。虽然输出电压平均值 U_{d1} 和 U_{d2} 相等,但它们的脉动波相差 60°,其瞬时值 u_{d1} 和 u_{d2} 是不同的,如图 3.16(a)所示(图 3.16(a)中,u_{d1} 即是由电压 u_a、u_b、u_c 的正包络线组成的波形;u_{d2} 即是由电压 u'_b、u'_c、u'_a 的正包络线组成的波形)。因为 6 个元件为共阴极连接,所以两个星形的中点 o_1 和 o_2 间的电压 u_P 便等于 u_{d1} 和 u_{d2} 瞬时值之差,这是一个 3 倍基频近似三角形的电压,如图 3.16(b)所示。这个电压产生交流电流 i_P 通过两组星形自成回路,不流经负载,故称为环流或平衡电流。该电压全部降落在电抗器上,与 i_P 通过 L_P 时产生的感应电势相平衡。为了使两组星形电路并联工作后使电流尽可能地平均分配,一般希望限制环流在其额定负载电流的 1% ~2% 内,串接电抗器 L_P 即可达到此目的,故叫平衡电抗器。

下面再进一步分析两组晶闸管同时导电的原理。

在图 3.16(a)中,取任一瞬时(例如 ωt_1),这时 u'_b 和 u_a 均为正,但 $u'_b>u_a$,如果两组三相半波整流电路的中点 o_1 和 o_2 直接相连,则只有 u'_b 相的元件,VT_6 能导通。接了平衡电抗器 L_P,在 ωt_1 时刻,u'_b 电压最高,由于 VT_6 导通,电流流经 L_P,在一半绕组(o—o_2 端)上感应电势为 $u_{P/2}$,其方向是阻止电流增长(即 o 端为正,o_2 端为负)。另一半绕组(o—o_1 端)也感应电势 $u_P/2$,它的方向是 o_1 端为正,o 端为负。可看出 o—o_2 绕组上的电势与 u'_b 方向相反,而 o—o_1 绕组上的电势与 u_a 方向一致,因此只要平衡电抗器感应的电势 u_P 等于 u'_b 与 u_a 的差值,则 $u'_b-u_P/2=u_a+u_P/2$,则晶闸管 VT_1 与 VT_6 将同时导通。

当至 u'_b 与 u_a 的交点时,由于 $u'_b=u_a$,VT_1、VT_6 继续导通,此时 $u_P=0$。之后 $u_a>u'_b$,流过 u'_b 相的电流要减小,同理由于 L_P 有阻止此电流减小的作用,使 VT_6 将继续导电,直到 $u'_c>u'_b$ 时电流才从 VT_6 管换至 VT_2 管,此时改为 VT_1 和 VT_2 同时导电。依次类推,可分析出其他时间段两组元件同时导通及换流的情况。

由此可见,接入平衡电抗器后,能使两组三相半波电路同时工作,即在任一瞬间,两组各有一个晶闸管同时导通,共同负担负载电流。每隔 60°有一个元件换流。每一组中的每一个元件仍按三相半波的导电规律而各轮流导电 120°。这样就能使流过整流元件和变压器次级电流的波形系数 k_f 降低,在 I_d 相同时,可使元件的额定电流减少,并提高变压器的利用率。利用两组的反极性而使变压器磁路平衡,从而不存在直流磁化问题。

由图 3.15 所示电压瞬时方向可得如下关系,从第一组星形电路看负载电压 u_d 为

$$u_d = u_{d1} + \frac{1}{2}u_P$$

从第二组电路看,则有

$$u_d = u_{d2} - \frac{1}{2}u_P$$

因此得

$$u_d = \frac{1}{2}(u_{d1} + u_{d2}) \tag{3.20}$$

$$u_P = u_{d2} - u_{d1} \tag{3.21}$$

u_d 波形如图 3.16(a)中粗黑线所示。$\alpha = 0$ 时,输出电压平均值 U_d 为

$$U_d = \frac{1}{2\pi}\int_0^{2\pi} u_d \mathrm{d}\omega t =$$

$$\frac{1}{2}\int_0^{2\pi} \frac{1}{2}(u_{d1} + u_{d2})\mathrm{d}\omega t =$$

$$\frac{1}{2}(U_{d1} + U_{d2}) =$$

$$1.17U_{2\phi} \tag{3.22}$$

分析不同控制角时的 u_d 波形,可根据式(3.20)先分别求出两组三相半波电路的输出电压 u_{d1} 和 u_{d2} 波形,然后做出 $\frac{u_{d1}+u_{d2}}{2}$ 的波形。$\alpha = 0$ 的位置是三相半波原来的自然换流点,α 从该点算起。

图 3.17 画出了 $\alpha = 30°$、$\alpha = 60°$、$\alpha = 90°$ 时的 u_d 波形。电阻负载,当 $\alpha \leqslant 60°$ 时,u_d 波形连续,输出电压平均值

$$U_d = 1.17U_{2\phi}\cos\alpha \qquad 0 \leqslant \alpha \leqslant 60° \tag{3.23}$$

当 $\alpha > 60°$ 时,u_d 波形断续(u_d 不出现负值)可求得

$$U_d = 1.17U_{2\phi}[1 + \cos(\alpha + 60°)] \qquad 60° < \alpha \leqslant 120° \tag{3.24}$$

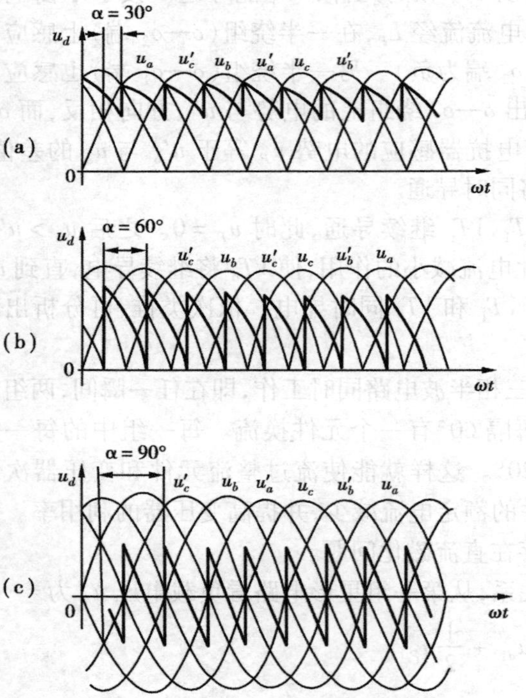

图 3.17 带平衡电抗器双反星形可控整流波形

(a)$\alpha° = 30$ (b)$\alpha = 60°$ (c)大电感负载 $\alpha = 90°$

为了保证电流断续后,两组三相半波电路还能同时工作,与三相桥式电路一样,也要求采用双窄脉冲或宽脉冲触发。电阻负载时移相范围为 120°(单组时为 150°)。

电感负载时,$\alpha \leqslant 60°$,u_d 与电阻负载时相同。当 $60° < \alpha < 90°$ 时,u_d 波形出现负值部分,$\alpha = 90°$ 时,$U_d \approx 0$,波形如图 3.17(c)所示

$$U_d = 1.17U_{2\phi}\cos\alpha$$

$$0° < \alpha < 90° \tag{3.25}$$

晶闸管可能承受的最大正反向电压与三相半波电路相同,为 $\pi U_{2\phi}$。

在双反星形电路中,由于每组三相半波整流电流是负载电流的 50%,所以选择元件和变压器次级绕组容量时,只按 1/2 I_d 计算。流过晶闸管和变压器次级的电流相同,在电感性负载时都是长方波,其有效值为

$$I_V = I_2 = \sqrt{\frac{1}{2\pi}(\frac{1}{2}I_d)^2 \cdot \frac{2\pi}{3}} =$$

$$\frac{1}{2\sqrt{3}}I_d = 0.289I_d \tag{3.26}$$

由上分析可知带平衡电抗器的双反星形电路有如下特点：

1. 是两组三相半波电路双反并联，u_d 波形与六相半波一样，所以脉动情况比三相半波小得多。$U_{d\max} = 0.866U_{2\phi m}$（见图 3.16(a)）。

2. 由于同时有两组导电，变压器磁路平衡，不存在直流磁化问题。

3. 与六相半波相比，变压器次级绕组利用率提高 1 倍，所以在同样输出直流电流时，变压器容量比六相半波时要小。

4. 每组整流器承受负载电流 I_d 的一半，每只元件流过电流的有效值（电感负载时）为 $0.289I_d$，导电时间比六相半波时增加 1 倍，所以与其他整流电路相比，提高了整流元件承受负载的能力。

3.4.2 其他类型大容量可控整流电路

如前所述，当直流负载容量很大时，不仅对直流电源的电压质量要求高，而且要设法减小整流装置高次谐波对电网的影响，整流相数愈多，电压脉动愈小，谐波基频频率愈高，高次谐波分量幅值愈低，对电网的影响愈小。因此，可采用十二相、十八相、二十四相等多相整流电路。

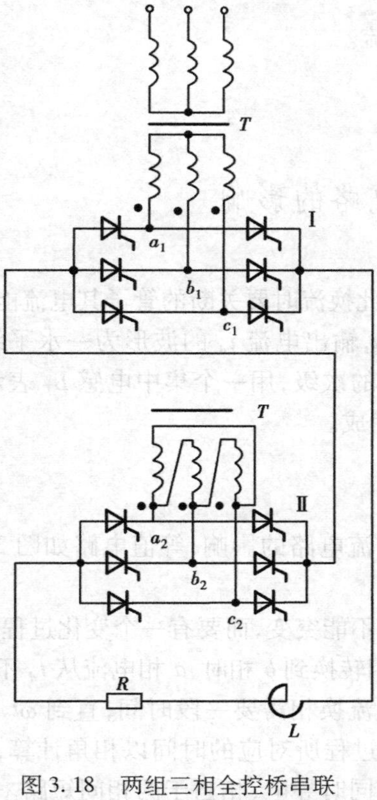

图 3.18 两组三相全控桥串联组成的十二相整流电路

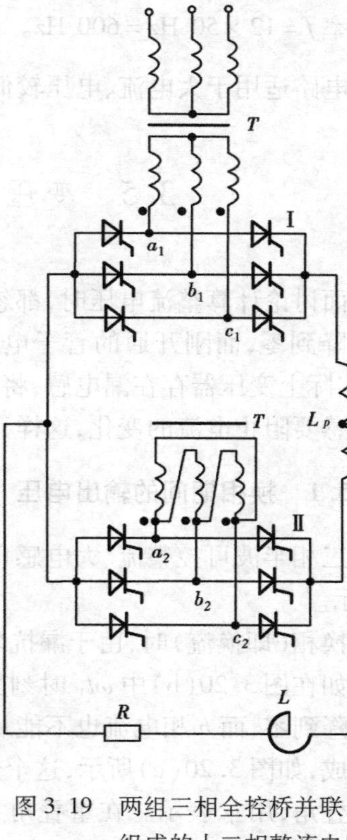

图 3.19 两组三相全控桥并联组成的十二相整流电路

另外，由分析还使我们注意到：在增加整流电路相数的同时，还必须设法提高变压器的利用率和增加整流元件在一个周期中导电时间以提高元件承担负载的能力。由六相半波电路可知（各相电压电位差依次相差60°），单纯的六相半波电路变压器利用率低，有直流磁化问题，而且元件的导电时间短，承受负载的能力差。这样我们一定会想到其他单纯的多相负载半波整流电路也同样存在上述问题。前已述及，由两组三相半波组成的三相桥式电路等效于六相整流电路，能否设法利用两组三相桥式电路组成12相整流电路？回答是肯定的。但要两组三相电源的相位差是30°，这一点，利用三绕组变压器不难解决。下面将简单介绍两种利用三相桥式电路组成的十二相可控整流电路。

图3.18为两组三相桥串联组成的十二相可控整流电路，为了得到十二相，每个波头应错开30°。采用如图所示的三绕组变压器即可得到各线电压相位差为30°的十二相电压。两组三相桥式整流电路串联后再接负载。该电路输出电压 u_d 为每周脉动12次的脉动波，最低次谐波频率为12倍电源频率，谐波幅值占的分量比六相时要小得多。两整流桥顺极性相加，输出电压是一组电压的两倍。该电路适用于要求高电压、小电流、供电质量要求高的大容量负载。

图3.19为两组三相桥式电路并联组成的十二相可控整流电路。在这种电路中，与前面分析双反星形电路一样，两组电流间会出现交流环流。为限制环流，延长晶闸管导电时间，同样需要加入平衡电抗器。加入平衡电抗器后，可以使两组同时工作，而不是交替工作。分析方法与双反星形电路一样，不再赘述。输出电压平均值 $U_d = 2.34U_{2\phi}\cos\alpha$（大电感负载）。最低次谐波频率 $f = 12 \times 50\ \text{Hz} = 600\ \text{Hz}$。每组桥承担$\dfrac{I_d}{2}$的负载电流。

该电路适用于大电流、电压较低的大容量负载。

3.5 变压器漏电抗对整流电路的影响

前面讨论计算整流电压时，都忽略了变压器的漏抗，因此换流时要关断的管子其电流能从 I_d 突然降到零，而刚开通的管子电流能从零瞬时上升到 I_d，输出电流 i_d 的波形为一水平线。但是，实际上变压器存在漏电感，将每相电感折算到变压器的次级，用一个集中电感 L_T 表示。由于电感要阻止电流的变化，这样元件换流时就不能瞬时完成。

3.5.1 换相期间的输出电压

以三相半波可控整流、大电感负载为例，分析漏抗对整流电路的影响，等值电路如图3.2(a)所示。

在换相（即换流）时，由于漏抗阻止电流变化，因此电流不能突变，而要有一个变化过程。

例如在图3.20(b)中 ωt_1 时刻触发 V_2 管，使电流从 a 相转换到 b 相时，a 相电流从 I_d 不能瞬时下降到零，而 b 相电流也不能从零突然上升到 I_d，使电流换相需要一段时间，直到 ωt_2 时刻才完成，如图3.20(c)所示，这个过程叫换相过程。换相过程所对应的时间以相角计算，叫换相重叠角，用 γ 表示。在重叠角 γ 期间，a、b 两相晶闸管同时导电，相当于两相间短路。两相电位之差 $u_b - u_a$ 称为短路电压，在两相漏抗回路中产生一个假想的短路电流 i_k 如图3.20

(a)虚线所示(实际上晶闸管都是单向导电的,相当于在原有电流上叠加一个 i_k),a 相电流 $i_a = I_d - i_k$,随着 i_k 的增大而逐渐减小;而 $i_b = i_k$ 是逐渐增大的。当 i_b 增大到 I_d 也就是 i_a 减小到零时,VT_1 关断,VT_2 管电流达到稳定电流 I_d,则完成了换相过程。

换相期间,短路电压为两个漏抗电势所平衡

$$u_b - u_a = 2L_T \frac{\mathrm{d}i_k}{\mathrm{d}t} \qquad (3.27)$$

负载上电压为

$$u_d = u_b - L_T \frac{\mathrm{d}i_k}{\mathrm{d}t} = u_b - \frac{1}{2}(u_b - u_a) = \frac{1}{2}(u_a + u_b) \qquad (3.28)$$

上式说明,在换相过程中,u_d 波形既不是 u_a 也不是 u_b,而是换流两相电压的平均值,如图 3.20(b)所示。与不考虑变压器漏抗,即 $\gamma = 0$ 时相比,整流输出电压

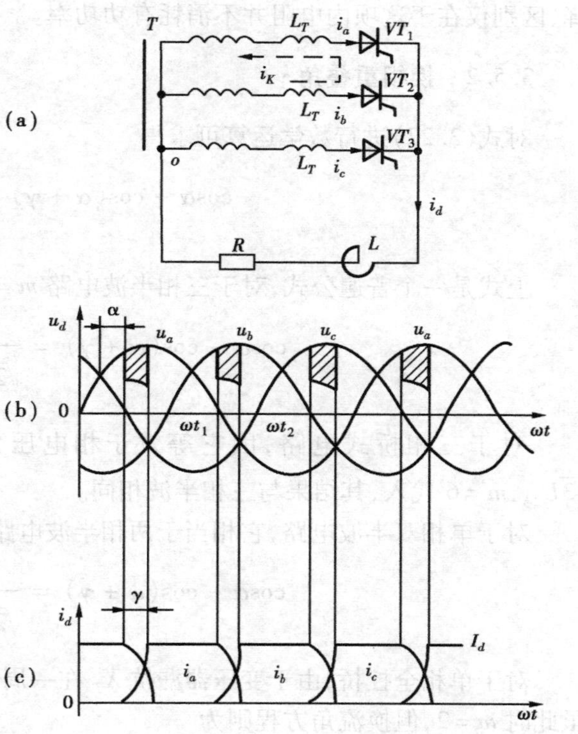

图 3.20 变压器漏抗对可控整流电路电压电流波形的影响

波形减少了一块阴影面积,使输出平均电压 U_d 减小了。这块减少的面积是由负载电流 I_d 换相引起的,因此这块面积的平均值也就是 I_d 引起的压降,称为换相压降,其值为图中三块阴影面积在一个周期内的平均值。对于在一个周期中有 m 次换相的其他整流电路来说,其值为 m 块阴影面积在一个周期内的平均值。由式(3.28)知,在换相期间输出电压 $u_d = u_b - L_T(\mathrm{d}i_k/\mathrm{d}t) = u_b - L_T(\mathrm{d}i_b/\mathrm{d}t)$,而不计漏抗影响时的输出电压为 u_b,故由 L_T 引起的电压降低值为 $u_b - u_d = L_T(\mathrm{d}i_b/\mathrm{d}t)$,所以一块阴影面积为

$$\Delta U_\gamma = \int_0^\gamma (u_b - u_d)\mathrm{d}\omega t = \int_0^\gamma L_T \frac{\mathrm{d}i_b}{\mathrm{d}t}\mathrm{d}\omega = \omega L_T \int_0^{I_d} \mathrm{d}i_b = X_T I_d$$

所以换向压降

$$U_r = \frac{m}{2\pi} X_T I_d \qquad (3.29)$$

上式中 m 为一个周期内换相次数,三相半波 $m=3$,三相桥式 $m=6$。X_T 相当漏感为 L_T 的变压器每相折算到次级绕组的漏抗。变压器的漏抗 X_T 可由公式 $X_T = \frac{U_2 u_k\%}{I_2 100}$ 求得,式中 U_2 为相电压有效值,I_2 为相电流有效值,$u_k\%$ 为变压器短路比,取值在 5~12 之间。换相压降可看成在整流电路直流侧增加一只阻值为 $mX_T/2\pi$ 的等效内电阻,负载电流 I_d 在它上面产生的压

降,区别仅在于这项内电阻并不消耗有功功率。

3.5.2 换相重叠角 γ

对式(3.27)进行数学运算可求得

$$\cos\alpha - \cos(\alpha + \gamma) = \frac{I_d X_T}{\sqrt{2}U_{2\phi}\sin\frac{\pi}{m}} \tag{3.30}$$

上式是一个普遍公式,对于三相半波电路 $m=3$ 代入可得

$$\cos\alpha - \cos(\alpha + \gamma) = \frac{I_d X_T}{\sqrt{2}U_{2\phi}\sin\frac{\pi}{3}} = \frac{2I_d X_T}{\sqrt{6}U_{2\phi}} \tag{3.31}$$

对于三相桥式电路,因它等效于相电压为 $\sqrt{3}U_{2\phi}$ 时的六相半波整流电路,电压以 $\sqrt{3}U_{2\phi}$,$m=6$ 代入,其结果与三相半波相同。

对于单相双半波电路,它相当于两相半波电路,只要把 $m=2$ 代入,可得

$$\cos\alpha - \cos(\alpha + \gamma) = \frac{I_d X_T}{\sqrt{2}U_{2\phi}\sin\frac{\pi}{2}} = \frac{I_d X_T}{\sqrt{2}U_{2\phi}}$$

对于单相全控桥,由于变压器漏抗 X_T 在一周期两次换流中都起作用,其电流从 I_d 到 $-I_d$,虽此时 $m=2$,但换流角方程则为

$$\cos\alpha - \cos(\alpha + \gamma) = \frac{2I_d X_T}{\sqrt{2}U_{2\phi}}$$

对于相电压为 $U_{2\phi}$ 的六相半波电路则有

$$\cos\alpha - \cos(\alpha + \gamma) = \frac{I_d X_T}{\sqrt{2}U_{2\phi}\sin\frac{\pi}{6}} = \frac{\sqrt{2}I_d X_T}{U_{2\phi}}$$

由式(3.30)可见,只要已知 I_d、X_T、$U_{2\phi}$ 与控制角 α,就可计算出重叠角 γ。当 α 一定时,$I_d X_T$ 增大,则 γ 增大,这是因为重叠角的产生是由于换相期间变压器漏感储存电磁能量引起的,$I_d X_T$ 愈大,变压器储存的能量也愈大。当 $I_d X_T$ 为常数时,α 愈小 γ 愈大,$\alpha=0$ 时 γ 最大。

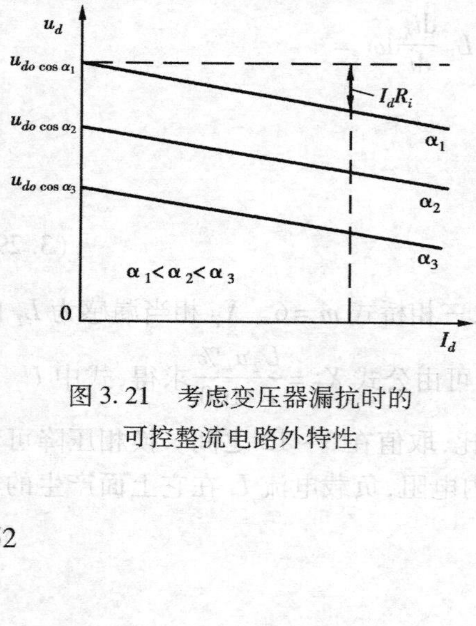

图 3.21 考虑变压器漏抗时的可控整流电路外特性

变压器的漏抗与交流进线串联电抗的作用一样能够限制短路电流,且使电流变化比较缓和,对晶闸管上的 di/dt 和 du/dt 也有限制作用。但是由于漏抗的存在,在换相期间,相当于两相间短路,使电源相电压波形出现缺口,用示波器观察相电压波形时,在换流点上会出现毛刺,严重时将造成电网电压波形畸变,影响本身与其他用电设备的正常运行。

3.5.3 可控整流电路的外特性

可控整流电路对直流负载来说,是一个有内阻的可变直流电源。考虑换相压降 U_γ,整流变压器电

阻 R_T(为变压器次级绕组每相电阻与初级绕组折算到次级的每相电阻之和)及晶闸管压降 ΔU 后,直流输出电压为

$$U_d = U_{do}\cos\alpha - n\Delta U - I_d(R_T + \frac{mX_T}{2\pi}) = U_{do}\cos\alpha - n\Delta U - I_dR_i \tag{3.32}$$

式中 U_{do} 为 $\alpha = 0$ 时,整流电路输出电压,即空载电压。R_i 为整流电路内阻,$R_i = R_T + mX_T/2\pi$。ΔU 是一个晶闸管正向导通压降,以 V 计算。三相半波时电流流经一个整流元件 $n = 1$,三相桥式时 $n = 2$。外特性曲线如图 3.21 所示。

3.6 整流电路的谐波分析

整流电路输出的直流脉动电压都是周期性非正弦函数,而任何周期性函数都可用傅氏级数的形式分解成一系列不同频率的正弦或余弦函数(各次谐波)。如果负载是线性的,则可用叠加原理,负载电压可看做各次谐波电压的合成。对应各次谐波电压,相应产生各次谐波电流,负载电流即是各次谐波电流的合成。

众所周知,一个非正弦周期函数的傅氏级数展开式的一般形式为

$$f(\omega t) = F_0 + \sum_{n=1}^{\infty} a_n \sin n\omega t + \sum_{n=1}^{\infty} b_n \cos n\omega t$$

式中系数一般可表示为

直流分量:$F_0 = \frac{1}{2\pi}\int_0^{2\pi} f(\omega t)\mathrm{d}\omega t$

正弦项系数:$a_n = \frac{1}{\pi}\int_0^{2\pi} f(\omega t)\sin n\omega t\mathrm{d}\omega t$

余弦项系数:$b_n = \frac{1}{\pi}\int_0^{2\pi} f(\omega t)\cos n\omega t\mathrm{d}\omega t$

本节将根据上述基本公式,对整流电压进行谐波分析。

3.6.1 单相半波整流电路

如图 3.1 所示单相半波整流电路输出电压 u_d 波形的傅氏级数表达式为

$$u_d = U_d + \sum_{n=1}^{\infty} a_n \sin n\omega t + \sum_{n=1}^{\infty} b_n \cos n\omega t \tag{3.33}$$

当 $\alpha = 0$ 时,式(3.33)中的系数可由下列公式求得

$$U_d = \frac{1}{2\pi}\int_0^{\pi} u_d \mathrm{d}\omega t \tag{3.34}$$

$$a_n = \frac{1}{\pi}\int_0^{\pi} u_d \sin n\omega t\mathrm{d}\omega t \tag{3.35}$$

$$b_n = \frac{1}{\pi}\int_0^{\pi} u_d \cos n\omega t\mathrm{d}\omega t \tag{3.36}$$

U_d 即是整流直流电压的平均值。第 n 次谐波电压的有效值 U_n 为

$$U_n = \frac{1}{\sqrt{2}}\sqrt{a_n^2 + b_n^2} \tag{3.37}$$

整流电压有效值 U 为

$$U = \sqrt{\frac{1}{2\pi}\int_0^{\pi} u_d^2 \mathrm{d}\omega t} \tag{3.38}$$

所以谐波分量(即交流分量)有效值 U_R 为

$$U_R = \sqrt{\sum U_n^2} = \sqrt{U^2 - U_d^2} \tag{3.39}$$

为了评价整流电压 u_d 的平直程度即波形的脉动大小,可用电压脉动系数 S_u 或纹波因数 γ_u 来衡量。S_u 定义为 u_d 的最低次谐波(即基波)最大值 U_{1m} 与直流分量即平均值 U_d 之比

$$S_u = \frac{U_{1m}}{U_d} \tag{3.40}$$

γ_u 定义为 u_d 的谐波分量有效值 U_R 与 U_d 之比

$$\gamma_u = \frac{U_R}{U_d} = \frac{\sqrt{U^2 - U_d^2}}{U_d} \tag{3.41}$$

因为 u_d 波形是由电源电压 u_2 的正半周组成,在 $0 \sim \pi$ 期间以 $u_d = \sqrt{2}U_2\sin\omega t$ 代入式(3.34)~式(3.36),可分解为

$$u_d = \sqrt{2}U_2\left(\frac{1}{\pi} + \frac{1}{2}\sin\omega t - \frac{2}{3\pi}\cos 2\omega t - \frac{2}{15\pi}\cos 4\omega t - \frac{1}{35\pi}\cos 6\omega t - \cdots\right) \tag{3.42}$$

由以上分析可得如下几点:

1. 直流分量,即输出平均电压,为上式中的常数项,$U_d = \sqrt{2}U_2/\pi$。

2. 角频率为 ω 的交流基波分量即最低次谐波分量,其幅值为 $\sqrt{2}U_2/2$,故电压脉动系数 $S_u = U_{1m}/U_d = (\sqrt{2}U_2/2)/(\sqrt{2}U_2/\pi) = \pi/2 = 1.57$。

3. 角频率为 2ω、4ω、6ω 等的其他高次谐波,其幅值随频率的增加而急剧下降。按精度要求,可取级数的有限项进行计算。

4. 由式(3.38)可求出 $U = U_2/\sqrt{2}$,代入式(3.41)可得

$$\gamma_u = \frac{\sqrt{U^2 - U_d^2}}{U_d} = \frac{\sqrt{(U_2/\sqrt{2})^2 - (\sqrt{2}U_2/\pi)^2}}{\sqrt{2}U_2/\pi} = 1.21$$

5. 对于电阻性负载,因为输出电流和电压波形相同,故其电流纹波因数及脉动系数与电压的相同。

对于 R、L 电路,由于 n 次谐波电抗为 $n\omega L$,所以电流谐波的幅值衰减比电压谐波的幅值快得多,故在 RL 电路中,电流的脉动要比电压的脉动小得多,当 L 足够大时,可使电流波形基本是平直的。

3.6.2 多相整流电路的一般分析

多相整流电路的谐波分析比较复杂,在这里仅介绍 $\alpha = 0$ 时较简单的情况,掌握一般分析方法,得出相数愈多最低次谐波频率愈高,其幅值愈小及相数愈多交流分量愈小的结论。

由三相半波整流电路的计算，可推导出多相整流电路计算的普遍公式。

设 m 相半波整流电路的整流电压（$\alpha=0$ 时）如图 3.22 所示。把纵轴选在 u_d 最大值处，则在 $-\pi/m\sim\pi/m$ 时间段，整流电压的表达式是

$$u_d = \sqrt{2}U_2\cos\omega t$$

它的傅氏级数展开式为

$$u_d = U_d + \sum_{n=mk}^{\infty} a_n \sin n\omega t + \sum_{n=mk}^{\infty} b_n \cos n\omega t$$

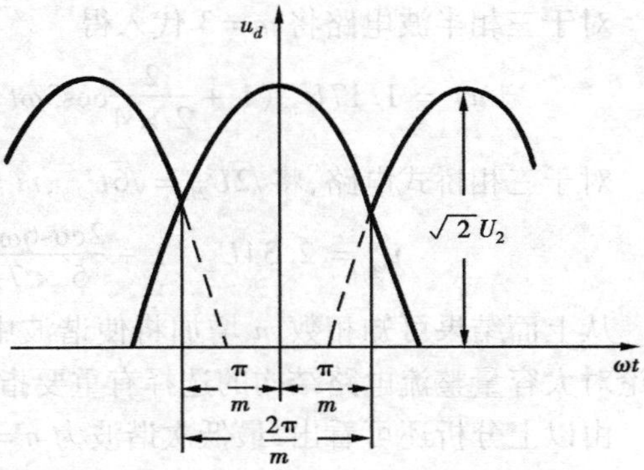

图 3.22　m 相整流电路的输出电压波形（$\alpha=0°$）

因为 u_d 波形与纵轴对称，即符合 $u_d(\omega d)=u_d(-\omega t)$ 关系，不难证明，分解为傅氏级数后将不包含正弦项，因此上式可简化为

$$u_d = U_d + \sum_{n=mk}^{\infty} b_n \cos n\omega t \tag{3.43}$$

又因为 u_d 以 $2\pi/m$ 为周期重复出现，故应有

$$\cos n\omega t = \cos n(\omega t + 2\pi/m) = \cos(n\omega t + 2n\pi/m)$$

这种情况只有当 $2n\pi/m=2\pi k$（$k=1,2,3,\cdots\cdots$ 整数）时方有可能，所以有

$$n = mk$$

上式说明，在余弦项中，n 一定是 m 的整数倍。如在单相双半波或单相桥式电路中，$m=2$，则为 2、4、6、……等，即 u_d 分解后只有 2ω、4ω、6ω……等次谐波。在三相半波电路中，$m=3$，则 n 为 3、6、9……等，即只有 3 的倍数的谐波。在六相半波电路中，$m=6$，n 为 6、12、18……等。三相桥式电路相当于相电压为 $U_{2L}=\sqrt{3}U_{2\phi}$ 的六相半波电路，故也只有 6 的倍数的谐波，其他谐波都不存在。式(3.43)中系数 b_n 为

$$b_n = \frac{1}{\pi/m}\int_{-\frac{\pi}{m}}^{\frac{\pi}{m}} \sqrt{2}U_2 \cos\omega t \cos n\omega t \, d\omega t =$$

$$-\frac{2m\sqrt{2}U_2}{\pi}\cdot\frac{\cos k\pi \sin\pi/m}{n^2-1} \tag{3.44}$$

式中 $k=1,2,3,\cdots\cdots$ 等，$\cos k\pi=\pm1$，对绝对值的大小没有影响。

整流平均电压 U_d 为

$$U_d = \frac{1}{2\pi/m}\int_{-\frac{\pi}{m}}^{\frac{\pi}{m}} \sqrt{2}U_2 \cos\omega t \, d\omega t = \sqrt{2}U_2 \frac{m}{\pi}\sin\frac{\pi}{m} \tag{3.45}$$

将式(3.44)、(3.45)代入式(3.43)得

$$u_d = U_d\left(1 - \sum_{n=mk}^{\infty} \frac{2\cos k\pi}{n^2-1}\cos n\omega t\right) \tag{3.46}$$

根据式(3.46)，对于单相双半波和桥式电路，将 $m=2$ 代入可得

$$u_d = \sqrt{2}U_2 \frac{2}{\pi}\sin\frac{\pi}{2}\left(1 + \frac{2}{3}\cos 2\omega t - \frac{1}{15}\cos 4\omega t + \frac{2}{35}\cos 6\omega t - \cdots\right) =$$

$$0.9U_2\left(1 + \frac{2}{1\times3}\cos 2\omega t - \frac{1}{3\times5}\cos 4\omega t + \frac{2}{5\times7}\cos 6\omega t - \cdots\right) \tag{3.47}$$

对于三相半波电路将 $m=3$ 代入得

$$u_d = 1.17U_{2\phi}\left(1+\frac{2}{2\times 4}\cos 3\omega t-\frac{2}{5\times 7}\cos 6\omega t+\frac{2}{8\times 10}\cos 9\omega t-\cdots\right) \tag{3.48}$$

对于三相桥式电路，将 $\sqrt{2}U_{2L}=\sqrt{6}U_{2\phi}$，$m=6$ 代入得

$$u_d = 2.34U_{2\phi}\left(1+\frac{2\cos 6\omega t}{5\times 7}-\frac{2\cos 12\omega t}{11\times 13}+\frac{2\cos 18\omega t}{17\times 19}-\cdots\right) \tag{3.49}$$

从上面结果可知相数 m 增加将使谐波中最低次谐波的频率增加，而幅值迅速减小，这一结论对大容量整流电路结构的选择有重要指导意义。

由以上分析还可看出，最低次谐波为 $n=m$ 次，最低次谐波幅值为

$$U_{1m}=\sqrt{2}U_2\frac{m}{\pi}\sin\frac{\pi}{m}\times\frac{2}{m^2-1}$$

多相整流电压脉动系数 S_u 为

$$S_u=\frac{U_{1m}}{U_d}=\frac{\sqrt{2}U_2\frac{m}{\pi}\sin\frac{\pi}{m}\times\frac{2}{m^2-1}}{\sqrt{2}U_2\frac{m}{\pi}\sin\frac{\pi}{m}}=\frac{2}{m^2-1} \tag{3.50}$$

将不同相数 m 值代入上式可得表 3.1 数据。

表 3.1　不同相数时的电压脉动系数

m	2	3	6	12	∞
S_u	0.667	0.25	0.057	0.014	0

表 3.2　不同相数时的电压纹波因数

m	2	3	6	12	∞
γ_u	0.482	0.182 7	0.041 8	0.009 9	0

表 3.3　常用三相可控整流电路比较

整流主电路		三相半波	三相半控桥	三相全控桥	双丫带平衡电抗器
控制角 $\alpha=0°$ 时，空载直流输出电压平均值 U_{do}		$1.17U_{2\phi}$	$2.34U_{2\phi}$	$2.34U_{2\phi}$	$1.17U_{2\phi}$
控制角 $\alpha\neq0°$ 时空载直流输出电压平均值	电阻负载或电感负载有续流二极管的情况	当 $0\leqslant\alpha\leqslant\frac{\pi}{6}$ 时 $U_{do}\cos\alpha$ 当 $\frac{\pi}{6}<\alpha\leqslant\frac{5\pi}{6}$ 时 $0.577\times U_{do}\left[1+\cos\left(\alpha+\frac{\pi}{6}\right)\right]$	$\frac{1+\cos\alpha}{2}\times U_{do}$	当 $0\leqslant\alpha\leqslant\frac{\pi}{3}$ 时 $U_{do}\cos\alpha$ 当 $\frac{\pi}{3}<\alpha\leqslant\frac{2\pi}{3}$ 时 $U_{do}\left[1+\cos\left(\alpha+\frac{\pi}{3}\right)\right]$	当 $0\leqslant\alpha\leqslant\frac{\pi}{3}$ 时 $U_{do}\cos\alpha$ 当 $\frac{\pi}{3}<\alpha\leqslant\frac{2\pi}{3}$ 时 $U_{do}\left[1+\cos\left(\alpha+\frac{\pi}{3}\right)\right]$
	电阻+无阻大电感的情况	$U_{do}\cos\alpha$	$\frac{1+\cos\alpha}{2}\times U_{do}$	$U_{do}\cos\alpha$	$U_{do}\cos\alpha$

续表

整流主电路		三相半波	三相半控桥	三相全控桥	双Y带平衡电抗器
$\alpha=0°$时的脉动电压	最低脉动频率 脉动系数	$3f$ 0.25	$6f$ 0.057	$6f$ 0.057	$6f$ 0.057
元件承受的最大正反向电压		$\sqrt{6}U_{2\phi}$	$\sqrt{6}U_{2\phi}$	$\sqrt{6}U_{2\phi}$	$\sqrt{6}U_{2\phi}$
移相范围	纯电阻负载或电感负载有续流二极管的情况	$0\sim\frac{5\pi}{6}$	$0\sim\pi$	$0\sim\frac{2\pi}{3}$	$0\sim\frac{2\pi}{3}$
	电阻+无限大电感的情况	$0\sim\frac{\pi}{2}$	$0\sim\pi$	$0\sim\frac{\pi}{2}$	$0\sim\frac{\pi}{2}$
最大导通角		$\frac{2\pi}{3}$	$\frac{2\pi}{3}$	$\frac{2\pi}{3}$	$\frac{2\pi}{3}$
特点与使用场合		电路最简单,但元件承受电压高,对变压器或交流电源因存在直流分量,故较少采用或用在功率不大的场合	各项指标较好,适用于较大功率高电压场合	各相指标好,用于电压控制要求高或者要求逆变的场合。但晶闸管要六只,触发比较复杂	在相同I_d时,元件电流等级最低,电流仅经过一个元件压降,因此适用于低压大电流场合

同样可以推导出求多相整流电路输出电压有效值U,交流谐波电压有效值U_R及纹波因数γ_u的计算公式。由于计算复杂,仅将计算结果列表于后:

由表3.1和3.2可看出,相数愈多,S_u和γ_u值愈小,输出电压的交流分量就愈小,当六相时,脉动系数(纹波因数)已相当小了。

习题及思考题

3.1　三相半波可控整流电路电阻负载,如在自然换流点之前加入窄触发脉冲会出现什么现象?画出u_d电压波形图。

3.2　三相半波可控整流电路电阻负载,如果VT_2管无触发脉冲,试画出$\alpha=30°$,$\alpha=60°$两种情况的u_d波形,并画出$\alpha=30°$时VT_1两端电压u_{V1}波形。

3.3　三相半波可控整流电路大电感负载,如果VT_2管无触发脉冲,试画出$\alpha=30°$,$\alpha=60°$时两种情况的u_d波形。

3.4　三相半波可控整流电路,能否将3只晶闸管的门极连在一起用一组触发电路,每隔120°送出一个触发脉冲?

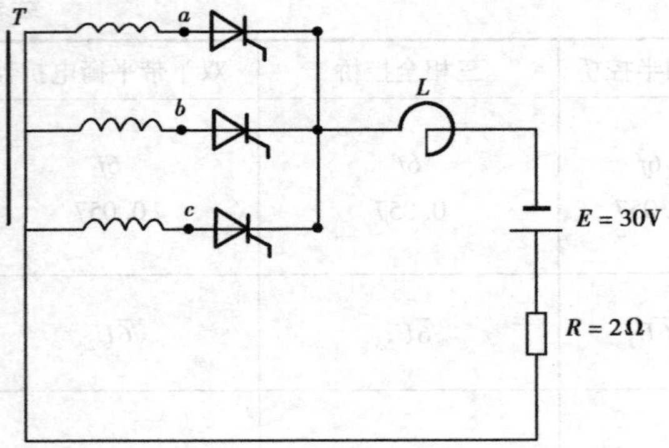

图 3.23　题 3.6 图

3.5　三相半波可控整流电路大电感负载，画出 $\alpha=90°$ 时 VT_1 管两端电压波形，从波形上看晶闸管承受的最大正反向电压为多少？

3.6　图 3.23 所示三相半波可控整流电路，L 足够大，试问 $\alpha=90°$ 时，负载平均电流 I_d 约等于多少？

3.7　三相半波可控整流电路大电感负载，已知 $U_{2\phi}=220$ V，$R=10$ Ω，试分别计算无续流二极管和有续流二极管两种情况下，当 $\alpha=45°$ 时输出电压平均值 U_d 和负载电流平均值 I_d 以及流过晶闸管和续流二极管的电流平均值和有效值，并画出电压、电流波形图。

3.8　图 3.24 所示为变压器次级分两段接成曲折接法的三相半波可控整流电路。次级每段电压为 127 V，试求

(1)加于晶闸管的交流电压＝？

(2)变压器铁心有无直流磁化？为什么？

3.9　三相全控桥整流电路，$L=0.4$ H，$R=5$ Ω，要求 U_d 在 0～220 V 之间变化。试求

(1)变压器次级电压 $U_{2\phi}$。

(2)晶闸管的电压和电流。如果电压、电流裕量取 2 倍，选择晶闸管型号。

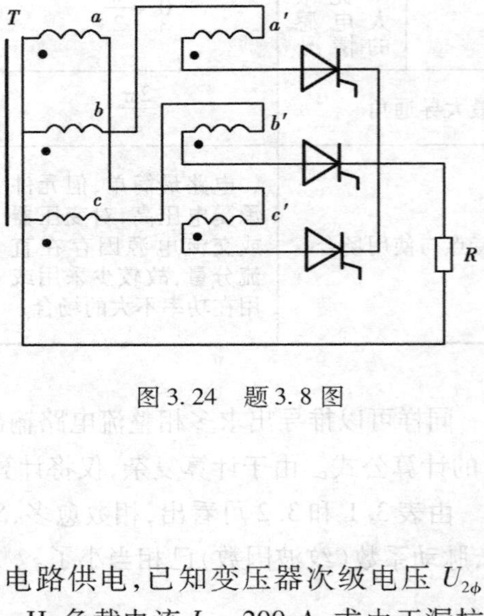

图 3.24　题 3.8 图

(3)变压器次级电流有效值 I_2。

(4)变压器次级容量 S_2。

(5)当 $\alpha=0°$ 时，电路功率因数 $\cos\phi$，

3.10　某车床直流电动机采用三相全控桥整流电路供电，已知变压器次级电压 $U_{2\phi}=127$ V，变压器每相绕组折合到次级的漏电感 $L_T=100$ μH，负载电流 $I_d=200$ A，求由于漏抗引起的换相压降，该压降所对应的等效内阻及 $\alpha=0°$ 时的换相重叠角。

3.11　三相半控桥大电感负载，当发生如下情况时，试分别给出当 $\alpha=30°$，$\alpha=60°$ 时输出电压 u_d 波形，分析元件导通及换流情况，并与正常情况进行比较估算输出直流平均电压 U_d 的变化情况。

(1)交流电源相序接错。

(2)单相触发脉冲丢失。

(3)两相触发脉冲丢失。

(4)当续流管失去作用时又发生三相触发脉冲突然丢失或移到移相范围之外。

(5)一桥臂断开。

(6)不同相不同组两桥臂断开。

(7)同一相的两个桥臂断开。

(8)同一组的两桥臂断开。

3.12　三相全控桥大电感负载,交流电源相序如果接错,试画出 $\alpha = 60°$ 时,u_d 波形并分析元件导通及换流情况。与正常时进行比较分析 U_d 有何变化。

3.13　三相半波可控整流电路,共阴极接法与共阳极接法 a、b 两相自然换流点是否是同一点？如果不是,它们的相位差是多少度？

3.14　试比较六相半波与带平衡电抗器的双反星形可控整流电路工作情况有什么不同,平衡电抗器在电路中起什么作用?

3.15　某一低电压大电流直流电源,假定负载电流平直,$I_d = 2\ 000$ A,用六相半波整流与带平衡电抗器的双反星形两种电路时,试分析计算:

(1)晶闸管额定电流(不留裕量)

(2)两种电路变压器次级导线截面积各为多大?(电流密度取 $j = 4\ A/mm^2$)

3.16　某厂小型电镀车间自行设计一可控整流电源,调压范围 2 ~ 15 V,在 9 V 电压以上最大输出电流平均值可达 130 A,主电路采用三相半波电路。试求:

(1)整流变压器的次级电压。

(2)9 V 时的控制角。

(3)选择晶闸管。

(4)计算变压器容量。

第 4 章　晶闸管有源逆变电路

内容提要

利用晶闸管把交流电变换为直流电的电路称之可控整流电路。本章讨论的是将直流电变为交流电并回送到电网的电路，即有源逆变电路。其内容将着重于有源逆变电路结构，交直流电源间能量的流转关系，电路进入有源逆变状态应满足的条件以及引起有源逆变电路正常运行失败的具体原因分析。同时，结合直流电机可逆传动的控制，交流绕线式电机串级调速等实例分析，进一步加深对有源逆变电路的理解。

4.1　逆变概念

4.1.1　整流与逆变的关系

本书所讨论的主要是如何应用晶闸管对电能进行变换及控制。前面两章讨论的是把交流电能通过晶闸管变换为直流电能并供给负载，即可控整流电路。但在生产实际中，往往出现需要将直流电能变换为交流电能的相反过程，例如应用晶闸管的电力机车，当机车下坡运行时，机车上的直流电机将由于机械能的作用作为直流发电机运行，此时就需要将直流电能变换为交流电能回送电网，以实现电机制动。又例如运转中的直流电机，要实现快速制动，较理想的办法是将该直流电机作为直流发电机运行，并利用晶闸管将直流电能变换为交流电能回送到电网，从而实现直流电机的发电制动。

相对于整流而言，逆变是它的逆向过程，一般习惯于称整流为顺变，则逆变的含义就十分明显了。下面的有关分析将会说明，整流装置在满足一定条件下可以作为逆变装置应用。即同一套电路，既可以工作在整流状态，也可以工作在逆变状态，这样的电路统称为变流装置。

变流装置如果工作在逆变状态，由于其交流侧接在交流电网上，电网（源）成为负载，在运行中将直流电能变换为交流电能并回送到电网（源）中去，这样的逆变称为“有源逆变”。

如果逆变状态下的变流装置，其交流侧是接至交流负载，在运行中将直流电能变换为某一频率或可调频率的交流电能供给交流负载，这样的逆变则称为“无源逆变”。

本章所研究的逆变电路是专指有源逆变而言。无源逆变则在第五章中作为变频电路加以讨论。

4.1.2　电源间能量的流转关系

分析有源逆变电路工作时，正确把握住电源间能量的流转关系至关重要。整流和有源逆变的根本区别就表现在能量传送方向上的不同。下面针对图 4.1 所示电路加以分析。

图 4.1(a)表示直流电源 E_1 和 E_2 同极性相连。当 $E_1 > E_2$ 时，回路中的电流为

$$I = \frac{E_1 - E_2}{R} \tag{4.1}$$

式中 R 为回路的总电阻。此时电源 E_1 输出电能(E_1I)，其中一部分为 R 所消耗(I^2R)，其余部分则为电源 E_2 所吸收(E_2I)。注意上述情况中，输出电能的电源其电势方向与电流方向一致，而吸收电能的电源则二者方向相反。

在图4.1(b)中，两个电源的极性均与图4.1(a)中相反，如果电源 $E_2>E_1$，则电流方向如图，回路中的电流 I 为

$$I=\frac{E_2-E_1}{R} \tag{4.2}$$

此时，变为电源 E_2 输出电能，电源 E_1 却吸收电能。

在图4.1(c)中，两个电源反极性相连，则电路中的电流 I 为

$$I=\frac{E_1+E_2}{R} \tag{4.3}$$

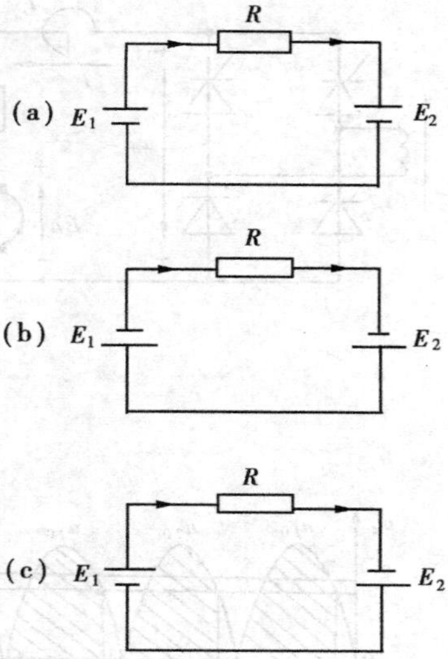

图4.1　两个电源间能量的传送

此时，电源 E_1 和 E_2 均同时输出电能，输出的电能全部消耗在电阻 R 上，如果电阻值很小，则电路中的电流必然很大，若 $R=0$ 则形成两个电源短路的情况。

综上所述，可得出下面有关结论：

1. 两电源同极性相连，电流总是从高电势流向低电势电源，其电流的大小取决于两个电势之差与回路总电阻的比值。如果回路电阻很小，则很小的电势差，也足以形成较大的电流，两电源之间发生较大能量的交换。

2. 电流从电源的正极流出者，该电源输出电能。而电流从电源的正极流入者，该电源为吸收电能。其输出或吸收功率的大小则由电势与电流的乘积来决定，若电势或者电流方向改变，则电能的传送方向也随之改变。

3. 两个电源反极性相连时，如果电路的总电阻很小，将形成电源间的短路，应当避免发生。

4.1.3　有源逆变电路的工作原理

为便于分析有源逆变电路的工作原理，现以单相全控桥晶闸管整流电路对直流电动机供电的系统为例加以说明。具体电路如图4.2所示。图中，直流电动机带动设备为卷扬机。

1. 整流工作状态($0<\alpha<\frac{\pi}{2}$)

由第二章的学习已知，对于单相全控整流桥，当控制角 α 在 $0\sim\frac{\pi}{2}$之间的某个对应角度触发晶闸管，则上述变流电路输出的直流平均电压为 $U_d=U_{d0}\cos\alpha$，因为此时 α 均小于$\frac{\pi}{2}$，故 U_d 为正值。在该电压作用下，直流电机转动，卷扬机将重物提升起来，直流电机转动产生的反电势为 E_D，且 E_D 略小于输出直流平均电压 U_d，此时电枢回路的电流为

$$I_d=\frac{U_d-E_D}{R} \tag{4.4}$$

式中 R 为回路总电阻。

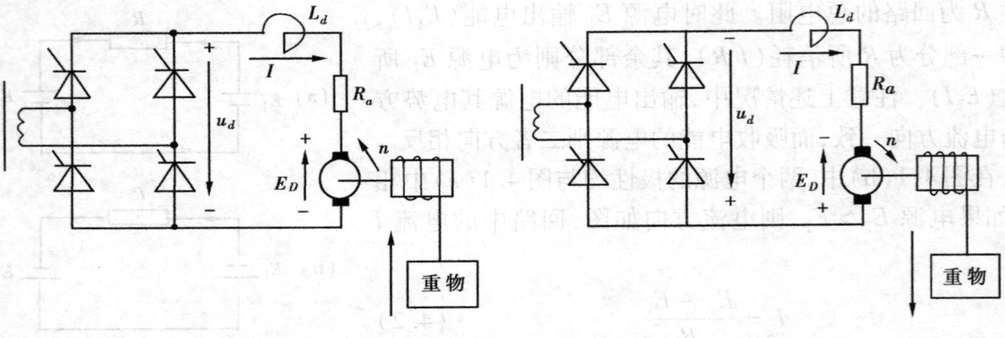

图 4.2　KP-D 直流卷扬系统

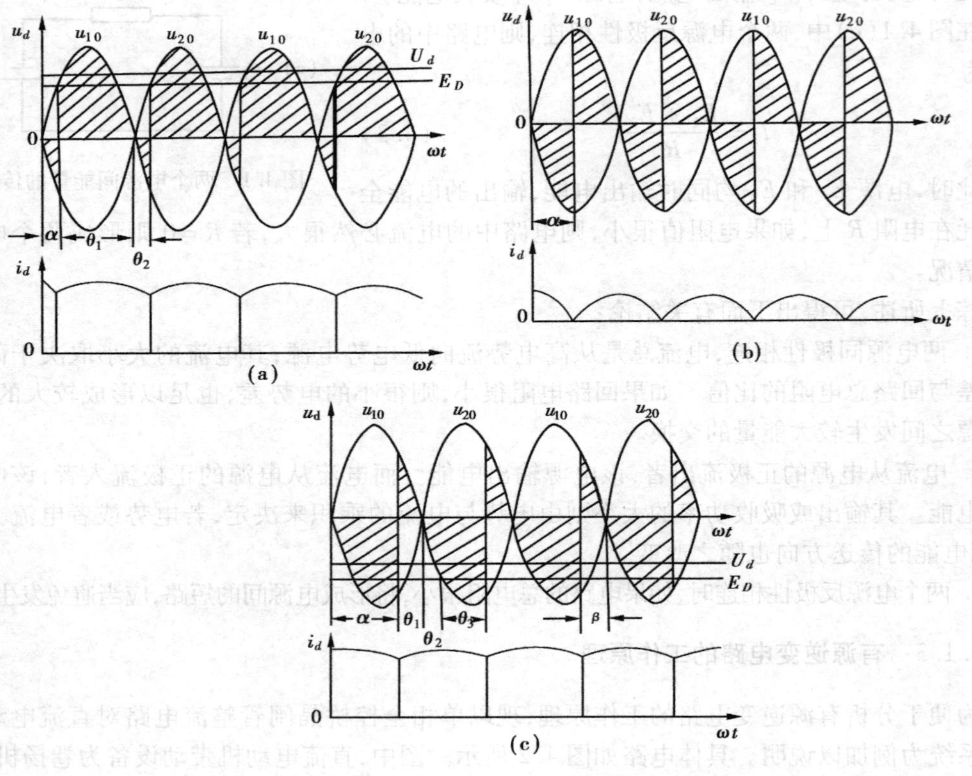

图 4.3　KP-D 系统电压电流波形图

在整流状态下，电路中的反电势 E_D，直流输出平均电压 U_d 的极性以及电流 I_d 的方向均如图 4.2(a)所示，电路中电压和电流的波形则如图 4.3(a)所示。根据上述能量流转关系判定，此时变流器为输出电能，电动机则为吸收电能并转换为机械能，用以提升重物。

2. 中间状态($\alpha=\frac{\pi}{2}$)

当卷扬机将重物提升到要求高度时，自然就需在某个位置停住，这时只要将控制角 α 调到等于$\frac{\pi}{2}$的位置，变流器输出电压波形中，其正、负面积相等，电压平均值 U_d 为零，电动机停转，(实际上采用电磁抱闸断电制动)反电势 E_D 也同时为零。此时，虽然 U_d 为零，仍有微小的直流电流存在，有关波形如图4.3(b)所示。注意，此时电路处于动态平衡状态，与电路切断电动机停转具有本质的不同。

3. 有源逆变工作状态($\frac{\pi}{2}<\alpha<\pi$)

上述卷扬系统中，当重物放下时，由于重力对重物的作用，必将牵动电机使之与重物上升的相反方向转动、电机产生的反电势 E_D 的极性也将随之反相，如果变流器仍工作在 $\alpha<\frac{\pi}{2}$ 的整流状态，从上面曾分析过的电源能量流转关系，不难看出，此时将发生电源间类似短路的情况。为此，只能让变流器工作在 $\alpha>\frac{\pi}{2}$ 的状态，因为当 $\alpha>\frac{\pi}{2}$ 时，其输出直流平均电压 U_d 为负，出现类似图4.1(b)中两电源极性同时反向的情况，此时如果能满足 $E_D>U_d$，则回路中的电流为

$$I_d=\frac{E_D-U_d}{R} \tag{4.5}$$

电流的方向是从电势 E_D 的正极流出，从电压 U_d 的正极流入。显然，这时电动机为发电状态运行，对外输出电能，变流器则吸收上述能量并馈送回交流电网去，此时的电路进入到有源逆变工作状态。

上述3种变流器的工作状态，可以用图4.4所示图形表示。图中反映出随着控制角 α 的变化，电路分别从整流到中间状态，然后进入有源逆变的过程。

现在应深入分析的问题是，上述电路在 $\alpha>\frac{\pi}{2}$ 是否能够工作？如何理解此时输出直流平均电压 U_d 为负值的含义？

上述晶闸管供电的卷扬系统中，当重物下降，电动机反转并进入发电状态运行时，电机电势 E_D 实际上成了使晶闸管正向导通的电源，当 $\alpha>\frac{\pi}{2}$ 时，只要满足 $E_D>|u_2|$，则晶闸管可以导通工作，此期间内，电压 u_d 大部分时间均为负值，其平均电压 U_d 自然为负，电流则依靠电机电势及 L_d 两端感应电势共同作用加以维持。正因为上述工作的特点，使之出现电机输出能量，变流器吸收并通过变压器向电网回馈能量的情况。

由于电流方向未变，故电机电磁转矩方向也保持不变，由于此时电机已反向旋转，上述电磁转矩为制动转矩。若制动转矩与重力形成的机械转矩平衡时，重物匀速下降，电机运行于发电制动状态。

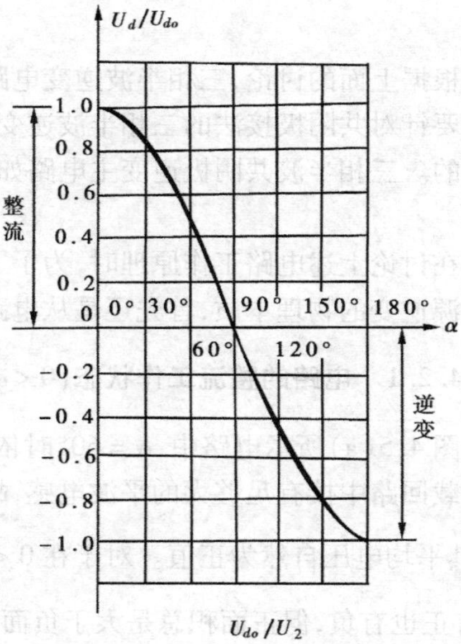

图4.4 变流器3种工作状态

由上面所分析的单相全控桥有源逆变工作的情况，不难得出下述实现有源逆变的基本条件：

1. 外部条件

务必要有一个极性与晶闸管导通方向一致的直流电势源。这种直流电势源可以是直流电机的电枢电势,也可以是蓄电池电势。它是使电流从变流器的直流侧回馈交流电网的源泉,其数值应稍大于变流器直流侧输出直流平均电压。

2. 内部条件

要求变流器中晶闸管的控制角 $\alpha > \frac{\pi}{2}$,这样才能使变流器直流侧输出一个负的平均电压,以实现直流电源的能量向交流电网的流转。

上述两个条件必须同时具备才能实现有源逆变。

读者可以证明,对于半控桥或者带有续流二极管的可控整流电路,因为它们在任何情况下均不可能输出负电压,也不允许直流侧出现反极性的直流电势,所以不能实现有源逆变。

有源逆变条件的获得,必须视具体情况进行分析。例如上述直流电机拖动卷扬机系统,电机电势 E_D 的极性可随重物的"提升"与"下降"自行改变并满足逆变的要求。对于电力机车,上下坡道行驶时,因车轮转向不变,故在下坡发电制动时,其电机电势 E_D 的极性不能自行改变,为此必须采取相应措施,例如可利用极性切换开关来改变电机电势 E_D 的极性,否则系统将不能进入有源逆变状态运行。

4.2 三相半波逆变电路

根据上面的讨论,三相半波逆变电路与三相半波可控整流电路的主回路结构是一致的,本节主要针对共阴极接法的三相半波逆变电路进行分析,至于共阳极的结构,其逆变工作原理是相同的。三相半波共阴极逆变主电路如图 4.5 所示。负载为直流电机,回路中具有平波电感 L。

在讨论上述电路工作原理时,为了了解整流和逆变两种工作状态之间的联系,从而全面理解有源逆变的物理本质,首先还是从电路的整流工作状态进行分析。

4.2.1 电路的整流工作状态($0 < \alpha < \frac{\pi}{2}$)

图 4.5(a)所示电路中,$\alpha = 60°$时依次触发晶闸管,其输出电压波形如图中斜黑线所示。因负载回路中接有足够大的平波电感,故电流连续,对于 $\alpha = 60°$的情况,输出电压瞬时值均为正,其平均电压自然为正值。对于在 $0 < \alpha < \frac{\pi}{2}$ 范围内的其他移相角,即使输出电压的瞬时值 U_d 有正也有负,但正面积总是大于负面积,输出电压的平均值 U_d 也总是为正值,其极性如图上正下负,而且 U_d 略大于 E_D。此时电流 I_d 从 U_d 的正端流出,从 E_D 的正端流入,能量的流转关系为交流电网输出能量,电机吸收能量作电动状态运行。

4.2.2 电路的逆变工作状态($\frac{\pi}{2} < \alpha < \pi$)

假设此时电动机端电势已反向,即下正上负。设移相角 $\alpha = 150°$,依次触发相应晶闸管,如图在 ωt_1 所在时刻触发 a 相晶闸管 VT_1,虽然此时 $u_a = 0$,但晶闸管 VT_1 因承受 E_D 的作用,仍

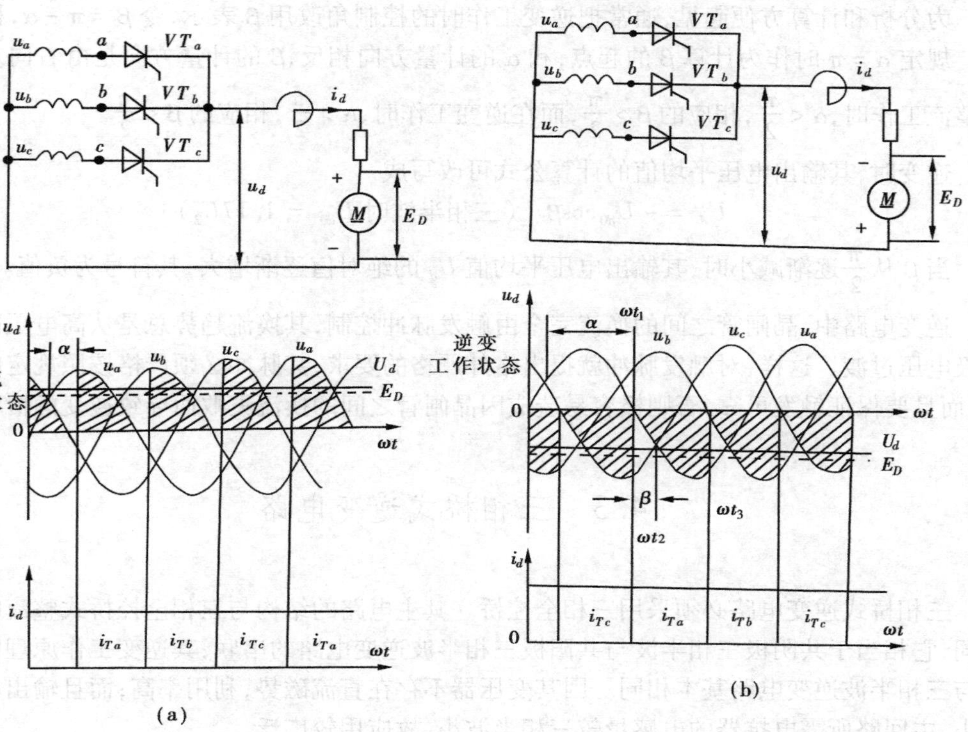

图 4.5　三相半波电路及有关波形

可满足导电条件而工作，并相应输出 u_a 相电压，VT_1 被触发导通后，虽然 u_a 已为负值，因 E_D 的存在，且 $|E_D|>|u_a|$，VT_1 仍然承受正向电压而导通，即使不满足 $|E_D|>|u_a|$，由于平波电感释放电能，L 的感应电势最终仍可使 VT_1 承受正向电压继续导通。因电感 L 足够大，主回路电流连续，VT_1 导电 120°后由于 VT_2 的被触发而截止，VT_2 波触发导通后，由于此时 $u_b>u_a$，故 VT_1 承受反压关断，完成 VT_1 与 VT_2 之间的换流，这时电路输出电压为 u_b，如此循环往复。

电路输出电压的波形图 4.5(b)中斜黑线所示。当 α 在 $\frac{\pi}{2}\sim\pi$ 范围内变化时，其输出电压的瞬时值 u_d 在整个周期内也是有正有负或者全部为负，但是负电压面积将总是大于正面积，故输出电压的平均值 U_d 为负值。其极性如图为下正上负。此时电机端电势 E_D 稍大于 U_d，主回路电流 I_d 方向依旧，但它是从 E_D 的正极流出，从 U_d 的正极流入，这时电机向外输出能量，作为发电机状态运行，交流电网吸收能量，电路作为有源逆变状态运行。因晶闸管 VT_1、VT_2、VT_3 交替导通工作完全与交流电网变化同步，从而可以保证能够把直流电能变换为与交流电网电源同频率的交流电回馈电网。一般均采用直流侧的电压和电流平均值来分析变流器所连结交流电网，究竟是输出功率还是输入功率，这样，变流器中交流电源与直流电源能量的流转就可以按有功功率 $P_d=U_dI_d$ 来分析，整流状态时，$U_d>0$，$P_d>0$ 则表示电网输出功率；逆变状态时，$U_d<0$，$P_d<0$ 则表示电网吸收功率。

在整流状态中，变流器内的晶闸管在阻断时主要承受反向电压。而在逆变状态工作中，晶闸管阻断时主要承受的则为正向电压。变流器中的晶闸管，无论是整流或是逆变，其阻断时承受的正向或反向电压峰值均应为线电压的峰值，在选择晶闸管额定参数时应予注意。

为分析和计算方便起见，通常把逆变工作时的控制角改用β表示，令$\beta=\pi-\alpha$，称为逆变角。规定$\alpha=\pi$时作为计算β的起点，和α的计量方向相反，β的计量方向是由右向左。变流器整流工作时，$\alpha<\frac{\pi}{2}$，相应的$\beta>\frac{\pi}{2}$，而在逆变工作时，$\alpha>\frac{\pi}{2}$，相应的$\beta<\frac{\pi}{2}$。

逆变时，其输出电压平均值的计算公式可改写成

$$U_d=-U_{d0}\cos\beta \quad (\text{三相半波时 } U_{d0}=1.17U_2) \tag{4.6}$$

当β从$\frac{\pi}{2}$逐渐减小时，其输出电压平均值U_d的绝对值逐渐增大，其符号为负值。

逆变电路中，晶闸管之间的换流完全由触发脉冲控制，其换流趋势总是从高电压向更低的阳极电压过渡。这样，对触发脉冲就提出格外严格的要求，其脉冲必须严格按照规定的顺序发出，而且要保证触发可靠，否则极容易造成因晶闸管之间的换流失败而导致逆变颠覆。

4.3 三相桥式逆变电路

三相桥式逆变电路必须采用三相全控桥。其主电路的结构与三相全控桥式整流电路完全相同，它相当于共阴极三相半波与共阳极三相半波逆变电路的串联，其逆变工作原理的分析方法与三相半波逆变电路基本相同。因其变压器不存在直流磁势，利用率高；而且输出电压脉动较小，主回路所需电抗器的电感量较三相半波小，故应用较广泛。

4.3.1 逆变工作原理及波形分析

三相桥式逆变电路结构如图4.6(a)所示。如果变流器输出电压U_d与直流电机电势E_D的极性如图所标示(均为上负下正)，当电势E_D略大于平均电压U_d，则回路中产生电流I_d为

$$I_d=\frac{E-U_d}{R}$$

电流I_d的流向是从E_D的正极流出而从U_d的正极流入，即电机向外输出能量，作发电状态运行；变流器则吸收能量并以交流形式回馈到交流电网，此时电路即为有源逆变工作状态。

电势E_D的极性由电机的运行状态决定，而变流器输出电压U_d的极性则取决于触发脉冲的控制角。欲得到上述有源逆变的运行状态，显然电机应作发电状态运行，而变流器晶闸管的触发控制角α应大于$\frac{\pi}{2}$，或者逆变角β小于$\frac{\pi}{2}$。有源逆变工作状态下，电路中输出电压的波形如图4.6(b)所示。此时，晶闸管导通的大部分区域均为交流电的负电压期间，晶闸管在此期间由于E_D的作用仍承受极性为正向电压，所以输出的平均电压就为负值。

三相桥式逆变电路，一个周期中输出电压由6个形状相同的波头组成，其形状随β的不同而异。该电路要求6个脉冲，两脉冲之间的间隔为$\frac{\pi}{3}$，分别按照1,2,3,…,6的顺序依次发出；其脉冲宽度应大于$\frac{\pi}{3}$或者采用“双脉冲”输出。

上述电路中，晶闸管阻断期间主要承受正向电压，而且最大值为线电压的峰值。

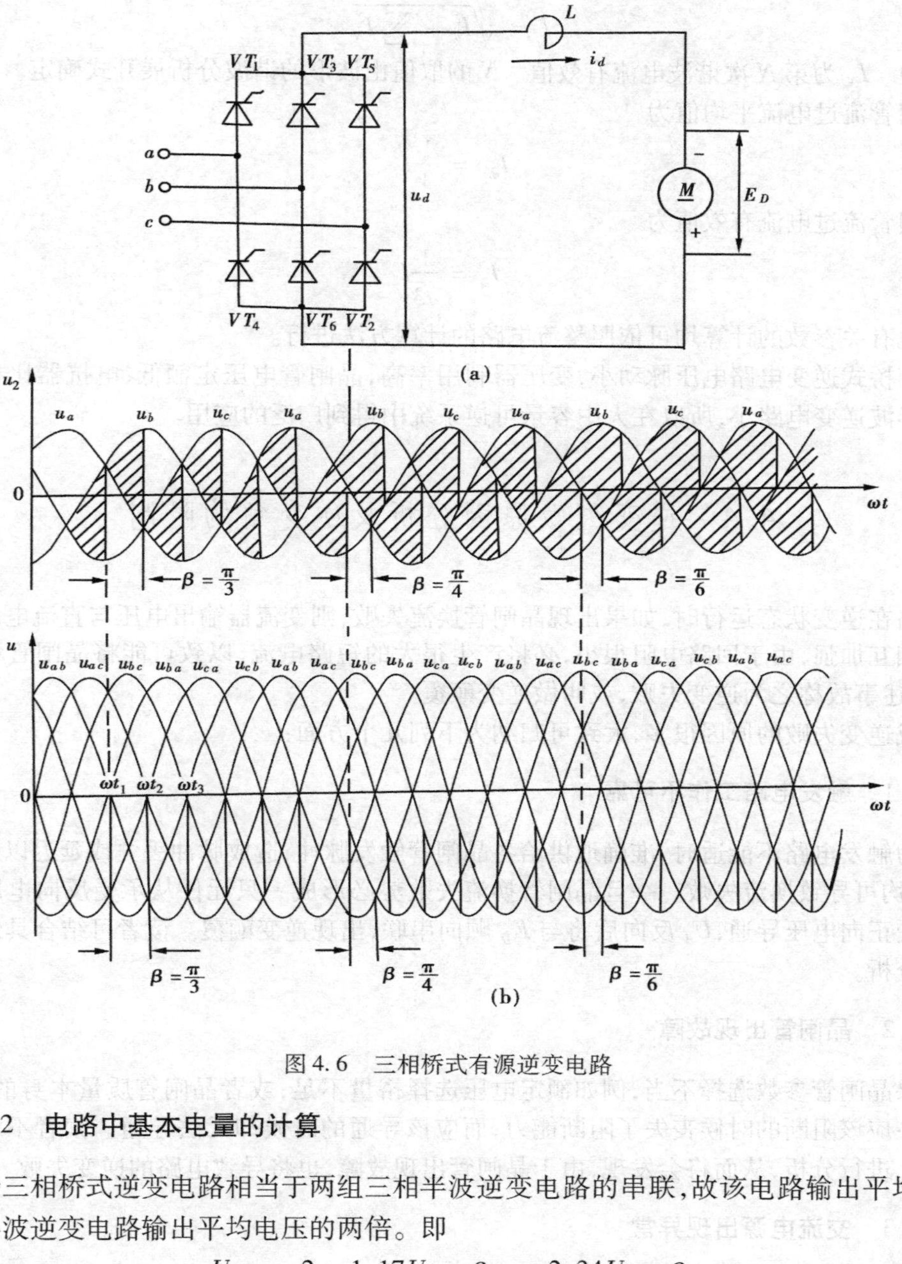

图 4.6　三相桥式有源逆变电路

4.3.2　电路中基本电量的计算

由于三相桥式逆变电路相当于两组三相半波逆变电路的串联，故该电路输出平均电压应为三相半波逆变电路输出平均电压的两倍。即

$$U_d = -2 \times 1.17U_2\cos\beta = -2.34U_2\cos\beta \tag{4.7}$$

式中　U_2 为交流侧变压器副边相电压有效值。

输出电流平均值为

$$I_d = \frac{E_D - U_d}{R} \tag{4.8}$$

$$R = R_B + R_D$$

式中　R_B 为变压器绕组的等效电阻；R_D 为变流器直流侧总电阻。

输出电流的有效值为

$$I = \sqrt{I_d^2 + \sum I_N^2} \tag{4.9}$$

式中　I_N 为第 N 次谐波电流有效值。N 的取值由波形的谐波分析展开式确定。

晶闸管流过电流平均值为

$$I_{dk} = \frac{1}{3} I_d \tag{4.10}$$

晶闸管流过电流有效值为

$$I_k = \frac{1}{\sqrt{3}} I \tag{4.11}$$

其他有关参数的计算均可依照整流电路的计算方法进行。

三相桥式逆变电路电压脉动小,变压器利用率高,晶闸管电压定额低,电抗器比相同容量的三相半波逆变电路小,所以在大中容量可逆系统中得到广泛的应用。

4.4　逆变失败原因分析及逆变角的限制

电路在逆变状态运行时,如果出现晶闸管换流失败,则变流器输出电压与直流电压将顺向串联并相互加强,由于回路电阻很小,必将产生很大的短路电流,以致可能将晶闸管和变压器烧毁,上述事故称之为逆变失败,或叫做逆变颠覆。

造成逆变失败的原因很多,大致可归纳为下列几个方面:

4.4.1　触发电路工作不可靠

因为触发电路不能适时、准确地供给各晶闸管触发脉冲,造成脉冲丢失或延迟以及触发功率不够,均可导致换流失败。一旦晶闸管换流失败势必形成一只元件从承受反向电压导通延续到承受正向电压导通,U_d 反向后将与 E_D 顺向串联,出现逆变颠覆。读者可结合具体逆变电路自行分析。

4.4.2　晶闸管出现故障

如果晶闸管参数选择不当,例如额定电压选择裕量不足;或者晶闸管质量本身的问题,使晶闸管在应该阻断的时候丧失了阻断能力,而应该导通的时候却无法导通。读者不难从有关波形图上进行分析,从而将会发现,由于晶闸管出现故障,也将导致电路的逆变失败。

4.4.3　交流电源出现异常

从逆变电路电流公式

$$I_d = \frac{E - U_d}{R}$$

可看出当电路在有源逆变状态下,如果交流电源突然断电,或者电源电压过低,上述公式中的 U_d 都将为零或减小,从而使电流 I_d 增大以至发生电路逆变失败。

4.4.4　电路换相时间不足

有源逆变电路设计时,应充分考虑到变压器漏电感对晶闸管换流时的影响,以及晶闸管由导通到关断存在着关断时间的影响,否则,将由于逆变角 β 太小造成换流失败,从而导致逆变颠覆的发生。现以共阴极三相半波电路为例,分析由于 β 太小对逆变电路的影响。电路结构及有关波形如图 4.7 所示。设电路变压器漏电感引起的电流重叠角为 γ,原来逆变角为 β_1,触发 u_a 相对应的 VT_1 导通后,将逆变角 β_1 改变为 β,且 $\beta<\gamma$,VT_1 和 VT_2 换流是从 ωt_2 为起点向左 β 角度 ωt_1 时刻触发 VT_2,此时,VT_1 的电流逐渐下降,VT_2 的电流逐渐上升,由于 $\beta<\gamma$,到达 ωt_2 时刻($\beta=0$),晶闸管 VT_1 中的电流尚未降至零,故 VT_1 此时并未关断,以后 VT_1 承受的阳极电压高于 VT_2 承受的阳极电压,所以它将继续导通,VT_2 则由于承受反压而关断,VT_1 继续导通的结果,电路从逆变过渡到整流状态,电机电势与变流器输出电压顺向串联,造成逆变失败。

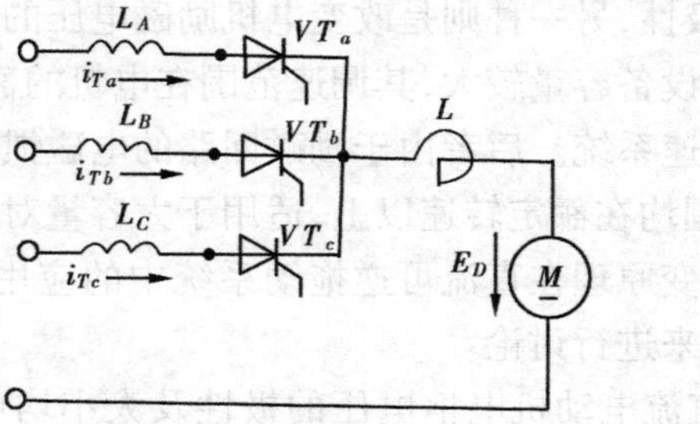

(a)

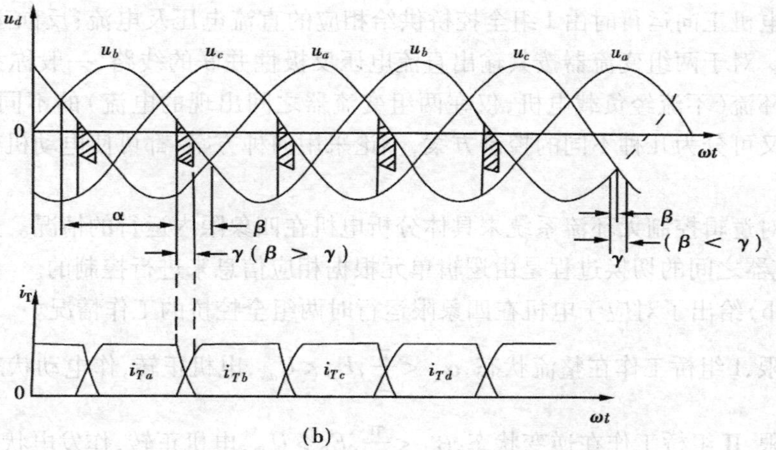

(b)

图 4.7　变压器漏抗对逆变的影响

鉴于上述原因,在设计逆变电路时,应考虑到最小 β 限制。β_{min} 除上述重叠角 γ 的影响外,还应考虑到元件关断时间 t_q(对应的电角度为 δ)以及一定的安全裕量角 θ_a,从而取

$$\beta_{min} = \gamma + \delta + \theta_a \tag{4.12}$$

一般取 $\beta_{min}=30°\sim35°$,以保证逆变时正常换流。一般在触发电路中均设有最小逆变角保护,触发脉冲移相时,确保逆变角 β 不小于 β_{min}。

4.5 有源逆变应用实例

4.5.1 直流可逆电力拖动系统

有不少生产机械要求能够可逆运行,如可逆轧机、矿井提升机、电梯、龙门刨床等。上述设备均要求直流电机能具备正、反方向运转的特性。对于他励直流电机,正反转控制有两种办法:一种是改变电枢电压的极性,另一种则是改变电机励磁电压的极性。对于前者具有控制较简单、快速性能好的特点,但设备容量较大,其调速范围在电机的额定转速以下,适用于中小容量和要求快速性高的可逆调速系统。后者由于励磁回路的电磁惯性大,过渡过程时间较长,而且控制较复杂,一般调速范围均在额定转速以上,适用于大容量对快速性要求不高的可逆调速系统。下面着重讨论有源逆变原理在直流可逆拖动系统中的应用,只针对改变直流电机电枢电压四象限运行的变流系统来进行讨论。

图 4.8(a)所示电路为直流电动机电枢电压的极性及大小均可调节的可逆拖动系统的主电路图。电动机的励磁恒定不变,其电枢两端由两组三相全控桥式电路的变流器(I、II 组)反并联供电。电机正向运行时由 I 组全控桥供给相应的直流电压及电流;反向运行时则由 II 组全控桥供电。对于两组变流器按其输出直流电压反极性并联的线路,一般称为反并联可逆线路。根据对环流(不流经负载电机,仅在两组变流器之间出现的电流)的不同处理方法,反并联可逆线路又可分为几种不同的控制方案,不论采用何种方案,都可使电动机在四个象限内运行。

下面针对逻辑控制无环流系统来具体分析电机在四象限内运行的情况。这种无环流可逆系统中,变流器之间的切换过程是由逻辑单元根据相应信息来进行控制的。

图 4.8(b)给出了对应于电机在四象限运行时两组全控桥的工作情况。

第一象限,I 组桥工作在整流状态,$\alpha_{\text{I}} < \frac{\pi}{2}, E_D < U_{d\alpha}$,电机正转,作电动状态运行。

第二象限,II 组桥工作在逆变状态,$\beta_{\text{II}} < \frac{\pi}{2}, E_D > U_{d\beta}$,电机正转,作发电状态运行。

第三象限,II 组桥工作在整流状态,$\alpha_{\text{II}} < \frac{\pi}{2}, E_D < U_{d\alpha}$,电机反转,作电动状态运行。

第四象限,I 组桥工作在逆变状态,$\beta_{\text{I}} < \frac{\pi}{2}, E_D > U_{d\beta}$,电机反转,作发电状态运行。

直流可逆拖动系统的运行特点,除了电动机可以方便地实现正反转运行外,另一个重要的特点是电动机能够实现回馈制动,把电动机轴上的机械能变为交流电能回送到电网中去,而电动机的电磁转矩则变为制动转矩。

上述可逆系统中,设电机在第一象限作正转电动运行,I 组桥工作,这时电机通过 I 组桥从电网取得电能。如果电机需要反转,首先应使电机迅速制动,这样就要求改变电枢电流的方向,但对 I 组桥而言,由于晶闸管具有单向导电性,其电流不可能反向,所以就需要切换到 II 组桥工作,而且 II 组桥必须在逆变状态下进行工作,这样才能保证 $U_{d\beta}$ 与 E_D 同极性连结,使得电

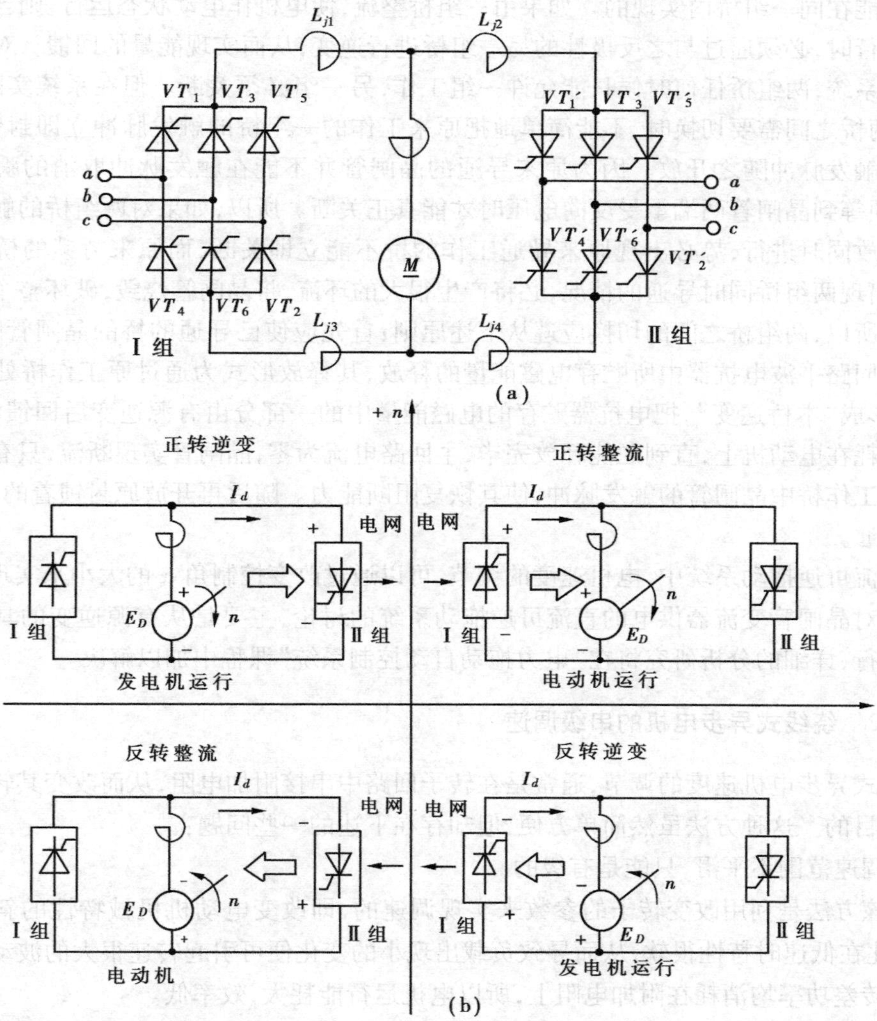

图 4.8　两组全控桥反并联可逆系统

机的制动电流 $I_d = \left|\dfrac{E_D - U_{d\beta}}{R}\right|$ 的数值限制在容许的范围内。此时电机进入第二象限作正转发电状态运行，电磁转矩变为电机的制动转矩，电机轴上的机械能经Ⅱ组桥逆变为交流电能回馈电网。改变Ⅱ组桥逆变角 β 的大小，即可改变电机制动的强弱程度。一般应随着电机转速的下降，不断地调节逆变角 β 值，按照由小变大的规律直至 $\beta = \dfrac{\pi}{2}$，这样方可保证电机在制动过程中有足够的制动转矩。随着 β 角的增大，相当于 α 角逐渐减小，直至 $\alpha < \dfrac{\pi}{2}$ 时，Ⅱ组桥就将工作在整流状态，电机进入第三象限的反转电动状态运行，电机通过Ⅱ组桥向交流电网吸收电能，上述过程就是电机由正转到反转的全部情况。同理，当电机从反转到正转时，其过程则由第三象限经第四象限最终过渡到第一象限。

从上面的分析不难看出，反并联可逆系统中，电机由电动运行转变为发电制动运行，这一过程是不能在同一组桥内实现的。如果由一组桥整流,使电机作电动状态运行,则当电机作发电制动运行时,必须通过与之反极性的另一组桥进行逆变,从而实现能量的回馈。对于逻辑元环流可逆系统,两组桥任何时候只能允许一组工作,另一组必须关断。但在系统实际运行时,当Ⅰ、Ⅱ两桥之间需要切换时,不能简单地把原来工作的一组桥的触发脉冲立即封锁,同时把另组桥的触发脉冲随之开放。因为原来导通的晶闸管并不能在触发脉冲取消的瞬间立即关断,它必须等到晶闸管两端承受反向电压时才能真正关断。所以,如果对两组桥的触发脉冲的封锁与开放同时进行,势必出现原来导通工作的桥不能立即关断,而原来封锁的桥却已经导通,从而出现两组桥同时导通的情况,必将产生很大的环流,将晶闸管烧毁,破坏整个系统的正常运行。所以,两组桥之间的切换应遵从下述原则:首先应使已导通的桥的晶闸管断流,这主要涉及主回路平波电抗器中所贮存电磁能量的释放,其释放形式为通过原工作桥处于自身逆变状态,形成"本桥逆变",把电抗器贮存的电磁能量中的一部分由有源逆变后回馈电网,其余部分则消耗在电动机上,直到贮能释放完毕,主回路电流为零,晶闸管实现断流,只有此时才能封锁原来工作桥中晶闸管的触发脉冲,使其恢复阻断能力。随后再开放原封锁着的晶闸管,使之触发导通。

在直流可逆拖动系统中,电机速度的调节,可以通过改变控制角 α 的大小来实现。

上面对晶闸管变流器供电的直流可逆拖动系统的讨论,主要是从有源逆变的具体应用的角度来进行,详细的分析研究将在"电力拖动自动控制系统"课程中加以解决。

4.5.2 绕线式异步电机的串级调速

绕线式异步电机速度的调节,通常是在转子回路中串接附加电阻,从而改变其转差率以达到调速的目的。这种方法虽然简单方便,但却存在下述的一些问题:

(1)调速范围不平滑,只能是有级的。

(2)该方法是利用改变转子的参数来实现调速的,即改变电动机机械特性的斜率来进行调速,因此在低速时特性很软,从而导致负载出现小的变化便可引起转速很大的波动。

(3)转差功率均消耗在附加电阻上,所以电机运行能耗大、效率低。

(4)转子电阻及其开关设备体积大,属有触点控制,带电流切换电阻时故障率较高。

串级调速是利用有源逆变的原理对绕线式异步电机的速度进行调节的方法之一。这种方法采用了一套有源逆变电路代替转子电阻及相应的开关设备,把原来消耗在电阻上的功率反送到电网,用改变逆变角的方法来改变电机的转速。串级调速具有结构简单、效率高,其调速范围考虑到变流器容量不致太大,一般控制在2~3,通常适用于矿井提升、泵、风机等大容量的电机调速设备上。

图4.9所示为绕线式异步电动机串级调速的原理图。电动机的三相转子线电压为 sE_{20},其转子回路由二极管 $V_1 \sim V_6$ 组成的三相桥式整流电路整流为直流平均电压 U_d,其值为

$$U_d = 1.35sE_{20} \tag{4.13}$$

上式中 s 为电机的转差率,E_{20} 为转子开路时的线电压有效值。该电压相当于一直流电源经由晶闸管 $VT_1 \sim VT_6$ 组成的逆变桥路逆变为交流电,经逆变变压器 NB 反送回电网。逆变电路直流侧的平均电压 $U_{d\beta}$ 为

$$U_{d\beta} = 1.35U_{2l}\cos\beta \tag{4.14}$$

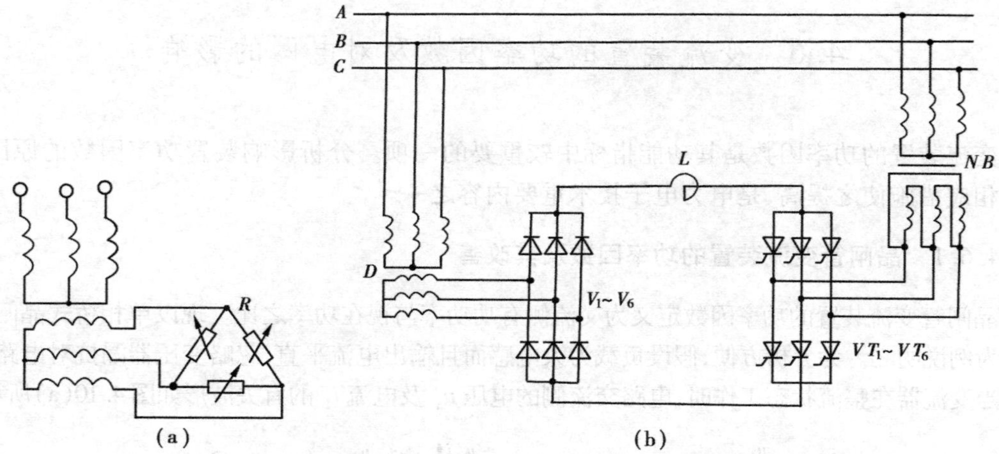

图 4.9 绕线式异步电机串级调速

式中 U_{2l} 表示逆变变压器次级线电压有效值，β 为逆变桥的逆变角。当电机转速稳定时，若不计转子回路阻抗压降，则整流桥的直流电压 U_d 与逆变侧电压 $U_{d\beta}$ 大小相等、方向相同，即有公式存在 $U_d \approx U_{d\beta}$，因

$$
\begin{aligned}
U_{d\beta} &= 1.35U_{2l}\cos\beta \\
U_d &= 1.35sE_{20} \\
s &= \frac{U_{2l}}{E_{20}}\cos\beta
\end{aligned}
\tag{4.15}
$$

(4.15)式说明，改变逆变角 β，即可改变电机转差率，从而实现调速的目的。

串级调速的实质是将逆变电压 $U_{d\beta}$ 看成转子回路的反电势，改变 β 值即改变反电势的大小，回送到电网的功率也跟着改变。串级调速的过程大致如下：电动机的启动通常采用接触器控制转子回路中的频敏电阻来实现，当负载一定时电机稳定运行在某转速，这时 $U_d \approx U_{d\beta}$。如果增加 β 角，$U_{d\beta}$ 将减小，从而使转子电流瞬时增加，电动机产生加速转矩，使其转速 n 升高，转差率 s 变小。当 U_d 减小到与 $U_{d\beta}$ 值近似相等时，电机即稳定运行在较高的转速。反之若减小 β 角，则电机的转速将下降。由于 β 角的大小能连续调节，所以异步电机串级调速可以实现平滑的无级调速。当 $\beta = \frac{\pi}{2}$ 时，$U_{d\beta} = 0$，相当于转子电路经二极管整流桥短接，电动机运行在自然特性上，此时转子回路不再有电能反送至电网，电机转速达到最高。

逆变变压器次级电压 U_{2l} 的大小要和异步电机转子电压互相配合，当两组桥路连接型式相同时，最大转子整流电压应与最大逆变电压相等，即可得逆变变压器的次级线电压为

$$
U_{2l} = \frac{s_{\max}E_{20}}{\cos\beta_{\min}} \tag{4.16}
$$

式中　$s_{\max}$ 为调速系统要求最低速度时的转差率即最大的转差率；$\beta_{\min}$ 为电路最小逆变角，为了防止逆变颠覆，通常将 $\beta_{\min}$ 定为 30°。

4.6 变流装置的功率因数及对电网的影响

变流装置的功率因数是其功能指标中较重要的一项。分析影响装置功率因数的原因,并采取相应措施使之提高,是电力电子技术重要内容之一。

4.6.1 晶闸管变流装置的功率因数及其改善

晶闸管变流装置的功率因数定义为交流侧有功功率与视在功率之比。现以单相桥式晶闸管变流器为例说明之。为分析方便,假设负载为大电感而且输出电流平直,忽略变压器漏抗对电路的影响。当变流器在整流状态工作时,电路交流侧的电压 u_1 及电流 i_1 的有关波形如图4.10(a)所示。

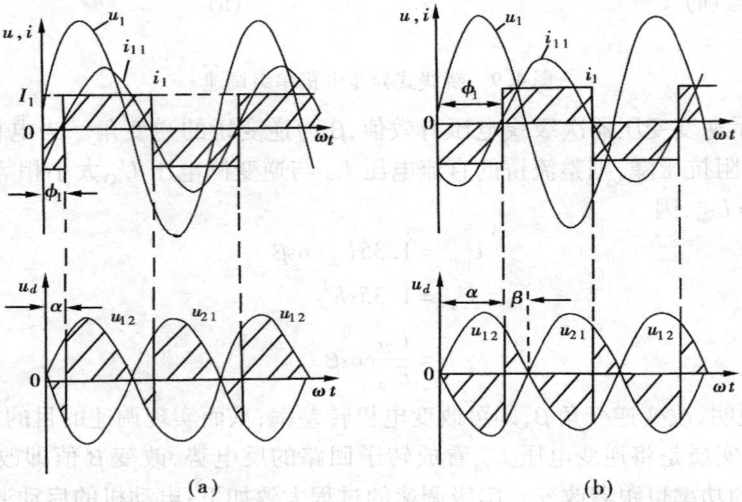

图4.10 单相全控桥电流电压波形

(a)整流 (b)逆变

此时,整流装置的视在功率为

$$S = U_1 I_1$$

式中,U_1 及 I_1 分别为变压器初级电压和电流的有效值。

从电路工作过程分析可知,U_1 为正弦波而变压器初级电流 i_1 则是正负对称的矩形波,故电网输入的有功功率只应是基波功率,其值为

$$P = U_1 I_{11} \cos\varphi_1$$

式中 I_{11} 为变压器初级电流基波分量 i_{11} 的有效值,$\cos\varphi_1$ 称为位移因数,定义为电压 u_1 与基波电流 i_{11} 相位角的余弦值。

根据上述晶闸管变流装置功率因数的定义,其功率因数为

$$\cos\varphi = \frac{P}{S} = \frac{U_1 I_{11} \cos\varphi_1}{U_1 I_1} = \frac{I_{11}}{I_1}\cos\varphi_1 \tag{4.17}$$

式中 $\frac{I_{11}}{I_1}$ 称为电流畸变系数,它表示电流波形中含高次谐波的程度,与变流装置主电路结构

及负载性质有关。故晶闸管变流装置的功率因数等于位移因数和畸变系数的乘积。对于单相桥式电路,交流电流 i_1 按傅氏级数展开,其基波分量为

$$i_{11} = \frac{4}{\pi} I_1 \sin\omega t$$

有效值为

$$I_{11} = \frac{2\sqrt{2}}{\pi} I_1 = 0.9 I_1$$

故畸变系数$\frac{I_{11}}{I_1}=0.9$。忽略换相重叠角后,由图 4.10 不难看出,位移因数将等于晶闸管的控制角 α,此时

$$\cos\varphi_1 = \cos\alpha$$

变流装置的功率因数即为

$$\cos\varphi = \frac{I_{11}}{I_1}\cos\alpha$$

单相桥式整流电路大电感负载时的功率因数 $\cos\varphi_1 = 0.9\cos\alpha$ 依照同样的分析,三相桥式可控整流电路的功率因数 $\cos\varphi_1 = 0.955\cos\alpha$。

其他晶闸管可控整流电路的功率因数均可按上述方法求得。计算畸变系数时,I_1 的求取应按下式进行,即

$$I_1 = \sqrt{I_{11}^2 + \sum_{n=2}^{\infty} I_{1n}^2}$$

式中 I_{11}——基波电流有效值。

I_n——n 次谐波电流有效值。

从上面的分析可见,晶闸管变流装置的功率因数主要取决于控制角余弦值,从而决定了变流装置的功率因数将随着控制角 α 的不同而变化,当 α 增大时,装置的功率因数将降低,特别是处于深控状态运行时,装置的功率因数将变得很低。此外,影响装置功率因数提高的另一个原因是波形畸变,波形畸变的结果,将产生高次谐波,而高次谐波电流的平均功率为零,即高次谐波电流均为无功电流。

当变流装置运行于逆变状态时,交流侧电压 u_1 与因逆变而回馈电网的基波电流之间的夹角大于$\frac{\pi}{2}$,有关波形如图 4.10(b)所示。此时装置的有功功率为负值,随着逆变角 β 的增大,有功功率绝对值将减小,功率因数自然下降。

为提高晶闸管变流装置的功率因数,一般采用下述几种方法:

1. 减小装置运行时的控制角(逆变状态下则为逆变角)

上述有关影响变流装置功率因数的分析,说明过大的控制角 α(逆变角 β)必然使装置功率因数降低。故对于经常运行在深控状态(大控制角 α)下的调压或调速系统,可采用整流变压器次级抽头以便降低次级电压,或者变压器星三角变换等方法,使装置尽可能地运行在小控制角状态。

2. 设置补偿电路,进行无功功率补偿

如果变流装置输出的直流电压和电流较为恒定,则在变压器的初级端设置可调的补偿电

容，进行有级补偿，这是一种较为经济和简单的办法。

3. 设置滤波器，减少谐波对装置功率因数的影响。

根据变流装置运行状况，设置若干不同频率的高次谐波滤波器，尽量使电网不受或少受谐波影响，从而改善装置的功率因数。

4. 采用两组变流装置串联运行

对于某些容量较大而且输出电压调整范围较宽的变流装置，可采用如图 4.11 所示的两组桥式电路串联运行的方式。

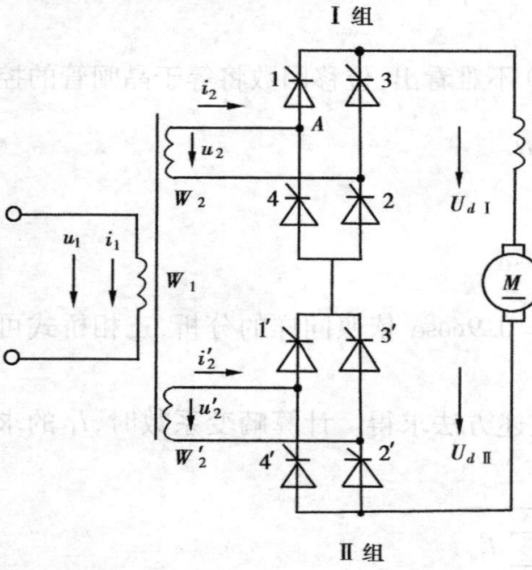

图 4.11　两组整流桥串联运行

当负载要求输出较高电压时，图中两组桥都工作在小控制角 α 的整流状态，负载两端电压则为两组整流桥输出电压之和，即为

$$U_d = U_{dI} + U_{dII}$$

若负载需要输出较低电压时，只需让 I 组桥工作在小控制角 α 的整流状态，II 组桥则让其工作在小逆变角 β 的逆变状态，此时负载两端电压值为

$$U_d = U_{dI} - U_{dII}$$

上述整个工作过程中，变流装置均工作在较小控制角或较小逆变角的状态，因而功率因数相对而言都比较高。在多相整流电路中，往往串联装置的变压器次级采用了星形和三角形的不同接法，相当于增加了整流相数，将有效地抑制高次谐波影响，对改善装置的功率因数十分有益。

4.6.2　晶闸管变流装置对电网的影响

随着技术的进步及生产的不断发展，晶闸管变流装置的容量日益增大，其对电网产生的影响及如何尽量减小这种影响所带来的危害，已是目前国内外均普遍关注的问题。

晶闸管变流装置对电网最明显的影响，表现在使电网的正弦波形发生畸变，这主要是因为上述变流装置在运行时，由于其工作特点，使电网产生高次谐波的结果。就以工业部门最常用的三相桥式可控整流装置为例来分析，当负载为大电感时，交流侧电流均为正负对称的矩形波，其傅氏级数展开式为

$$i_1 = \frac{2\sqrt{3}}{\pi} I_d \left[\cos\omega t - \frac{1}{5}\sin 5\omega t - \frac{1}{7}\sin 7\omega t + \frac{1}{11}\sin 11\omega t - \cdots \right]$$

不难看出，由于晶闸管整流桥的工作，使电网分别出现了五次、七次、十一次等一系列谐波电流，这些谐波成分将对与之并联的其他用电设备造成不良影响。例如引起电机转矩降低，增加振动噪声，增大损耗；使继电保护系统发生误动作；使电网功率因数补偿电容过流发热；造成电子计算机等精密电子仪器运行不正常，导致并联运行的其他晶闸管变流装置触发失误等。诸如此类的不良影响已被人们形象地统称为电力公害，如不认真对待并采取相应措施，将其影响抑制在容许范围内，势必阻碍电力电子技术的进一步发展。

鉴于篇幅所限，下面仅就目前为减少晶闸管变流装置运行对电网影响，通常采用的措施作

一简略的介绍。

为使电网波形尽量不发生畸变,减少其中高次谐波成分,对装置运行本身,应尽量使之在小控制角状态运行,从电路结构方面,则尽可能采用桥式电路,避免交流侧不对称电流的产生,以便消除偶次谐波成分;电源变压器接法若采用△/Y 或 Y/△型式,则变压器初级线电流的波形将是三阶梯形,更接近于正弦波。对于容量很大的变流装置,可通过增加整流供电的相数,如变压器次级分别接成星形与三角形,二者线电压相位差为 30°,故可等效为十二相交流,当两组整流桥同步控制即具有相同控制角时,通过对变压器初级电流的谐波分析,不难看出,两组桥中 5 次及 7 次谐波电流将在变压器初级互相抵消,17 次及 19 次谐波电流亦同样相互抵消,从而使变压器初级电流波形尽可能地接近正弦波。从变流装置外部看,可以安装谐波滤波器,使装置的谐波电流不流过电网而进入相应的 *L-C* 串联谐振回路,使进入电网的谐波电流控制在允许范围之内。

为防止电网中高次谐波电流对邻近的通讯线路造成电磁影响,输电线路与通讯线路应分开架设,并保持必要的距离。

习题及思考题

4.1　试解释电路在有源逆变状态工作时,为什么会出现输出波形中,负电压面积大于正电压面积的情况。

4.2　某工厂有一台晶闸管整流供电的直流电机调速装置,当控制角 $\alpha=90°$时,电机仍出现爬行状态。试分析其原因,并提出解决的技术方法。

4.3　图 4.12 中,一个工作在整流电动机状态,另一个工作在逆变发电机状态。

(1)试标出 U_d、E_D 及 i_d 的方向。

(2)说明 E_D 与 U_d 之间的大小关系。

(3)当 α 与 β 的最小值均为 30°时,指出控制角 α 的移相范围。

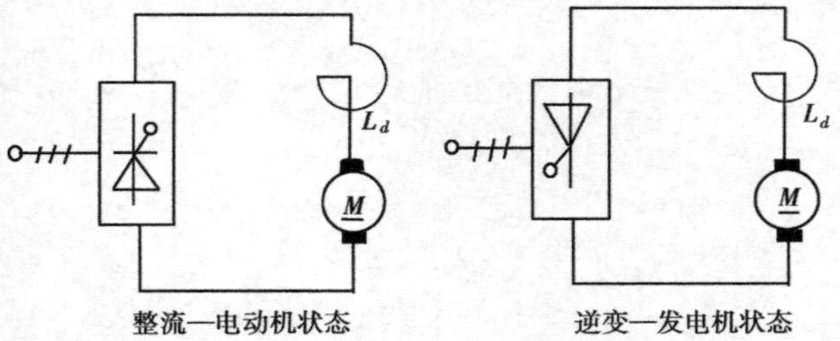

图 4.12　题 4.3 图

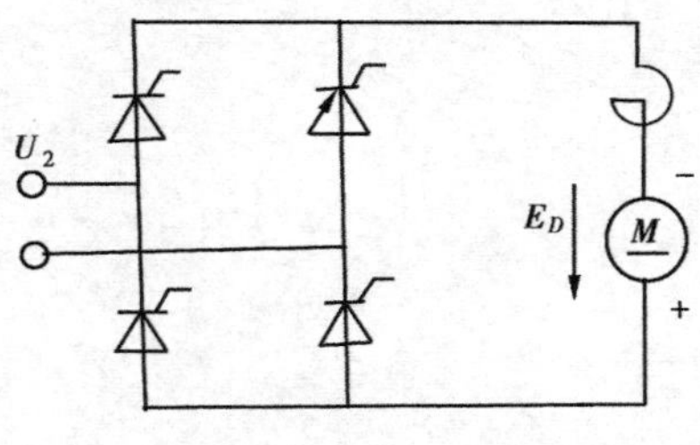

图 4.13　题 4.4 图

4.4　有电路如图 4.13,其中 $U_2=220$ V,$E_D=-120$ V,电枢回路总电阻 $R_\Sigma=1\ \Omega$。说明当逆变角 $\beta=60°$时电路能否进行有源逆变?计算此时电机的制动电流,并画出输出电压波形。(设电流连续)

4.5　三相半波晶闸管电路在有源逆变状态工作,试画出 $\beta=30°$时 T_2 管的触发脉冲丢失后输出电压 u_d 的波形。

4.6　已知三相全控晶闸管电路中 $U_{2l}=230$ V,$E_D=-290$ V,$R_\Sigma=0.8\ \Omega$,若电路工作于

逆变状态，而且电流连续。如允许 $I_{d\min}=30\ \text{A}$，$\beta_{\max}=$？并按此选择晶闸管的电流及电压定额。

4.7　某晶闸管可逆供电装置，主电路为三相半波，变压器次级相电压有效值为 230 V，$R_{\Sigma}=0.3\ \Omega$，电动机从 220 V、20 A 稳定的电动状态下进行发电机再生制动，要求制动初始强度为 40 A，试求初始逆变角 β 应多大？

第 5 章　晶闸管变频电路

内容提要

电力电子技术的本质就是利用半导体电力电子器件对工业电能进行变换和控制的新技术。前面已学习过的晶闸管可控整流电路、晶闸管有源逆变电路均为这种变换及控制的具体体现。在现代工业生产中除上述的变换及控制外，还需要各种不同频率的交流电源，这些交流电源有的直接从工频交流电通过变换获得，有的则是由直流电通过相应的交换来得到。本章重点研究如何利用电力电子器件将工频交流电或者直流电变换为各种不同频率的交流电供给相应的负载。其中，主要讨论利用晶闸管组成不同电路来实现上述变换的工作原理，相关波形及需处理的主要技术问题，例如晶闸管在工作中可靠关断的问题。

随着电力电子技术的不断发展，近年研制出了如功率晶体管（GTR），可关断晶闸管（GTO）、功率场效应管（POWER MOSFET）等新型器件，并在变频技术中获得广泛应用，使变频装置的工作性能提高、体积减小、成本降低。所以本章将对上述变频技术的新发展作相应的介绍。

5.1　变频概念及晶闸管换流方式

众所周知，目前常用的电源有 2 种形式，即工频交流电源（$f=50$ Hz）和直流电源（$f=0$ Hz），这 2 种电源的频率都固定不变。但在目前的生产实践中，往往需要各种不同频率的交流电源。例如，广泛用于金属熔炼、感应加热的中频电源装置；能产生频率、电压均可调节的用于对三相感应电动机和同步电动机进行调速的变频调速装置；平时电网对蓄电池充电，当电网发生故障停电时，可将蓄电池的直流电变换为 50 Hz 交流电对交流负载供电的不停电电源等。第四章所讨论的有源逆变电路，其特点在于将直流电通过晶闸管变流装置变换为 50 Hz 的交流电并回送到交流电网。本章所讨论的变频电路，则是利用晶闸管或者其他的电力电子器件，将工频交流或者直流电变换成各种所需频率的交流电供给交流负载，往往把这种变频电路亦称为无源逆变电路。

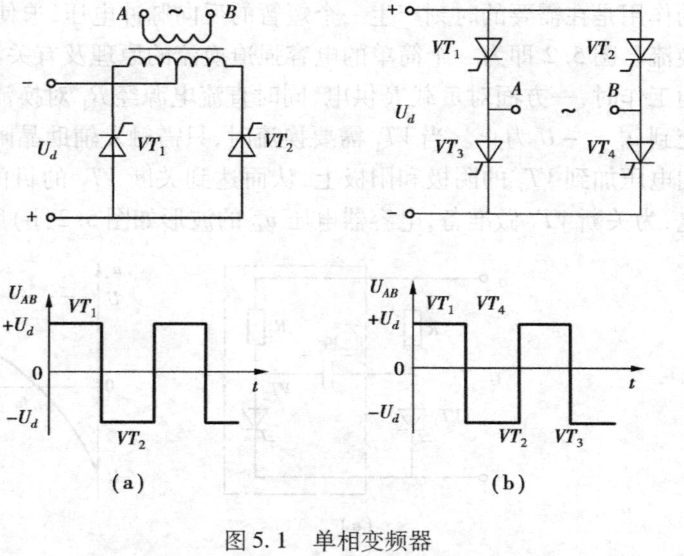

图 5.1　单相变频器

变频电路种类繁多,从变频过程可分为两大类,一类为交流-交流变频,它将 50 Hz 的工频交流电直接变换成其他频率的交流电,一般输出频率均小于电网频率,这是一种直接变频的方式。另一类为交流-直流-交流变频,它将 50 Hz 的交流先经过整流变换为直流电,再由直流电逆变为所需频率的交流电。

变频电路的简单工作原理,可以通过图 5.1 所示单相变频器来说明。

图 5.1(a)为单相零式变频电路,晶闸管 VT_1 及 VT_2 按不同频率交替导通或关断,通过变压器即可在负载上得到不同频率的交流电压。图 5.1(b)为单相桥式变频电路,其中晶闸管 VT_1、VT_4 及 VT_2、VT_3 两对交替导通和关断,即可从 A、B 输出端获得不同频率的交流电压。

上述两例均研究直接从直流电变换为不同频率交流电的过程。从晶闸管的工作特性可知,上述场合中,晶闸管从关断变为导通是比较容易实现的。然而,已导通的晶闸管重新恢复到关断状态则要困难得多,从某种意义上讲,整个变频电路发展的过程,即是研究如何更有效地可靠关断晶闸管的技术的过程。我们把变频电路中已导通的晶闸管关断并恢复其正向阻断状态的过程称为换流。通常采用的办法是对导通状态的晶闸管施加反压,使其阳极电流下降到维持电流以下,加反压的时间必须大于晶闸管的关断时间。

变频电路的换流方式通常有下面两种:

(1)负载谐振式换流　目前应用较普遍的并联及串联谐振式中频感应加热电源就属于此类换流。它是在感性负载上附加电容器,使变频器输出具有容性负载的性质,让其输出电流超前输出电压,只要超前的时间大于晶闸管关断时间,就能保证晶闸管完全恢复正向阻断能力,从而实现可靠换流。这种换流方式不需要在主电路中附加其他换流设备,具体换流过程将结合分析中频电源工作原理详细说明。

(2)电容强迫换流　这种换流方式的特点在于通过称为换流电容的器件,对需要换流的晶闸管提供反向电压,以保证晶闸管可靠关断。换流电容器上的反向充电电压则由具体的换流电路来提供。这种专门的换流电路通常由电感、电容、小容量晶闸管等组合而成。换流电路的作用是在需要的时刻产生一个短暂的反向脉冲电压,迫使晶闸管可靠关断,故亦称之为脉冲换流。图 5.2 即为一个简单的电容强迫换流的原理及有关波形的表示图。当主晶闸管 VT_1 导通工作时,一方面对负载 R 供电,同时直流电源经 R_1 对换流电容 C 充电,其极性为右正左负,充到 $u_C=-U$ 为止。当 VT_1 需要换流时,只需触发辅助晶闸管 VT_2,则电容 C 即通过 VT_2 将反向电压加到 VT_1 的阴极和阳极上,从而达到关断 VT_1 的目的。此时电容 C 通过 R 及 T_2 反充电,为关断 VT_2 做准备,电容器电压 u_C 的波形如图 5.2(b)所示。

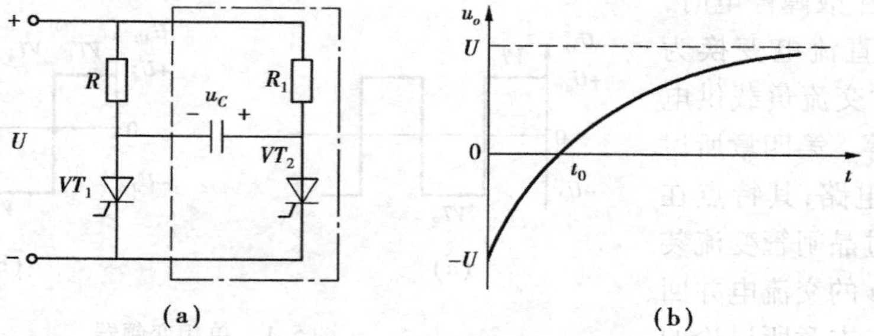

图 5.2　强迫换流原理及波形

$$u_c = -U + 2U(1 - e^{-t/RC}) = U(1 - 2e^{-t/RC}) \tag{5.1}$$

由波形可见，当 $t=t_0$ 时 $u_c=0$ 代入(5.1)式可得

$$t_0 = Rc\ln 2 = 0.693\ RC \tag{5.2}$$

式中 t_0 为对晶闸管 VT_1 施加反压的时间，t_0 必须大于 VT_1 的关断时间 t_q。选择适当的电容值即可保证上述条件的满足。

5.2 并联谐振变频电路

图 5.3 所示电路即为并联谐振变频电路的主电路结构图。L 为负载，换流电容 C 与之并联，由三相可控整流电路获得电压连续可调的直流电源 U_d，经过大电感 L_d 滤波，加到由 4 个晶闸管组成的逆变桥两端，通过该逆变电路相应的工作，将直流电变换为所需频率的交流电供给负载。上述变频电路在直流环节中设置大电感滤波，使直流输出电流波形平滑，从而使变频器输出电流波形近似于矩形，其直流电相当于一个恒流源，滤波电感作为贮能元件，用以吸收负载中的无功功率，这种在直流环节加设滤波电感的变频器属于电流型变频器。

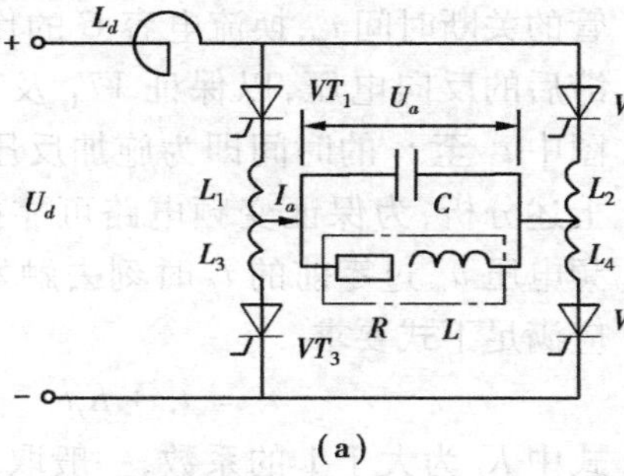

(a)

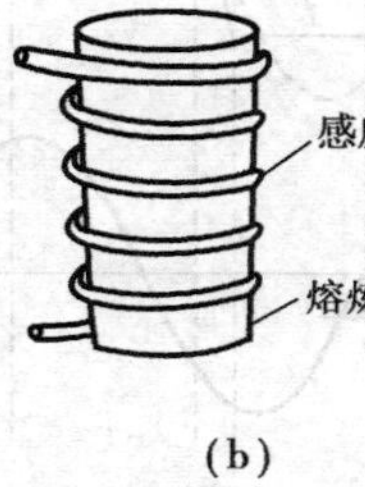

(b)

图 5.3 并联谐振变频电路

5.2.1 并联谐振变频电路工作原理

图 5.3 电路一般多用于金属的熔炼、淬火及透热的中频加热电源。当变频器中 VT_1、VT_4 和 VT_2、VT_3 两组晶闸管以一定频率交替导通和关断时，图 5.3(b)中的负载感应圈即流入中频电流，线圈中即产生相应频率的交流磁通，从而使线圈中熔炼炉内的金属中产生涡流，使之被加热直至熔化。晶闸管交替导通的频率接近于负载回路的谐振频率，负载电路工作在谐振状态，从而具有较高的效率。

图 5.4 为变频电路工作时晶闸管的换流过程。当晶闸管 VT_1、VT_4 触发导通时，负载 L 得到左正右负的电压，负载电流 i_a 的流向如图 5.4(a)所示。由于负载上并联了换流电容 C，L 和 C 形成的并联电路可近似工作在谐振状态，电容 C 还供给负载无功功率使负载电流的基波分量 i_{a1} 超前负载电压 u_a 一个角度 Φ，负载中电流及电压波形如图 5.5 所示。当在 t_2 时刻触发 VT_2 及 VT_3 晶闸管时，由于负载电压 u_a 的极性此时对 VT_2 及 VT_3 而言为顺极性，使 i_{T2} 及 i_{T3} 从零逐渐增大，反之因 VT_2 及 VT_3 的导通，将 u_a 电压反加至 VT_1 及 VT_4 两端，从而使 i_{T1} 及 i_{T4} 相应减小，在 $t_2 \sim t_4$ 时间内 i_{T1} 和 i_{T4} 从额定值减小至零，i_{T2} 和 i_{T3} 则由零增加至额定值，电路完成了

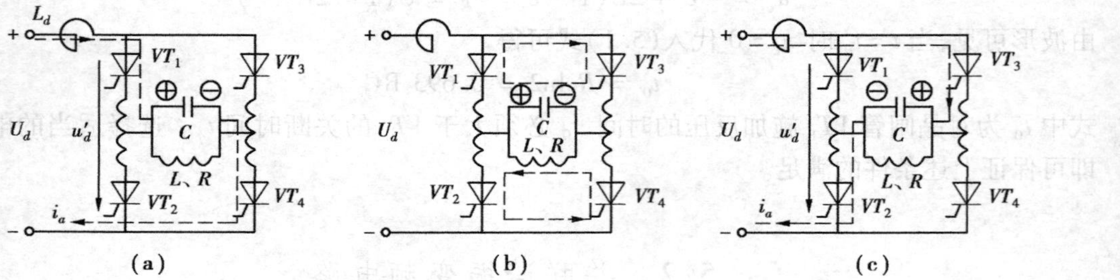

图 5.4　变频器的换流过程

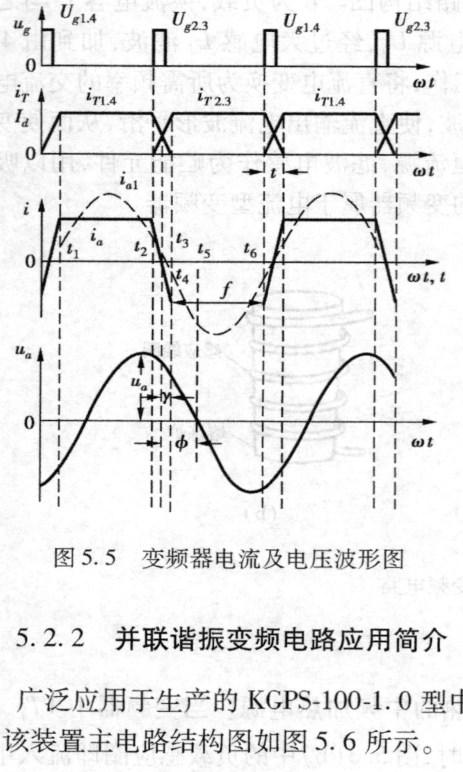

图 5.5　变频器电流及电压波形图

换流。设换流期间时间为 t_r，从上述分析可见，t_r 内 4 个晶闸管皆处于导通状态，由于大电感 L_a 的恒流作用及时间 t_r 很短，故不会出现电源短路的现象。虽然在 t_4 时刻 VT_1 及 VT_4 中的电流已为零，但不能认为其已恢复阻断状态，此时仍需继续对它们施加反压，施加反压的时间应大于晶闸管的关断时间 t_q，换流电容 C 的作用正可以提供滞后的反向电压，以保证 VT_1 及 VT_4 可靠关断，图中 t_4 至 t_5 的时间即为施加反压的时间。根据上述分析，为保证变频电路可靠换流，必须在中频电压 u_a 过零前的 t_f 时刻去触发 VT_2 及 VT_3，t_f 应满足下式要求

$$t_f = t_r + K_f t_q \tag{5.3}$$

式中 K_f 为大于 1 的系数，一般取 2 ~ 3，t_f 称为触发引前时间。

5.2.2　并联谐振变频电路应用简介

广泛应用于生产的 KGPS-100-1.0 型中频加热电源，即为并联谐振变频电路具体的应用实例，该装置主电路结构图如图 5.6 所示。

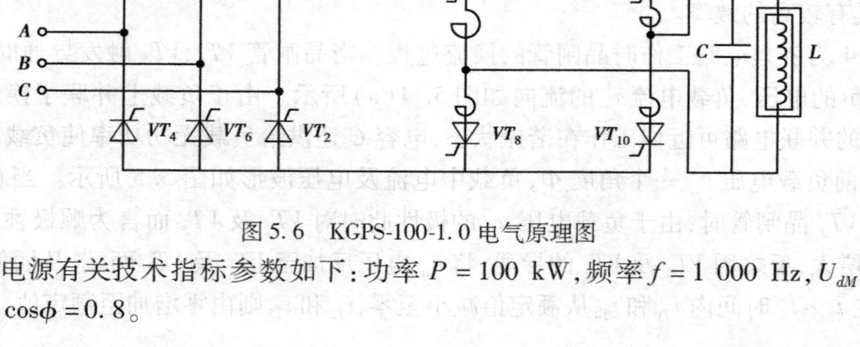

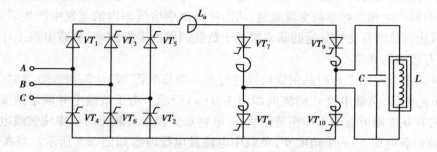

图 5.6　KGPS-100-1.0 电气原理图

该中频电源有关技术指标参数如下：功率 $P = 100$ kW，频率 $f = 1\ 000$ Hz，$U_{dM} = 500$ V，$I_{dM} = 250$ A，$\cos\phi = 0.8$。

上述中频加热电源实质上就是一个负载并联谐振变频器，其工作原理前面已有分析，现在主要讨论该电路的一些基本数量关系，以此来加深对该电路的理解，同时对变频电路的设计方法作相应介绍。

1. 中频负载电流 i_a 的计算

若忽略变频电路中换流过程的影响，则中频负载电流可视为方波，如图 5.7(a)所示。

将此方波用傅氏级数展开，得

$$i_a = \frac{4}{\pi}I_d(\sin\omega t + \frac{1}{3}\sin 3\omega t + \frac{1}{5}\sin 5\omega t + \cdots) = I_{a1m}\sin\omega t + I_{a3m}\sin 3\omega t + I_{a5m}\sin 5\omega t + \cdots$$

式中 $I_{a1m} = \frac{4}{\pi}I_d$ 为基波电流幅值，其余类推。

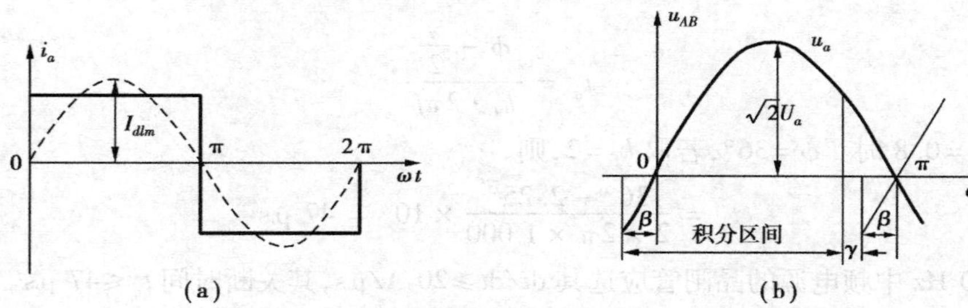

图 5.7　负载电流电压波形

基波电流有效值为

$$I_{a1} = \frac{I_{a1m}}{\sqrt{2}} = \frac{2\sqrt{2}}{\pi}I_d \tag{5.4}$$

2. 中频负载电压 U_a 的计算

若忽略滤波电感 L_a 上的损耗和晶闸管的管压降，则 u_a 的平均值应等于 U_d，可以从图 5.7(b)中的波形求出，即

$$U_d = \frac{1}{\pi}\int_{-\beta}^{\pi-(\gamma+\beta)}\sqrt{2}U_a\sin\omega t \mathrm{d}\omega t = \frac{2\sqrt{2}U_a}{\pi}[\cos(\beta + \frac{\gamma}{2})\cos\frac{\gamma}{2}]$$

因 γ 一般较小，近似将 $\cos\frac{\gamma}{2} \approx 1$，从图 5.5 中电压电流波形图可见：

$$\frac{\gamma}{2} + \beta = \phi \quad (\phi \text{为功率因数角})$$

故得

$$U_d = \frac{2\sqrt{2}}{\pi}U_a\cos\phi$$

即

$$U_a = \frac{\pi U_d}{2\sqrt{2}\cos\phi} \tag{5.5}$$

3. 晶闸管换流时间 t_r 的计算

为简化起见，设晶闸管的 $\frac{\mathrm{d}i}{\mathrm{d}t}$ 值在换流期间为恒值，则

$$t_r = \frac{I_d}{\mathrm{d}i/\mathrm{d}t} \tag{5.6}$$

相对应的换流角 γ 为

$$\gamma = 2\pi f \times t_r = 2\pi f \frac{I_d}{\mathrm{d}i/\mathrm{d}t}$$

对于 KGPS-100-1.0 型中频电源,如上所述,$I_d = 250$ A,如果$\frac{di}{dt} = 20$ A/μs,则

$$\gamma = 2\pi \times 1\ 000 \times \frac{250}{20/10^{-6}} = \frac{\pi}{40} = 4.5°$$

利用 $\frac{\gamma}{2} + \beta = \phi$ 可求出晶闸管相应的关断时间 t_q,因 $\beta = k_f 2\pi f \times f_q$ 故

$$t_q = \frac{\phi - \frac{\gamma}{2}}{k_f \cdot 2\pi f}$$

当 $\cos\phi = 0.8$ 时 $\phi = 36°$,若取 $k_f = 2$,则

$$t_q = \frac{36° - 2.25°}{2 \times 2\pi \times 1\ 000} \times 10^6 = 47\ \mu s$$

因此对 1 000 Hz 中频电源的晶闸管应选其 $\mathrm{d}i/\mathrm{d}t \geqslant 20$ A/μs,其关断时间 $t_q \leqslant 47$ μs。

4. 变频电路晶闸管参数的计算和选择

变频电路中晶闸管承受的正向和反向的电压均相等,其峰值为

$$U_{Fm} = U_{Rm} = \sqrt{2}\, U_a$$

由(5.5)式可知 $U_a = \frac{\pi U_d}{2\sqrt{2}\cos\phi} = \frac{\pi \times 500}{2\sqrt{2} \times 0.8} = 700$ V

如果取电压的安全裕量为 2,则应选择额定工作电压 $U_{Ta} = 2 \times \sqrt{2} \times 700\ \mathrm{V} \approx 2\ 000$ V。

已知该中频电源的输出功率:$P = 100$ kW,则

$$I_a = \frac{P}{U_a \cos\phi\ \eta}$$

其中 η 为主回路的效率,取 $\eta = 0.98$

故 $$I_a = \frac{100 \times 10^3}{700 \times 0.8 \times 0.98} = 180\ \mathrm{A}$$

晶闸管通态电流有效值 $I_T = \frac{1}{\sqrt{2}} \times I_a$

$$I_T = 0.707 \times 180\ \mathrm{A}$$

其额定工作电流 $I_{T(AV)} = (1.5 \sim 2)\frac{I_T}{1.57} \approx 200$ A,故变频器的晶闸管选为 KP200-20。

5. 变频电路的自动调频

在利用中频电源进行加热和熔炼的过程中,负载中的有关电参数将随时间而变化。如果变频电路采用它激的固定频率作为其系统的工作频率,则将由于负载参数的变化使负载电流引前角 ϕ 减小,以至出现 $t_\beta < t_q$ 的情况,导致变频电路无法工作。故变频电路的触发控制信号应取自负载两端,使触发频率受控于负载参数的变化,从而始终保证 $t_\beta > t_q$。

6. 变频电路的起动

因变频电路的触发控制信号取自负载端,在系统未投入运行时,其负载端无输出,自然就没有信号可取。为此,必须附加专门的起动电路。对于负载并联谐振的变频电路,由于在直流输入端串接大的滤波电感 L_d,主回路电磁惯性较大,起动较为困难,这在设计附加起动电路时应该加以考虑。附加起动电路实际上是事先在电容 C 上贮存一定能量,起动时利用这部分能量在负载中释放形成振荡,从而可在负载端检测出信号,控制变频器完成起动。

有关自动调频和起动以及其他技术问题,可参阅专门介绍中频加热电源的有关资料。

5.3 串联电感式变频电路

图 5.8 所示电路即为单相串联电感式变频电路主电路结构图。该电路由于换流电感和晶闸管串联,故一般称之为串联电感式变频电路,和晶闸管与换流电感并联的电容则为换流电容。因该电路的直流电源为通过晶闸管整流后进行电容滤波而获得,其直流电源具有恒压源特点,其输出的交流变频电压波形近似于矩形波,一般将具有上述特点的变频电路称为电压型变频电路 。

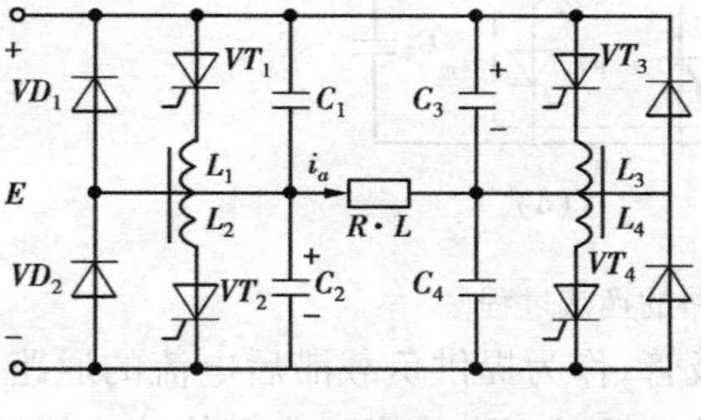

图 5.8 单相串联电感式变频电路

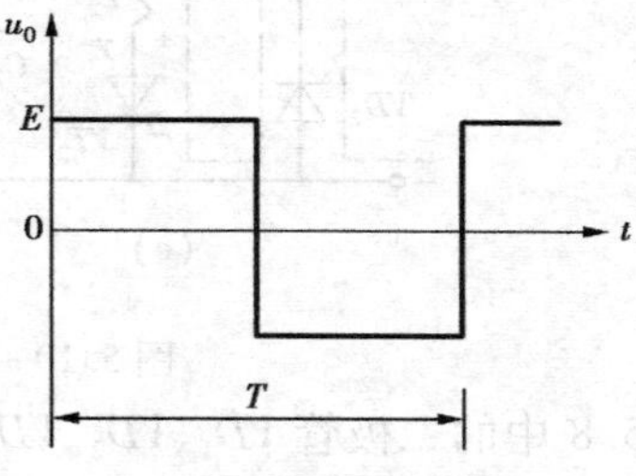

图 5.9 输出电压波形图

在这个电路中,若让晶闸管 VT_1 及 VT_4 同时触发导通,则负载 R_f 的左端为正,右端为负,负载电流从左流向右端。如经过一段时间后,将晶闸管 VT_2 及 VT_3 触发导通,同时让 VT_1 及 VT_4 关断,则 R_f 两端的极性将变为右正左负,其负载电流方向随之改变。从而在负载上即可得到交变的电压,改变上述两组晶闸管换流的时间,就可以获得频率可调的交流电压。图 5.9 表示了某一频率下交流电压的波形图。

上述电路正常工作的关键取决于晶闸管之间能否可靠换流,下面具体分析晶闸管 VT_1 与 VT_2 之间的换流过程。

5.3.1 VT_1 稳定导通阶段

此时因 VT_1 导通,其电流流向如图 5.10(a)所示,晶闸管 VT_1 中流过的电流为负载电流 I_0,这时电容 C_1 被短路,C_2 被充电至电源 E,极性为上正下负。

5.3.2 VT_1 与 VT_2 之间的换流

图 5.10(b)中、当触发晶闸管 VT_2 时,由于 VT_2 的导通,电容器 C_2 通过 VT_2 和 L_2 放电,刚开始放电时,换流电感 L_2 两端也具有电压 E,其极性为上正下负,因 L_1 及 L_2 为互感耦合的电

气结构并且 $L_1=L_2$,故 L_1 两端也同时感应出相同电压 E,极性也是上正下负,L_1 及 L_2 两端就产生了上正下负极性的电压 $2E$,通过晶闸管 VT_2 后,使晶闸管 VT_1 两端出现一个反偏置电压 E,并使其关断。从而完成了 VT_1 与 VT_2 之间的换流,VT_3 及 VT_4 之间换流过程的分析和上述情况是一致的。

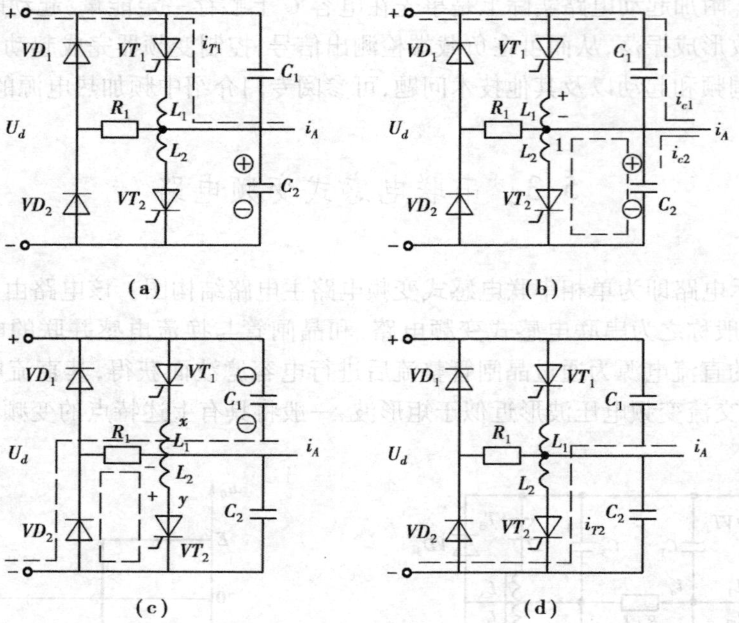

图 5.10　串联电感式变频电路的换流过程

图 5.8 中的二极管 VD_1、VD_2、VD_3、VD_4 称反馈二极管,作为提供负载滞后电流的通路。电阻 R_1 及 R_2,主要是为限制并吸收换流电感释放的能量。仍以 VT_1 及 VT_2 之间换流来说明,当 C_2 对 L_2 及 VT_2 放电时,其电流不断上升,当 C_2 放电完成 $u_{C2}=0$ 时,该电流达最大值,以后则逐渐减小,电感 L_2 开始释放能量,u_{L2} 的极性变为下正上负,此时电流沿着 VT_2、VD_2、R_1、L_2 进行,其电能则在 R_1 上消耗。若交流负载为感性负载,则当 VT_1 换流为 VT_2 时,负载中的滞后电流将沿着 VD_2、R_1、负载、R_3、VD_3 的路径流通。

换流电容及换流电感参数的计算可按下式进行。$C_1\sim C_4$ 的电容

$$C=\frac{I_m t_q}{0.425E_{\min}} \tag{5.7}$$

$L_1\sim L_4$ 的电感

$$L=\frac{E_{\max}t_q}{0.85I_m} \tag{5.8}$$

式中　I_m——最大负载电流

t_q——晶闸管关断时间

$E_{\max}$、$E_{\min}$——变频电路直流侧最大及最小电压。

5.4 三相串联电感式变频电路
——三相异步电机变频调速原理

三相串联电感式变频电路主电路图如图 5.11 所示，它实际上是由单相串联电感式变频电路的基础上发展起来的。该电路中具有 6 只晶闸管，VT_1、VT_3、VT_5 为共阳极联结，VT_4、VT_6、VT_2 为共阴极联结，每只晶闸管均有相应的电感及电容为关断器件，工作过程中的关断机理和上述单相串联电感式变频电路中的分析完全一致，负载为三相异步电机，是目前三相变频调速电路中应用较广的一种类型，控制触发脉冲的频率或使触发的次序反向，可使交流电机在较宽的范围内调速或反转。

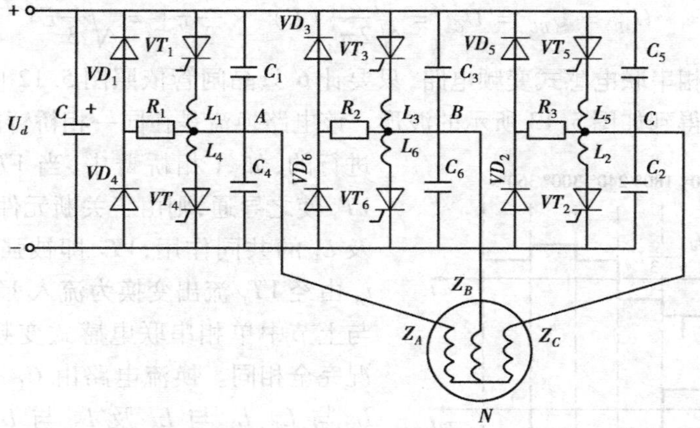

图 5.11 三相串联电感式变频电路

5.4.1 三相串联电感式变频电路的工作原理

为了解图 5.11 中的电路如何将直流电变换为对称三相交流电的工作过程，可先假设该电路中 6 只晶闸管为 6 只按一定规律开合的开关元件，其示意图如图 5.12 所示。电路工作均依照下述规定进行。①图 5.12 所示电路中任何时候应同时有 3 只开关闭合。②每隔 60°将有两只开关交换工作状态。③开关闭合的顺序严格按照 1、2、3、4、5、6 的自然顺序依次进行。④设负载为对称的三相负载且联结为 Y 型，规定流入中心点电流为正，反之则为负。按照上述规定，在开始的 60°区间内，1、2、3 三只开关闭合，电流由直流电源正端经 1、3 两只开关分别流经负载 Z_A 及 Z_B，然后经负载 Z_C 由开关 2 回到电源负端。设电源电压为 E，不难看出，此时 Z_A 及 Z_B 两端电压均为 $+\frac{E}{3}$，而 R_C 两端电压则

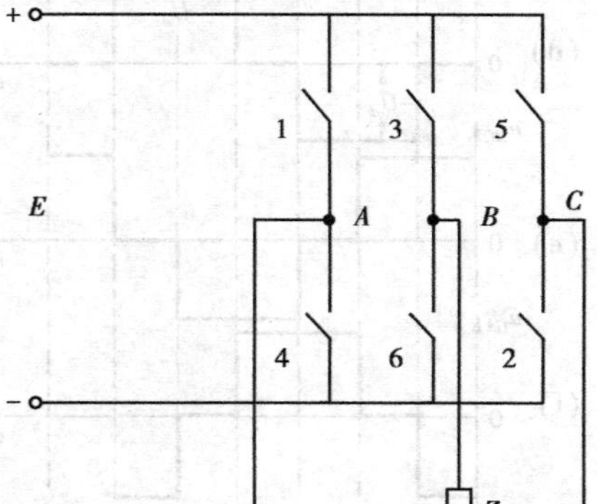

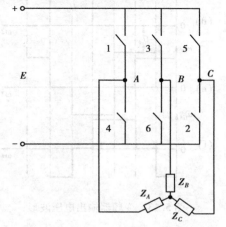

图 5.12 三相变频器工作示意图

为 $-\frac{2E}{3}$；到第二个60°区间，开关1和4交换工作状态，此时变为开关2、3、4同时闭合工作，电流则由 R_B 流入经 R_C 和 R_A 回到电源端，这时 R_B 两端电压为 $+\frac{2E}{3}$，R_C 和 R_A 两端电压则变为 $-\frac{E}{3}$，以下每60°区间的工作过程均可类推得到。图5.13表示 A、B、C 三相相电压的波形及相应的线电压波形，由图可见，通过上述6只开关有规律动作的结果，已经将直流电变换为三相对称的交流电。其中

$$U_A = U_B = U_C = \sqrt{\frac{2}{2\pi}\left[\left(\frac{E}{3}\right)^2 \times \frac{2}{3}\pi + \left(\frac{2E}{3}\right)^2 \times \frac{\pi}{3}\right]} = \frac{\sqrt{2}}{3}E \tag{5.9}$$

$$U_{AB} = U_{BC} = U_{CA} = \sqrt{\frac{2}{2\pi}\left[(E)^2 \times \frac{2}{3}\pi\right]} = \sqrt{\frac{2}{3}}E \tag{5.10}$$

图5.11中三相串联电感式变频电路，只要让6只晶闸管依照图5.12中6只开关的动作程序工作，自然会得到如图5.13所示的波形。该电路换流是在同一相桥臂的两只晶闸管之间进行的，如 A 相桥臂中，当 VT_1 导通时，若触发 VT_4 使之导通，则由于关断元件电容 C_4 与电感 L_1 及 L_4 的共同作用，VT_1 即被强迫关断，负载电流 i_A 由经 VT_1 流出变换为流入 VT_4。上述换流机理与上节中单相串联电感式变频电路中的换流情况完全相同。换流电路由 $C_1 \sim C_6$，$L_1 \sim L_6$ 组成，L_1 与 L_4、L_3 与 L_6 及 L_5 与 L_2 均为互感耦合，$VD_1 \sim VD_6$ 为反馈二极管，为感性负载电流提供通路。换流电容及换流电感参数的计算仍可按上节中(5.7)、(5.8)两公式进行。

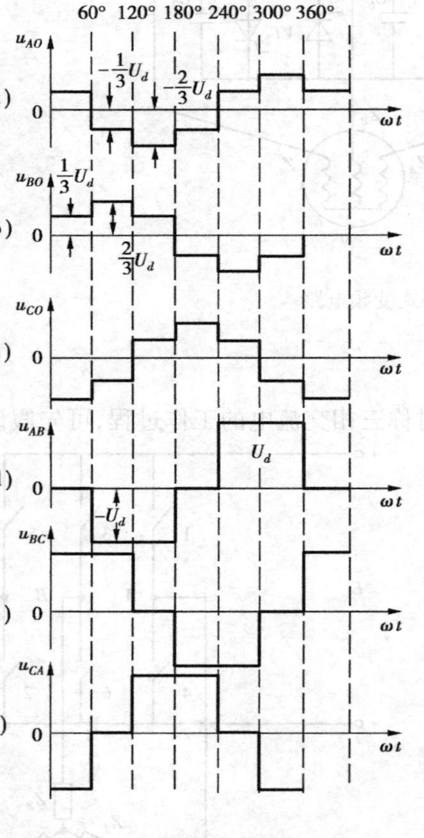

图5.13　变频器输出电压波形

5.4.2　三相异步电机变频调速原理

三相串联电感式变频电路曾广泛作为中、小功率异步电动机变频调速电源，尽管目前由于电力电子技术的发展，已经出现了许多性能更为优良的变频调速电源，但上述电路仍不失为一种基本电路所具有的基础价值，为了对该电路作进一步了解，以便更好学习并掌握目前种类繁多的交流电机变频调速装置。作为三相串联电感式变频电路的应用实例，下面将对三相异步电机变频调速原理作一般性的介绍。

对三相异步电机进行变频调速，首先需要对电动机提供一个频率可变的交流电源。在许多场合。为保持在调速时电动机的最大转矩恒定，还必须维持电机磁通不变，这就要求定子供电电压也要作相应的调节。因此，对电动机供电的变频器一般都应兼有调压和调频两种功能。图5.11所示为交-直-交电压型变频调速电

源主电路，电路中直流电源由三相全控桥式整流电路提供，电压的大小则可根据变频器输出频率的改变作相应调整。变频器中的晶闸管为180°导通型。

为什么在异步电机调速的许多场合，需要保持电机的磁通恒定呢？从电机学的有关理论可知，异步电机定子绕组感应电势为

$$E_1 = 4.44 f_1 W_1 k_1 \phi \tag{5.11}$$

如果不考虑定子阻抗电压降，则感应电动势近似等于定子外加电压，即

$$U_1 \approx E_1 = C_1 f_1 \phi \tag{5.12}$$

式中　$C_1 = 4.44 W_1 k_1$，为一常数。

如果定子供电电压不变，则气隙磁通 ϕ 将随频率的变化而改变，由于一般电机的设计中，为了充分利用铁心材料，都将磁通的数值选为接近磁路饱和值。如果频率 f_1 从额定值（通常为50Hz）往下调，为保证 U_1 不变，磁通 ϕ 必然上升，造成磁路过饱和，从而励磁电流增加。由于电机铁损的增加，电机过热，电机带负载的能力必然降低。反之，当 f_1 从额定值升高，磁通将减少，也将导致电动机允许输出转矩 M 的下降，故一般在电机变频调速中要求磁通保持恒定，即 $\phi = \text{const}$。

为保持磁通 ϕ 的恒定，由（5.12）式可知，必须使定子电压和频率的比值保持不变，即

$$\frac{u_1}{f_1} = \frac{u'_1}{f'_1} = \text{const} \tag{5.13}$$

式中 U'_1 及 f'_1 为变化后的定子电压和频率。

一般当 f_1 为 50 Hz 时，U_1 即为电机定子额定电压，当 f_1 从 50 Hz 上调时，U_1 不可能相应上升，为不使电机特性恶化，则应考虑其他的补救措施，可参看交流调速的有关资料，本文略述。

作为一个应用实例，假设图 5.11 中异步电机的额定电压 $U_L = 380$ V，额定电流 $I_L = 7.1$ A，额定转速 $n_L = 1\ 200$ r/min，电机起动电流为额定电流的 3 倍，要求调速范围 240 r/min ~ 2 400 r/min，计算换流电容及换流电感的参数值。

先根据对电机调速范围的要求计算出相应的频率调整范围。由公式

$$n_0 = \frac{60f}{P} \tag{5.14}$$

可得
$$\frac{n_0}{f} = \frac{60}{P} = \text{const}$$

略去转差影响即
$$\frac{1\ 200}{50} = \frac{240}{f'} = \frac{2\ 400}{f''}$$

可算出
$$f' = 10 \text{ Hz}, \quad f'' = 100 \text{ Hz}$$

由式（5.10）可知

$$E_{\max} = \sqrt{\frac{3}{2}} \times U_L = \sqrt{\frac{3}{2}} \times 380 \text{ 伏} = 465 \text{ 伏}$$

由式（5.13）可得

$$\frac{380}{50} = \frac{U'}{10} \qquad U' = 76 \text{ V}$$

U' 为低频 10 Hz 时电机定子电压，以保持磁通 ϕ 恒定。

从而得相应的 $E_{\min}=\sqrt{\frac{3}{2}}\times 76\text{ V}=93\text{ V}$

设晶闸管的关断时间 $t_q=30\ \mu\text{s}$

可得换流电容参数

$$C=\frac{I_{\max}\cdot t_q}{0.425\cdot E_{\min}}=\frac{3\times 7.1\times 30\times 10^{-6}}{0.425\times 93}=16\ \mu\text{F}$$

$$L=\frac{E_{\max}\cdot t_q}{0.85\cdot I_{\min}}=\frac{465\times 30\times 10^{-6}}{0.85\times 7.1}=2.3\text{ mH}$$

5.5 交流-交流变频电路

交流-直流-交流变频电路,需经过两次电能的转换,一般效率较低,而交流-交流变频电路可以直接将固定频率的交流电能,变成频率可调的交流电能,免去了中间环节。由于电网电压是交变的,晶闸管的换流即可如可控整流电路采用电网换流的方式进行,从而省去强迫换流装置,使系统结构简化。

5.5.1 交流-交流变频电路的简单原理

交流-交流变频电路简单原理图如图 5.14 所示,这是一个单相交流负载电路,它由两组晶闸管变流器组成,这样的变流器可以是三相零式或三相挤式结构。当使变流器 I 工作在整流状态,变流器Ⅱ封锁时,负载 R 上的电压 u_0 为下正上负;反之,如使变流器Ⅱ工作在整流状态,变流器 I 封锁时,负载 R 上的电压 u_0 则为上正下负,循环往复即可在负载 R 上获得交流电压,交流电压 u_0 的频率就是两组变流器的切换频率,改变变流器 I 和Ⅱ之间的切换频率即可改变 u_0 的频率。由于变频器输出的交流电压是经过晶闸管整流后得到的,因而上述变频器输出交流电的频率必然低于电网的频率,所以一般的交流-交流变频器只适用于低频大容量的场合,如电力机车、轧机等电力拖动,矿井提升机低频拖动等。

5.5.2 方波型交流-交流变频电路

根据变频器输出电压波形的不同,交流-交流变频器可分为方波型及正弦波型两种。

图 5.14 所示即为对单相负载供电的方波型交流-交流变频器的主电路原理图。该电路实际上是由两组反并联的变流器组成,当 I 组和Ⅱ组交替向负载供电时,在负载上就会获得如图 5.15 所示的电压波形。显然该交流电压是方波型的,这是因为两组变流器的控制角 α 恒定,每组变流器输出电压在半个周期中的平均值自然也是恒定的。若改变变流器的控制角 α,就

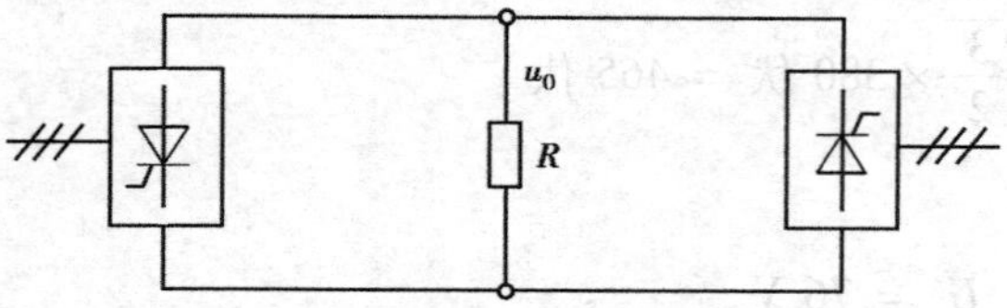

图 5.14 交流-交流变频电路原理

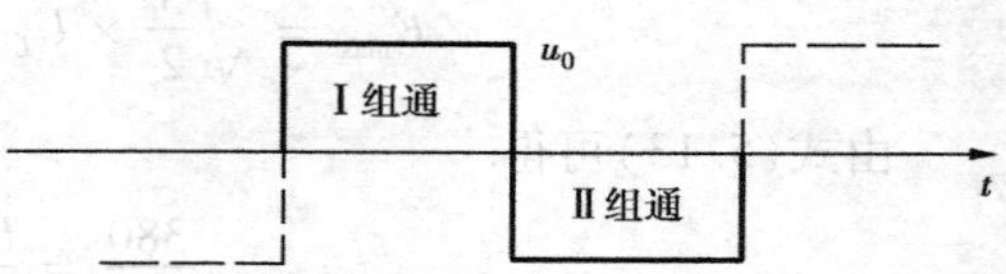

图 5.15 输出电压波形

可改变输出电压 u_0 的幅值，改变两组变流器的切换频率则可达到改变变频器输出电压 u_0 的频率。

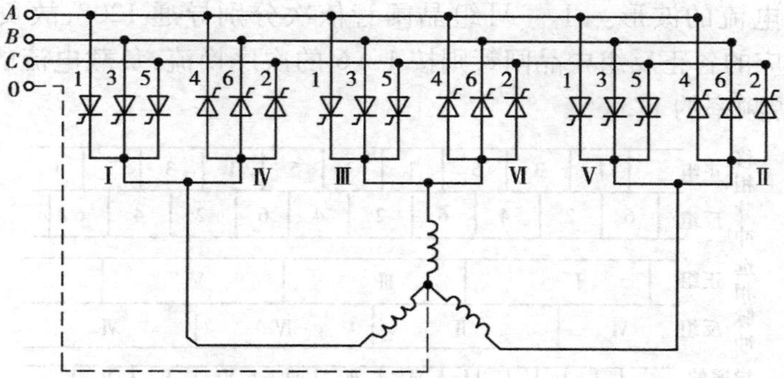

图 5.16　三相方波型交-交变频器

三相方波型交流-交流变频器的主电路如图 5.16 所示。它的每一相均由两组反并联的三相零式整流电路组成。整流器Ⅰ、Ⅲ、Ⅴ为正组；Ⅳ、Ⅵ、Ⅱ为反组。每个正组由编号为 1、3、5 的晶闸管组成，而每个反组则由编号为 4、6、2 的晶闸管组成。因而该变频器正常运行时，晶闸管的换流存在着组与组之间和同组内晶闸管之间两种情况。为了在负载上获得各相之间互差 $T/3$（T 为输出变流电压的周期）的电压波形，每组导电时间应为 $T/3$，并且相隔 $T/6$ 时间换组运行。同一时刻应有一个正组和一个反组同时导通，但不允许同一桥臂的两组同时导电，否则将会出现电源短路。同时导通的正组和反组中的晶闸管则应按 1、2、3、4、5、6、1 的顺序依次循环换流。各组及组内晶闸管导电的次序如图 5.17 所示。

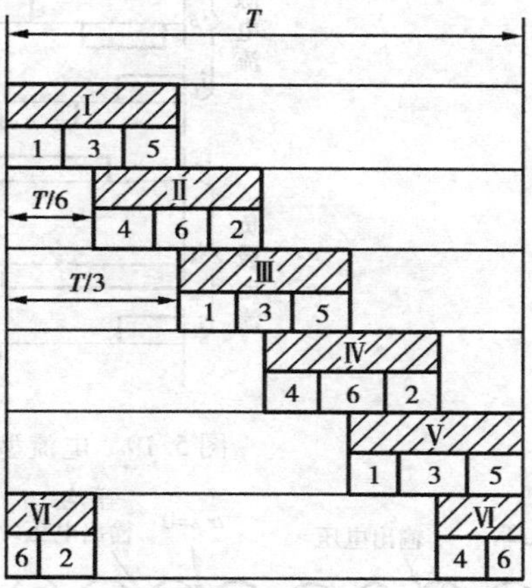

图 5.17　变频器各组的导电次序

上述由三相零式所组成的交流-交流变频器共需 18 只晶闸管，若每组结构采用三相整流桥，则变频器将共需晶闸管 36 只，具体电路读者可参照上述变频器结构自行分析。

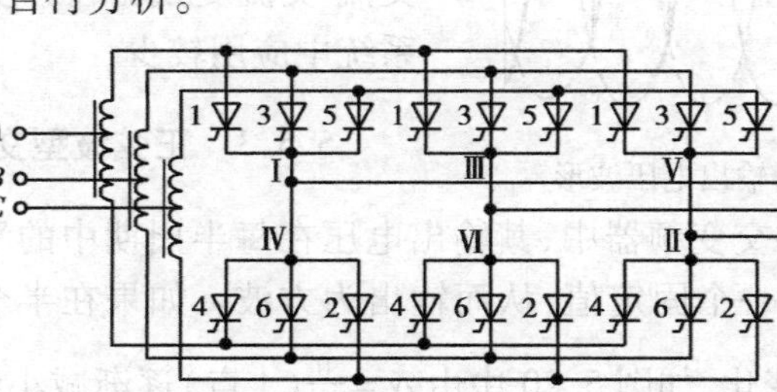

图 5.18　电流型三相交-交变频器

图 5.18 所示电路为电流型三相变频器，它是在图 5.16 电路的主电路进线端接入滤波电感后经适当变化形成的。图 5.16 所示电路则称之电压型变频器，该种变频器输出电压为矩形波，负载中的无功功率是通过电压源来缓冲的。对于三相方波电流型变频器，由于串接滤波大

电感，故输出电流将为矩形波，负载中的无功功率则通过串接有大电感的电流源来缓冲。

图 5.19 所示为三相零式方波电流型交流-交流变频器当控制角为 α 时晶闸管导通的次序和电源电流、负载电流的波形。Ⅰ～Ⅵ组晶闸管依次分别导通 120°，故负载电流也是持续 120°的方波，而相应的各正反组中晶闸管则按 1～6 的次序换流，负载电流的频率由于上述工作的特点则为电源频率的 1/3。

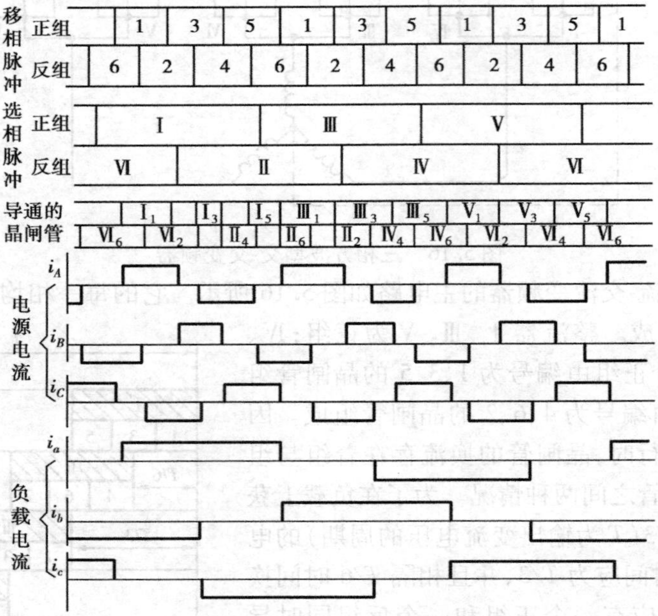

图 5.19 电流型交-交变频器晶闸管导通次序及电流波形

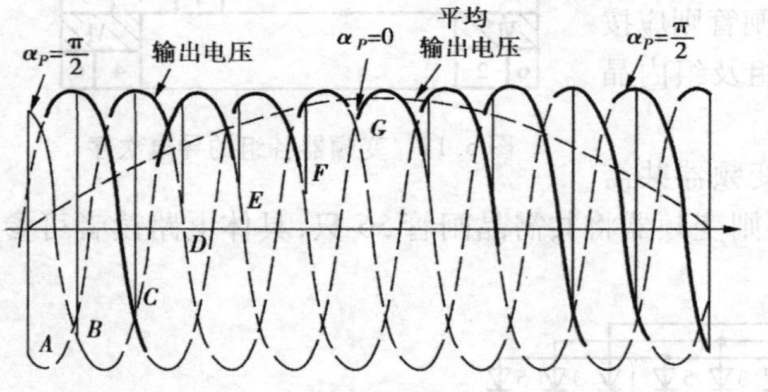

图 5.20 正弦型交-交变频器输出电压波形

上述系统的输出波形是矩形波，若将其作为交流电动机变频调速电源，则所含高次谐波将使电动机的损耗及噪声增大，当电动机工作在低速时所产生的脉动转矩，会导致转速不均匀。因此，方波型的交流-交流变频器在异步电机的变频调速系统中应用较少。

5.5.3 正弦波型交流-交流变频电路

在图 5.18 所示的电流型交-交变频器中，其输出电压在每半周期中的平均值由于其控制角 α 是恒定的，所以该平均值是一个固定值，从而输出为方波。如果在半个周期中使导通组变频器的控制角 α 按一定规律变化，如图 5.20 中由 $\alpha=\frac{\pi}{2}$（A 点）逐渐减小到 $\alpha=0$（G 点），然后再逐渐由 $\alpha=0$ 增加到 $\alpha=\frac{\pi}{2}$，即控制角 α 在 $\frac{\pi}{2}\sim0$ 之间有规律的变化，从而使变频器在半个周期中输出的电压平均从 0 逐渐变到最大然后再减小到 0，获得按正弦规律变化的电压，其波形如图 5.20 中虚线所示。

负载一般均为感性，当功率因数角为 ϕ 时，负载电压与电流的波形如图 5.21 所示。在负载电流的正半周（$t_1 \sim t_3$），由于交流器的单向导电性，正组变频器有电流通过，反组变频器处于阻断状态。仔细分析将会发现，在正组导通工作的 $t_1 \sim t_2$ 阶段，由于正组变频器输出的电压及电流均为正，它属于工作在整流状态。而在 $t_2 \sim t_3$ 阶段，负载电流方向未改变，但输出电压的方向却已变负，正组变频器此时则处于逆变状态。在 $t_3 \sim t_4$ 阶段，负载电流反向，正组变频器阻断，反组变频器导通工作，此时由于输出电压及电流均为负，故反组变频器处于整流状态。在 $t_4 \sim t_5$ 阶段，电流方向未变，但输出电压反向，反组变频器则处于逆变状态。

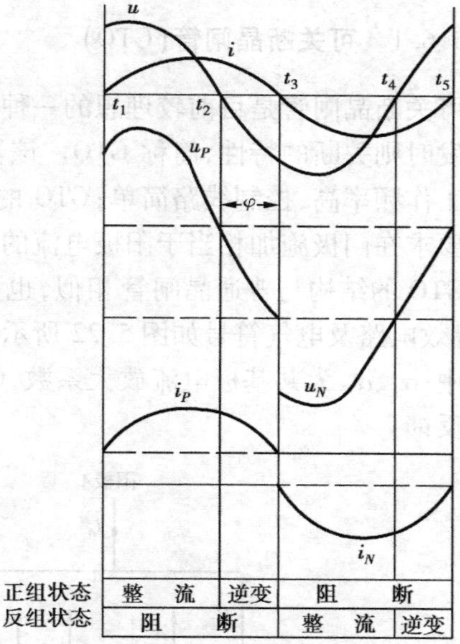

图 5.21 正弦型交-交变频器负载电压及电流波形

据上述分析可得：变频器是否应导通，完全是由电流的方向来决定，而与电压极性无关。对于感性负载，两组变频器均分别存在着整流和逆变两种工作状态。至于变频器具体工作在哪种状态，则应根据输出电压与电流是极性相同还是相反来确定。显然，二者极性相同则变频器工作于整流状态，反之，则工作于逆变状态。

为使上述交流-交流变频器输出电压等效为正弦波，必须对每只晶闸管的控制角 α 进行调制，目前调制的方法很多，例如有余弦交点法、积分控制法、锁相控制法等，其中采用最多的是余弦交点控制法。

余弦交点控制法需要 3 个互差 120°严格对称，并且能够调频和调幅的正弦波作为给定信号。若用模拟电路产生这样的信号是极困难的，近年借助于微处理机，通过软件设计就可以十分精确地获得上述的给定信号。

利用给定信号与经滤波移相的电源信号相互比较和处理后，即可使变频器理想输出的正弦电压与控制角 α 之间始终保持着余弦函数关系，这就是余弦交点控制法的基本原理。

5.6 新型电力电子器件简介

20 世纪 60～70 年代，电力电子技术主要以晶闸管为核心元件；随着技术发展的需要及半导体平面工艺的完善，20 世纪 70 年代以后相继出现了具有自关断能力的可关断晶闸管（GTO）；具有适应高电压、大电流环境的大功率晶体管（GTR）；以及具有全控型功能的功率场效应管（POWER MOSFET）等一批新型电力电子器件。由于上述新型器件的出现及应用，使电力电子技术进入了一个全新发展阶段，本节主要从变频技术的角度，对有关的新型器件的结构、特性及使用作一简单介绍。

5.6.1 可关断晶闸管(GTO)

可关断晶闸管是目前较理想的一种开关器件,它具有加门极正信号触发导通,门极为负信号触发时则关断的特性,简称 GTO。该器件耐压高、电流大、具有较强的承受浪涌冲击能力,而且工作频率高,控制线路简单;GTO 的缺点是导通管压降比普通晶闸管大,自关断功率高,一般要求在门极施加相当于阳极电流的 25% ~30% 瞬时电流脉冲,GTO 才能关断。

GTO 的结构与普通晶闸管相似,也是一种 PNPN 4 层结构的三端半导体器件,其内部结构、等效电路及电气符号如图 5.22 所示。图中 A、K、G 分别表示其阳极、阴极和门极。在等效电路中,α_1、α_2 为共基极电流放大系数,GTO 触发导通的条件仍然是 $\alpha_1+\alpha_2$ 稍大于 1 形成电流正反馈。

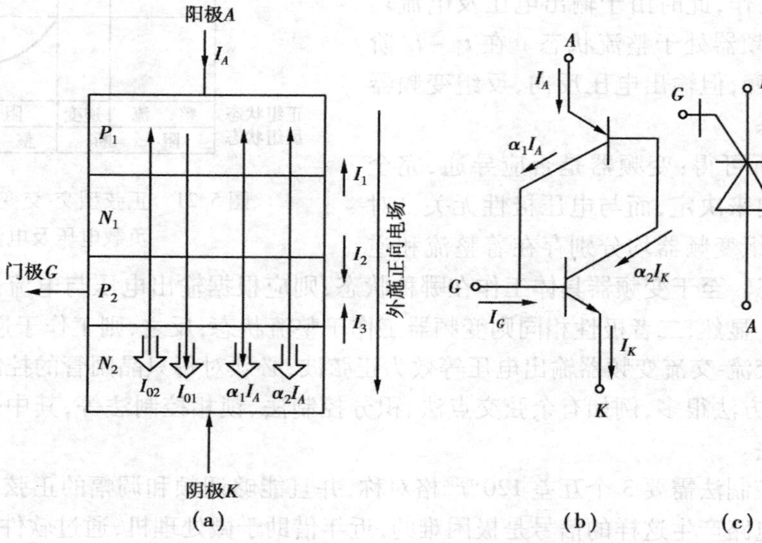

图 5.22　GTO 结构、电气符号及等效电路图

GTO 的门极控制关键在于其关断特性,影响关断的主要因素为:被关断的阳极电流、负载阻抗的性质、工作频率等。阳极电流越大则关断就越困难,对 GTO 而言,阳极可关断电流的最大值 I_{ATO},是表征其性能的一个重要参数,它同时也表示了 GTO 容量的大小,其值可表示为:

$$I_{ATO}=\frac{\alpha_2}{1-(\alpha_1+\alpha_2)}\cdot I_{Gm} \tag{5.15}$$

式中 I_{Gm} 为门极负向电流(关断电流)最大值。GTO 在关断过程中,当 I_G 变化达到其负向最大值,即 I_{Gm} 时,阳极电流开始下降,于是 α_1 和 α_2 随之减小,当 $\alpha_1+\alpha_2<1$ 时,GTO 内部正反馈作用停止,一般将 GTO 关断条件定为

$$\alpha_1+\alpha_2<1 \tag{5.16}$$

也可以采用关断增益 β_q 来表示 GTO 的关断能力。关断增益 β_q 为最大可关断阳极电流 I_{ATO} 与门极负电流最大值 I_{Gm} 之比,即

$$\beta_q=\frac{I_{ATO}}{|-I_{Gm}|} \tag{5.17}$$

目前大功率的 GTO 关断增益通常为 3 ~5。由于关断增益较低,关断 GTO 时需要较大的控制

电流。例如:对 800 A/2 500 V 的 GTO 而言,其关断电流将达到 200 A 左右,但提供关断电流的时间一般仅为 20 μs 左右,故可以采用高幅值的窄脉冲电流来实现,甚至可利用电容器的放电电流来达到关断的目的。

GTO 器件容量的增大是采用阴极并联分立结构,它相当于若干个小 GTO 的并联,我国生产容量为 50 A 的 GTO,共有 24 个阴极。这样的结构特点,要求管子导通或关断时,每个小的 GTO 动作应准确一致,否则先导通或迟关断的部分会过流而烧坏。

为确保 GTO 正常工作,应设置专门的缓冲电路,其目的为:①减轻 GTO 在开关过程中的功耗。为减小开通时的功耗,必须抑制开通时 GTO 的电流上升率。GTO 关断时,将出现局部地区因电流密度过高导致瞬时温升过高以至使 GTO 无法关断,为此必须在管子关断时抑制电压上升率。②抑制静态电压上升率,因为过高的静态电压上升率会使 GTO 因位移电流过大而形成误导通。

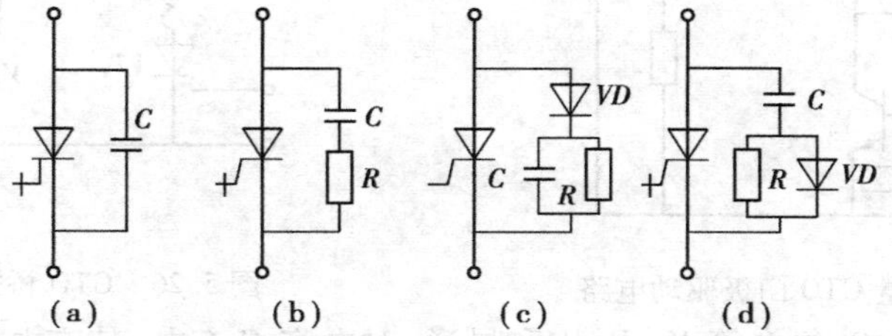

图 5.23　GTO 缓冲电路

图 5.23 所示为目前较大容量 GTO 电路中通常采用的缓冲电路,其中的二极管应采用短接线、快速度的元件,以便充分发挥缓冲电路的功能。

为保证 GTO 正常可靠的工作,设计或选择性能优良的门极驱动电路至关重要,特别是门极关断性能是否良好,往往是正确使用 GTO 的关键。

图 5.24 为理想的门极信号波形,它包含正向开通脉冲和反向关断脉冲。

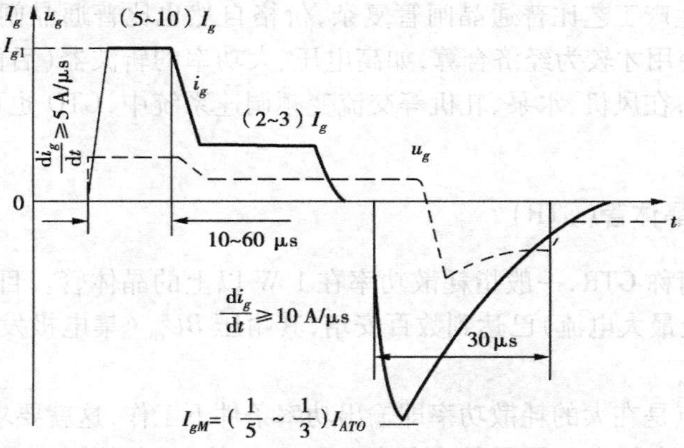

图 5.24　GTO 理想门极信号波形

当 GTO 按一定频率要求进行导通触发时,要求触发脉冲的前沿应陡,幅值足够高。一般希望其幅值为 GTO 标定值 I_g 的 5 ~ 10 倍,前沿陡度为 $di_g/dt \geq 5$ A/μs,脉冲宽度为(10 ~ 60) μs。只有足够幅值和宽度的强触发脉冲作用于 GTO 的门极,才能保证元件的阳极电流在触发期间超过擎住电流,实现可靠触发。

在关断 GTO 时，其关断脉冲前沿陡度要求达到 $di_g/dt \geq 10\ A/\mu s$，脉冲宽度 $\geq 30\ \mu s$，脉冲幅值应 $> (\frac{1}{5} \sim \frac{1}{3}) I_{ATO}$，以保证 GTO 的可靠关断。

GTO 门极驱动电路类型很多，下面仅介绍其中的两种。图 5.25 为小容量 GTO 门极驱动电路，该电路依靠电容器储能进行工作。工作原理为利用正向门极电流向电容充电以实现对 GTO 触发导通；当需要关断时，电容放电，其所储电能释放形成门极关断电流。

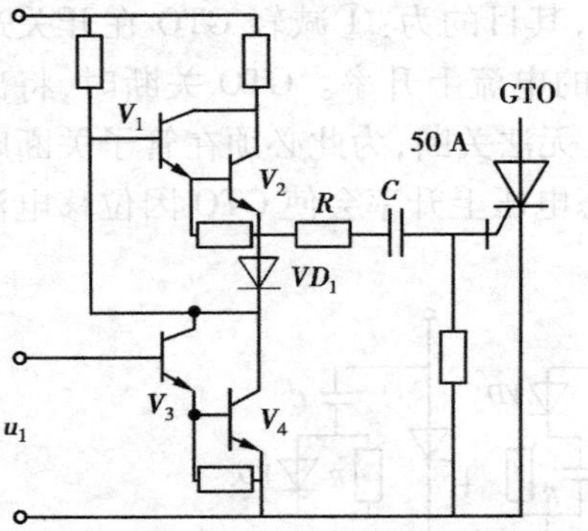

图 5.25　小容量 GTO 门极驱动电路

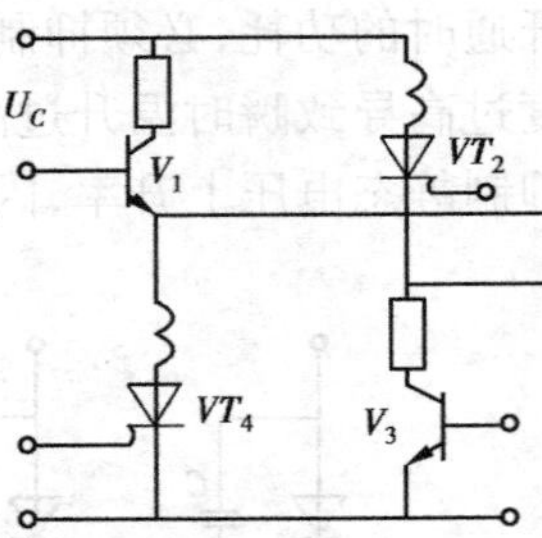

图 5.26　GTO 桥式门极驱动电路

图 5.25 中当 $u_1 = 0$，复合管 V_1、V_2 饱和导通，对电容 C 充电，其充电电流为触发 GTO 导通的正向门极电流；当 $u_1 > 1.8$ V 时，复合管 V_3 及 V_4 导通，电容 C 通过 R 及 VD_1、V_4 放电，其放电电流形成关断 GTO 的反向门极电流，从而使 GTO 关断，利用放电电流在 VD_1 上产生的压降来迫使 V_1 及 V_2 截止。

容量较大的 GTO，其驱动电路可考虑如图 5.26 所示的结构。当 V_1 及 V_3 饱和导通时，其电流形成正向门极触发电流从而使 GTO 触发导通；而当普通晶闸管 VT_2 及 VT_4 被触发导通时，其导通电流将使 GTO 可靠关断。

GTO 的结构和生产工艺比普通晶闸管复杂，价格自然也比普通晶闸管昂贵，因而只有在大功率变流装置中使用才较为经济合算，如高电压、大功率的斩波器（后面章节将对斩波器进行专门研究）。此外，在风机、水泵、轧机等交流变频调速系统中，GTO 也可作为调压调频电源中的主要器件。

5.6.2　大功率晶体管（GTR）

大功率晶体管简称 GTR，一般指耗散功率在 1 W 以上的晶体管。目前，大功率晶体管的电流容量 I_{cm}（集电极最大电流）已达到数百安培，其耐压 BU_{ceo}（集电极发射极之间最大电压）可达到 1 kV 的水平。

GTR 的主要特点是在大的耗散功率即输出功率条件下工作，这就要求除了要 GTR 在大电流下保证足够大的放大能力和承受较高的集电极电压外，还必须要饱和压降小、安全工作区宽、开关时间短等。大电流、高电压、高速度和高电流增益、集成化和模块化是大功率晶体管的发展方向。

在大功率开关电路中，广泛应用双极型硅晶体管。双极型硅晶体管有 PNP 和 NPN 两种结构。电流由两种载流子（电子和空穴）的运动形成，这正是双极管晶体管的特点。大功率晶体管的结构及工作原理与普通晶体管有许多相似之处，由于 GTR 工作在大功率状态，大电流容量的晶体管的结面积必然较大,结电容随之增大,故开关时间较普通晶体管为长,一般可达几个微秒,但仍比晶闸管的开关时间短得多,因而工作频率较高。

为使 GTR 工作可靠,对其工作时的电流、电压、功率及温度必须规定出具体的极限运行参数,它们分别为最高工作电压(BU_{ebo}、BU_{cbo}、BU_{ceo}),最大工作电流 I_{cm},最大耗散功率 P_{cm},最高结温 T_{jm}等。

1. GTR 的反向击穿电压 BU_{ceo}

GTR 的最高工作电压通常主要指反向击穿电压 BU_{ceo}。当 GTR 电压超过小于 BU_{ceo} 的某一大小时,其性能会发生缓慢的不可恢复的变化,这种变化积累到一定程度时,管子性能将显著变坏,因而实际 GTR 最大的工作电压应比产品目录中给出的电压容量 BU_{ceo} 低。

2. GTR 集电极最大电流 I_{cm}

为提高 GTR 的输出功率,要求管子的 I_c 尽可能大。但是 I_c 的增大将导致管子电流放大倍数 β 的下降,特别是由于发射极大电流的注入,可能使元件部分结面上电流密度过大而烧坏。所以要规定集电极最大工作电流,作为晶体管的电流容量。通常规定当管子电流放大倍数下降到出厂参数一半时的 I_c 值定为 I_{cm} 值。所以 GTR 正常工作时,一般 I_c 值只能达到 I_{cm} 的$\frac{1}{2}$左右。

3. 集电极最大耗散功率 P_{cm}

晶体管的最大耗散功率一般即为集电极最大耗散功率 P_{cm},其大小主要由集电结工作电压与集电极工作电流的乘积所决定。这部分能量全部转化为热能使 GTR 发热,如不能及时散掉,管子会因结温升高而损坏。故在使用时,应考虑必要的散热条件。通常工作温度每增加 20℃,平均寿命将下降一个数量级。

4. 晶体管的最高工作结温 T_{jm}

T_{jm}是晶体管能正常工作的 PN 结的最高温度。该温度的不断升高,最终将导致热击穿,晶体管烧毁,因此对 T_{jm}应有所限制。

一般,金属封装的硅晶体管 T_{jm} 为 175 ~200 ℃,塑料封装的硅晶体管的 T_{jm} 为 150 ℃。

GTR 在实际运行中,即使工作在最大耗散功率范围内,仍有可能突然损坏,其原因往往是由于二次击穿引起的,二次击穿是影响 GTR 安全可靠工作的重要因素。

二次击穿是由于集电极电压升高到一定值(未达到极限值)时,其内部发生雪崩效应以致出现负阻特性,虽然此时功耗未达到极限,但由于 I_c 的剧增使结面局部电流过大从而管子损坏。

此外,二次击穿的出现还与电路有关,如感性负载时大电流开关工作状态最容易发生二次击穿而损坏晶体管的情况。

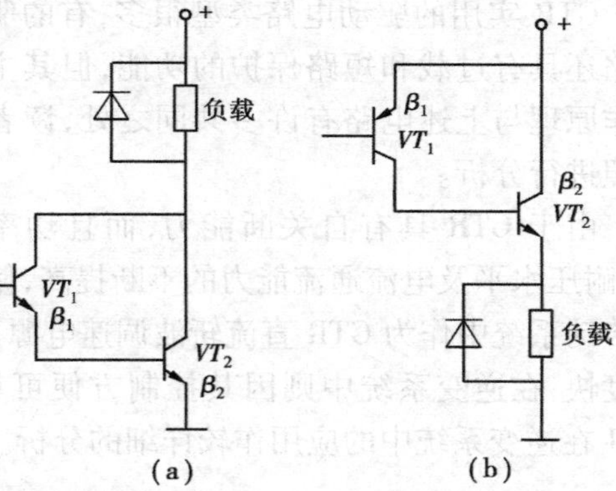

图 5. 27　双极型达林顿管

上述情况在大功率晶体管容量选择时应给予足够的重视。

前面曾分析过,当晶体管导通后,随着 I_c 的增加,晶体管电流增益降低,从而限制了大功率晶体管的应用范围。图 5. 27 所示的达林顿晶体管可克服上述晶体管之不足。达林顿晶体管由两个或更多的晶体管组成复合管，它们可以是 PNP 相连，也可以为 NPN 相连。图 5.27 所示的两个 NPN 型达林顿复合管的总增益为

$$\beta = \beta_1(\beta_2 + 1) + \beta_2 \tag{5.18}$$

达林顿晶体管的基极驱动功率要求较低，各种级别的达林顿管都是采用半导体平面工艺制造在同一芯片上，这种模块化结构的大功率晶体管在安装和使用中较紧凑和方便。

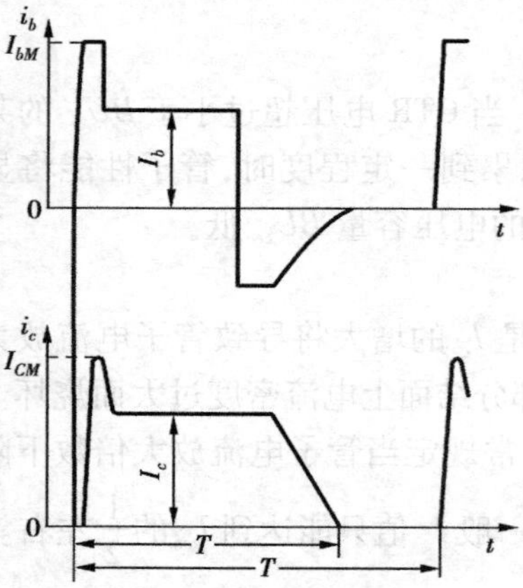

图 5.28　理想基极电流波形

GTR 使用中，为保证其可靠安全及高效，一般应设置缓冲电路，使之在管子开通时集电极电流 I_c 缓慢上升，关断时使 U_{ec} 电压逐渐增加。这样既可避免管子同时承受高电压及大电流的冲击，同时还可以减小开关过程中 GTR 的功率损耗。

为使控制信号电流放大到足以保证 GTR 可靠开通和关断，必须设置 GTR 基极驱动电路。基极驱动电路的基本功能为：①提供 GTR 所需的正向和反向基极电流，以保证 GTR 可靠开通与关断；②让主电路与控制电路之间实现电气隔离；③具有相应的抗干扰能力。

理想的 GTR 基极驱动电流波形如图 5.28 所示。

图 5.29 所示为简单直耦式恒流驱动电路。图中之 V_5 为待驱动元件 GTR，为了获得初始基极电流，在 V_5 的基极电路中接入加速电容 C_1，反向基极电流是由 C_1 经 V_4 放电而得到。当 $u_i > 0$，由于 V_1 的导通，V_3、V_4 截止，GTR 通过 C_1 注入较强的基极电流后导通；当 $u_i \leqslant 0$，V_3、V_4 导通，电容 C_1 经 V_4 放电，形成反向基极电流从而关断 GTR。

其中元件 V_2 为光电耦合器，用它来进行控制信号的传递和实现主电路与控制电路之间电气上的隔离。

GTR 实用的驱动电路类型很多，有的驱动电路还具有过载和短路保护的功能，但其主要工作原理与上述电路有许多共同之处，读者可参照进行分析。

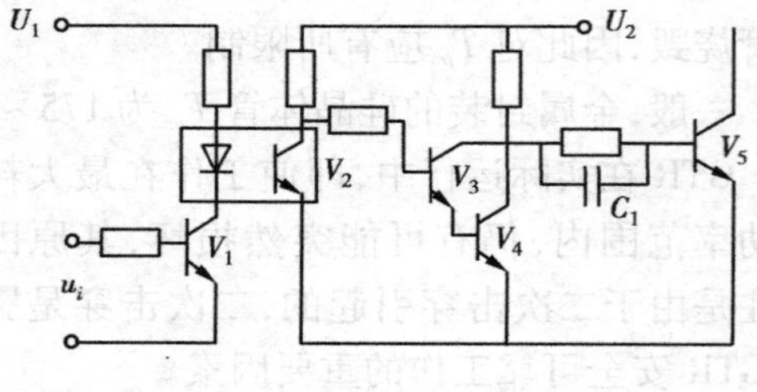

图 5.29　GTR 简单驱动电路

由于 GTR 具有自关断能力，而且功率容量、耐压水平及电流通流能力的不断提高，使之在电力电子技术领域中获得广泛应用。如在直流传动系统中作为 GTR 直流斩波调速电源；GTR 斩波稳压电源工作频率范围广、无噪声、响应速度快；在逆变系统中则因其控制方便可靠、效率高的特点而受到普遍的关注。下面将对 GTR 在逆变系统中的应用作较详细的分析。

5.7　正弦波脉宽调制（SPWM）型晶体管逆变电路

本章第四节曾讨论过利用半控型的晶闸管，组成串联电感式变频电路作为三相异步电机的变频调速电源。由于普通晶闸管无自关断能力必须加装复杂的强迫换流电路，并且上述变

频电路输出波形中含有明显的谐波分量,这对于许多负载而言都是很大的缺陷,例如对三相异步电动机供电,由于大量谐波分量的存在,必将产生附加损耗,一些谐波不但无法提供有用转矩,甚至产生负转矩,特别是 5 次和 7 次谐波分量,使电机发热,降低输出转矩的情况格外明显。

本节所介绍的正弦波脉宽调制(SPWM)型晶体管逆变电路是 20 世纪 70 年代后期发展起来的较先进的技术,它具有主电路简单、功率因数较高,输出波形近似正弦波,用它作为交流电动机的供电电源,能明显地降低转矩脉动,减小电机发热,扩大调速范围。目前已广泛进入实用阶段,并有各种系列的产品问世。

5.7.1　正弦波脉宽调制(SPWM)原理简介

采用 GTR 作为开关器件的逆变电路中,各个 GTR 的基极驱动信号则控制相应器件的通断。基极驱动信号在电路中一般以载频信号 u_c 与基准信号 u_r 相互比较后产生,在 SPWM 调制中,u_c 采用等腰三角形波,而 u_r 则采用正弦波,在 u_c 与 u_r 的波形相交处发出调制信号:当 $u_c < u_r$ 时,发出基极驱动信号,使相应的 GTR 导通,而当 $u_c > u_r$ 时,则使该晶体管截止。

SPWM 产生的调制波是一系列等幅、等距而不等宽的脉冲列。SPWM 调制的基本特点是在半个周期内,中间的脉冲宽,两边的脉冲窄,各脉冲之间等距,而脉宽与正弦曲线下的面积成正比,基本上按正弦规律分布。

输出电压的大小和频率均由正弦参考电压 u_r 来控制。调节基准信号正弦波 u_r 的幅值,即可改变输出电压的大小。此时虽然输出脉冲的数目不变,但 u_r 幅值改变后将使输出电压脉冲的宽度变化,若 u_r 幅值增加,则各脉冲宽度随之增大,输出电压变高;反之,则变低。

当改变 u_r 的频率时,输出电压的频率也将随之改变。

图 5.30 所示为单极性 SPWM 调制原理电路及有关波形。上述调制规律在图中表示十分明确。

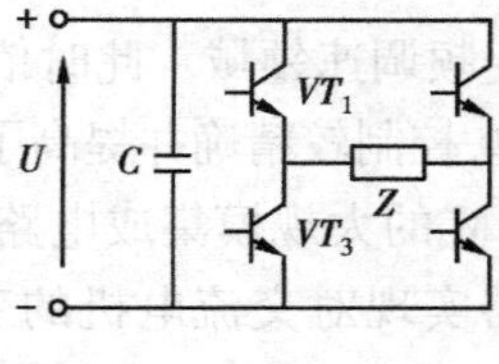

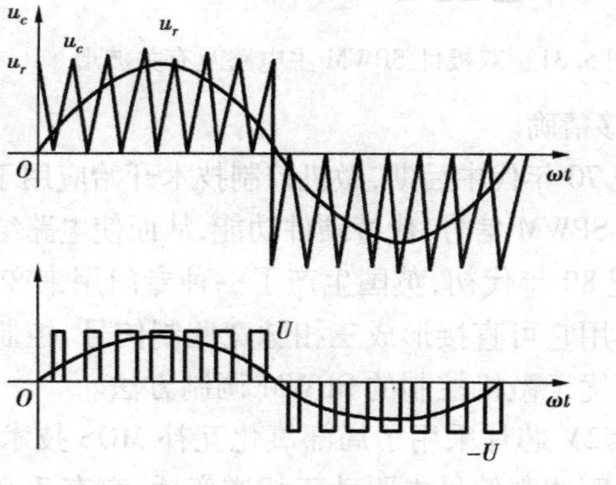

图 5.30　单极性 SPWM 原理电路及其波形

所谓单极性是指 u_c 与 u_r 始终保持同极性关系。即正弦波为正半周波时,载频信号 u_c 也为正,产生正的调制脉冲。反之,当正弦波为负半周波时,u_c 随之为负,此时的调制脉冲也为负。

除上述单极性 SPWM 调制电路外,还有一种双极性 SPWM 调制电路。一般指的双极性脉宽调制。其载频信号仍为三角波,基准信号也是正弦波,它与单极性正弦波脉宽调制不同之处

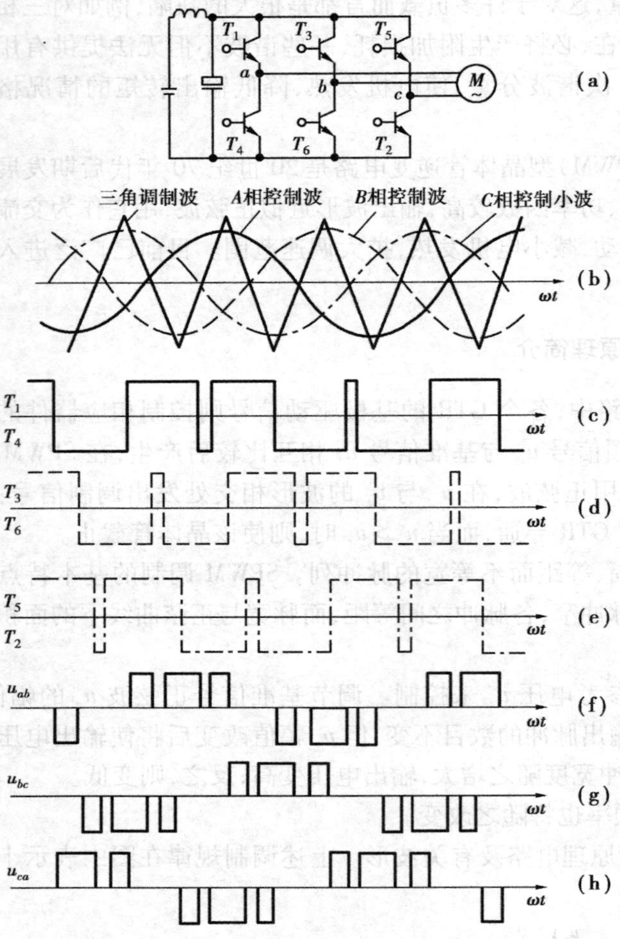

图 5.31　双极性 SPWM 主电路及有关波形

在于：它们的极性随时间不断地正、负变化。图 5.31 所示为 GTR 组成的三相逆变器主电路与双极性三相正弦波脉宽调制波形。u_c 是正、负三角波的载频信号，u_{ra}、u_{rb}、u_{rc} 是对称三相正弦波基准信号。在载频信号与各相基准信号的交点处产生调制脉冲信号，控制该相的 GTR 的通与断（如 u_c 与 u_{ra} 控制 V_1 与 V_4 的通断）。以 a 相为例，当 u_{ra} 为正半周波时，若 $u_c < u_{ra}$，则 V_1 管导通，u_a 为正。若 $u_c > u_{ra}$，则 V_1 截止。当 u_{ra} 处于负半周波时，若 $u_c > u_{ra}$，V_4 导通，u_a 为负。若 $u_c < U_{ra}$，V_4 截止。上述过程循环往复即得 a 相连续波形，其余 b 相与 c 相波形的产生均依此类推。

5.7.2　实用型双极性 SPWM 控制方法

SPWM 控制方法的发展，一般认为经历了下述几个阶段。最初的 SPWM 信号是由模拟电路或一般的数字电路来实现，由于正弦曲线形成电路结构复杂，通常采用多段折线构成近似正弦波，即准正弦波调制，显然不够精确。

20 世纪 70 年代中后期，微机控制技术开始应用于交流变频调速领域。此时依靠微机，利用软件来产生 SPWM 信号，代替硬件功能，从而使电路结构简单，控制较精确并提高了可靠性。

20 世纪 80 年代初，英国生产了一种专门用来产生 SPWM 的大规模集成电路芯片，型号为 HEF4752V，用它可直接形成三相脉宽调制信号，控制逆变器实现对交流电机的变频调速。其性能显然更优于微机控制的 SPWM 调制方法。

HEF4752V 芯片采用了局部氧化互补 MOS 技术，使用大约 1 500 个门电路，它可以输出 3 对互补的脉宽调制信号去驱动三相逆变桥，它有 7 个输入控制信号口，信号均为数字量，可方便地与微机结合进行控制。

3 个 SPWM 输出波形的频率、电压和每周期的脉冲数分别由 3 个时钟脉冲输入决定，它们分别是：

频率时钟发生器 FCT。FCT 控制逆变器的输出频率 f_0，从而控制电动机的转速，它们之间存在如下关系

$$f_{FCT} = 3\,360 f_0$$

电压时钟发生器 VCT。当给定输出频率为f_0时,逆变器输出电压的大小由 VCT 时钟输入所控制,通过载波调制的改变,来获得输出电压的变化,它决定电动机的电压/频率比。f_{VCT}与f_0之间的关系为

$$f_{VCT} = 6\,720 f_0$$

参考时钟发生器 RCT 是一个固定时钟,用于决定变频器的最大开关频率。时钟脉冲频率f_{RCT}与最高载波脉冲频率(逆变器最高开关频率)f_{smax}的关系为

$$f_{RCT} = 280 f_{smax}$$

在 HEF4752V 中,逆变器开关频率f_s是输出频率f_0的整数倍,$f_s = Nf_0$,其中$N=15,21,30,42,60,84,120,168$,它们都是 3 的整数倍,从而可获得对称线电压,有利于消除谐波,使电机在低速运行时转速平稳,减小脉动转矩,提高运行效率。

5.7.3 实用型 GTR 三相逆变器的主电路

实用型三相 SPWM 大功率晶体管逆变器的主电路如图 5.32 所示。逆变器(即变频器)用三相交流电网经二极管三相桥整流后为恒定直流电压供电,平波电容 C 起中间能量存储的作用,对异步电机等感性负载,可提供所需的无功功率。由于直流电源是通过二极管整流获得,所以能量流向不能可逆,无法向电网回馈能量。当负载工作在再生发电状态时,回馈能量只能通过电路中的反馈二极管 $VD_1 \sim VD_6$ 向电容 C 充电,由于电容量容量的限制,必将抬高直流电压,为此在直流侧接入制动电阻 R 和晶体管 V_7。当直流电压升高到一定限度时,可驱动 V_7,让其饱和导通,部分回馈能量即可消耗在电阻 R 上。

逆变器通常都是 180°导电型,由 6 只 GTR(一般均采用达林顿管)和 6 只反馈二极管组成,采用脉宽调制(较多地均采用 SPWM 型)方法驱动。异步电机为感性负载,当输出电流连续时,逆变器每相输出的脉宽调制电压波均为双极性的。输出电流则为不平滑的正弦波。若以 a 相为例,在输出电流正半周波时,V_1 导通,a 点接到直流电源正端,电流上升;当 V_1 截止时,感性负载因电流滞后而不能突变切换,只能经过二极管 VD_4 由直流电源负极续流,电压为负,电流下降。当 V_4 导通时,a 相进入负半周波。b 相和 c 相的工作情况与此类似。

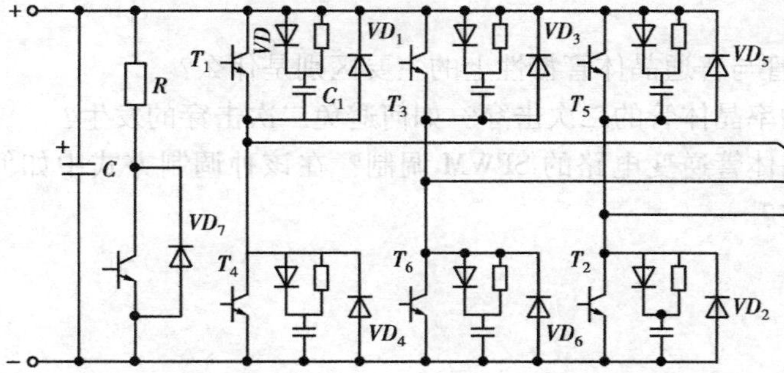

图 5.32 通用型三相 PWM 晶体管逆变器

大功率晶体管组成的逆变器,如果带感性负载,则当其由饱和导通快速转为截止的瞬间,短时功率可达正常工作时的上百倍,大量的实验分析说明,80%左右 GTR 的毁坏是由上述原因造成的,这就是通常所说的二次击穿。

为此,在 GTR 实际运行时,必须采取相应措施使大功率晶体管集电极与发射极之间电压

U_{ec}上升速率变缓，而让集电极电流 I_c 下降速率加快。与大功率晶体管并联的快恢复二极管 VD 和 R_1、C_1 组成吸收电路，其作用之一就是延缓 U_{ce}电压上升的速率。当使晶体管截止时，应在其基极上施加反向电压，尽快减少基区所积存的载流子，从而使 I_c 迅速下降。

GTR 构成的 SPWM 逆变器，由于频率连续可调等一系列优点，极大地改善了交流电动机调速性能，目前中小容量变频器产品主要是 GTR 构成的 SPMW。随着我国大功率晶体管制作水平的提高，控制技术的不断完善，不久可望在高性能大容量的异步电动机变频调速装置的制作上有较大的突破。

习题及思考题

5.1　在电力电子技术中，有源逆变与无源逆变的区别是什么？它们之间有无共同点？

5.2　在晶闸管变频电路中，常用的晶闸管换流方法有哪几种？

5.3　并联谐振变频电路是利用负载电路的谐振来实现换流，要保证换流成功，应满足什么条件？

5.4　在图 5.3 电路中，若已知该中频装置 $I_d = 250$ A，$f = 1\,000$ Hz，晶闸管的 $di/dt = 10$ A/μs，晶闸管关断时间 $t_q = 50$ μs，求负载电路的功率因数。（$k_f = 1.5$）

5.5　在上题中，变频电路中的晶闸管额定电流应取多大值？若变频器输出功率为 100 kW，上述晶闸管额定电压取多大值？

5.6　电流型变频器与电压型变频器的根本区别是什么？电压型变频器能否工作于再生制动状态？

5.7　在图 5.11 所示电路中，直流电源 $U_d = 1.35 \times 380$ V，负载为 $P_{ed} = 3$ kW 的交流鼠笼型电动机，$I_{ed} = 7.1$ A，负载最大电流为起动电流为 $3I_{ed}$，调速时压频比 U/f 为恒值，调频范围为 5∶1。试计算换流电感与换流电容的数值。

5.8　可关断晶体管 GTO 与晶闸管 SCR 在工作特性上有何区别？二者的门极控制电路电大的区别是什么？

5.9　大功率晶体管与普通晶体管特性上的主要区别是什么？

5.10　什么叫大功率晶体管的二次击穿？如何避免二次击穿的发生？

5.11　什么叫做晶体管逆变电路的 SPWM 调制？在该种调制方式中如何实现对输出电压的频率和幅值的调整？

第6章　晶闸管斩波电路及交流调压电路

内 容 提 要

本章主要介绍晶闸管直流斩波电路和交流调压电路。这两种电路的共同点是：利用晶闸管及其他电力半导体器件为无触点开关，接于电源与负载之间，使其输出波形是电源波形的一部分，从而得到可调的负载电压。其中晶闸管器件接在直流电源与负载之间，用以改变加在负载上直流平均电压的，叫直流斩波电路，它是一种直流-直流变换电路，又称直流斩波器。而晶闸管器件接在交流电源与负载之间，用以改变负载所得交流电压有效值的，这通常称之为交流调压电路。亦称交流调压器。本章先讨论直流斩波器的工作原理，并对几种常用的斩波电路加以分析；随后对交流调压器的构成和工作原理以及晶闸管过零调功电路加以介绍。而在直流斩波电路的讨论中，由于晶闸管是在直流电源情况下工作，本身无关断能力。因此晶闸管的换相是一个必须解决的关键问题，采取的方法是强迫换流。

6.1　晶闸管斩波器的工作原理与分类

6.1.1　晶闸管斩波器的工作原理

采用晶闸管做无触点开关的直流斩波电路的原理图如图6.1(a)所示。

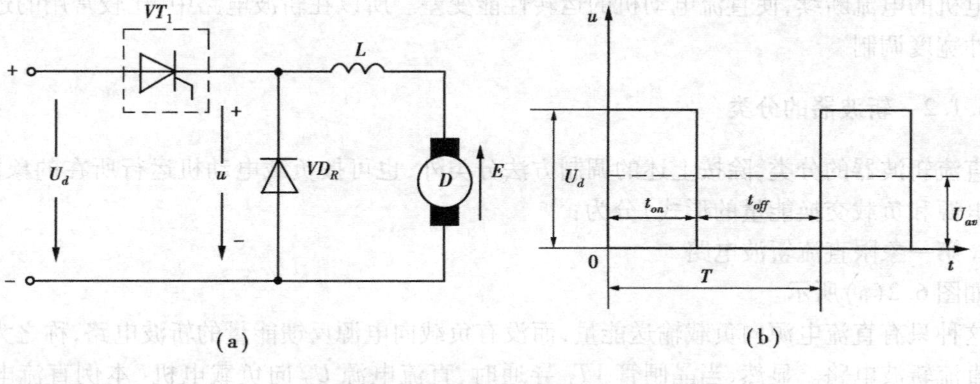

图6.1　晶闸管直流斩波器

(a)原理电路　(b)斩波后的输出电压

图中 U_d 是固定的直流电源；L 是包括电机电枢绕组在内的平波电抗器电感；直流电动机 D 是负载；VD_R 是续流二极管。带有虚线框的晶闸管 VT_1 表示起通断作用的开关及其换流回路。

由图可见，斩波器就是将负载与电源接通继而又断开的一种晶闸管通断开关，它能将恒定输入的直流电压经过斩波后形成可调的负载电压。图6.1(b)表示出了斩波后输出电压的波形。

设在 t_{on} 期间内晶闸管斩波器工作，则直流电源 U_d 与负载接通，在 t_{off} 期间内，斩波器关断，负载电流经过续流二极管 VD_R 对负载续流，则负载端就被短接，这样在负载端产生经过斩波的直流电压 u，其输出电压的平均值

$$U_{av} = U_d \frac{t_{on}}{t_{on} + t_{off}} = U_d \frac{t_{on}}{T} = k_z U_d \tag{6.1}$$

式中　t_{on}——晶闸管 T_1 的导通时间；

t_{off}——晶闸管 T_1 的关断时间；

$T = t_{on} + t_{off}$——为斩波周期；

k_z——斩波电路的工作率或占空比。

由式(6.1)可见，负载电压受斩波电路工作率控制。欲改变斩波电路的工作率，可以采用 3 种方法：

(1)脉冲宽度调制　保持斩波频率 $f = \frac{1}{T}$ 不变，即工作周期 T 恒定，只改变晶闸管的导通时间 t_{on}。

(2)频率调制　保持晶闸管的导通时间 t_{on} 或关断时间 t_{off} 不变，改变斩波周期 T(即改变斩波频率)。

(3)混合调制　脉冲宽度(即 t_{on})与脉冲频率同时改变，采取这种调制方法，输出直流平均电压 U 的可调范围较宽，但控制电路较复杂。

在这 3 种调制方法中，除在输出电压调节范围要求较宽时采用混合调制外，一般都是采用频率调制或者脉冲宽度调制，原因是它们的控制电路比较简单。又由于当输出电压的调节范围要求较大时，如果采用频率调制，则势必要求频率在一个较宽的范围内变化，这就使得滤波器的设计比较困难，如果负载是直流电动机，在输出电压较低的情况下，较长的关断时间会使流过电机的电流断续，使直流电动机的运转性能变差。所以在斩波电路中，比较常用的还是采用脉冲宽度调制。

6.1.2　斩波器的分类

直流斩波器的分类，除按上述的调制方法分类外，也可按负载电动机运行所在的象限(即直流电源和负载交换能量的形式)分为：

1. 第一象限直流斩波电路

如图 6.2(a)所示。

这种只有直流电源向负载输送能量，而没有负载向电源反馈能量的斩波电路，称之为第一象限直流斩波电路。显然，当晶闸管 VT_1 导通时，直流电源 U_d 向负载电机(本例直流电机的反电势)输送能量；当晶闸管 VT_1 阻断时，原储存在电感 L 中的能量经续流二极管对负载续流，第二个周期则重复前过程。在此情况下，直流电动机运行于第一象限，属正向电动运行状态，表现出负载电压与负载电流方向相同且都为正值，所以称此斩波电路为第一象限波电路。

图 6.2(b)和(c)分别表示出了该电路在负载电流断续和连续两种情况下负载电流 i 和电压 u 的波形。

图 6.2(b)是负载电流断续时的情况。由图可见，$0 \sim t_k$ 期间，晶闸管 VT_1 导通，$u = U_d$。到 t_k 时，VT_1 被关断，因为是电感性负载，所以负载将通过 VD_R 对负载续流，并释放能量，此时 $u =$

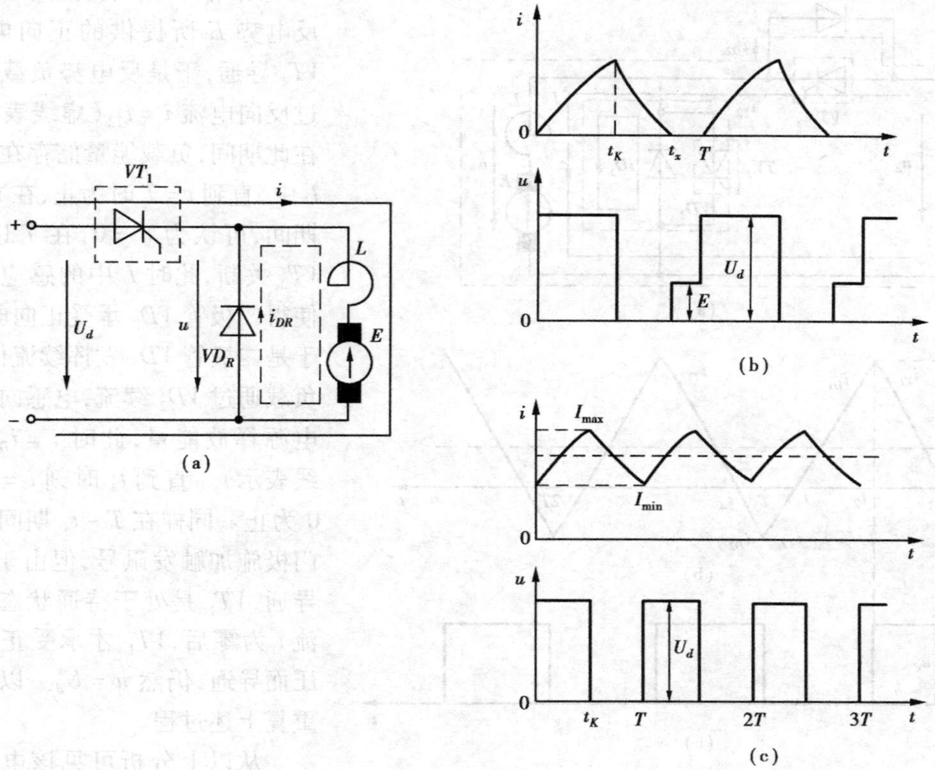

图 6.2　第一象限直流斩波电路及其波形

0。在 t_x 以后，因能量释放完毕，$i=0$，$u=E$，直到一个周期结束为止。

在图 6.2(b)的基础上，如果增大平波电抗器的电感 L，或者缩短晶闸管 VT_1 的关断时间，或者降低反电势 E 的值，二者作用的效果都可使磁场的存储能量增加，这样负载的电流可由原来的断续转为连续情况。在此情况下，当 VT_1 导通时，$u=U_d$；VT_1 阻断时，$u=0$，此时即续流二极管对负载续流，直到一个周期结束。

2. A 型两象限斩波电路

除直流电源向负载输送能量，又有负载向电源送回能量的斩波电路，称之为 A 型两象限直流斩波电路，其电路及其波形如图 6.3 所示。

由图 6.3(a)可见，该电路实际是在图 6.2 电路的基础上，对晶闸管和二极管分别反并联上一个二极管和晶闸管而构成。该电路的工作原理如下：

当负载电流 i 工作于正向时，晶闸管 VT_1 导通，$i=i_{k1}$（图中用细实线表示），$u=U_d$，到达 t_2 时刻，VT_1 关断，于是负载将通过 VD_1 续流，于是 $i=i_{D1}$（细实线表示），此时电流虽然是逐渐衰减，但方向未变，直到 t_3 时刻，才变为零。在 $t_2 \sim t_3$ 期间，$u=0$。显然，上述分析与第一象限斩波电相同，但要附加说明的一点是，在 t_2 时刻开始，有触发讯号送至 VT_2 的门极上，且要持续到 $t=T$ 时结束。在 $t_2 \sim t_3$ 因有电流 i_{D1}，VT_2 承受反向电压（VD_1 的压降），故 VT_2 不会导通。可认为在此期间 $u=0$（忽略二极管压降），我们把虽有门极触发讯号，而晶闸管尚未导通的这种状态，称为待通态。

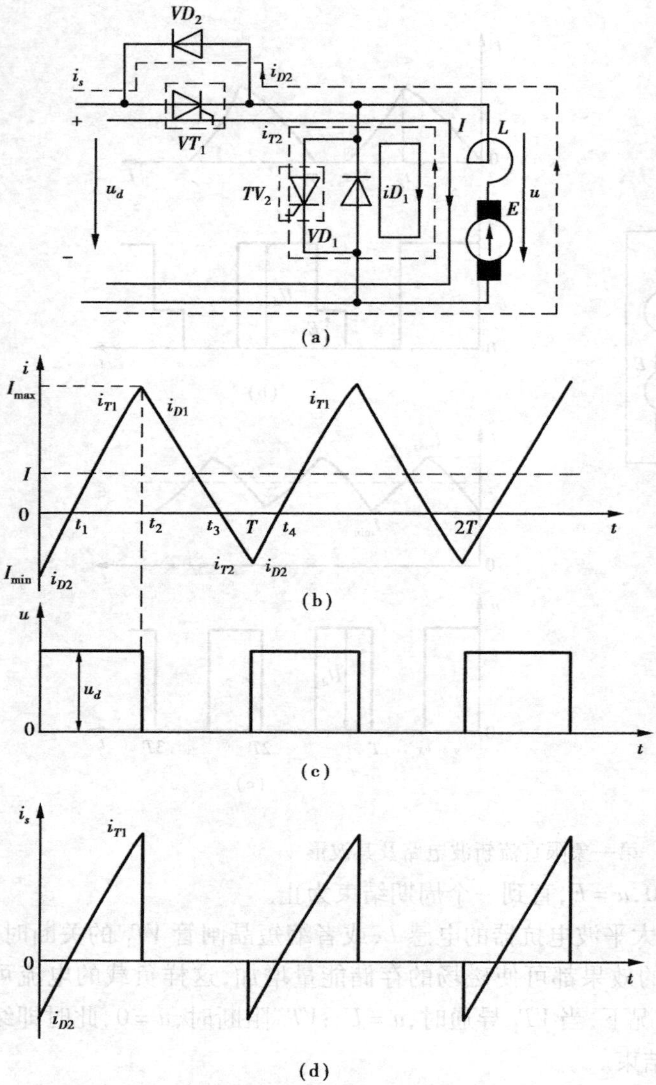

图 6.3　*A* 型两象限直流斩波电路及其波形

当 $i_{D1}=0$ 以后，晶闸管承受反电势 *E* 所提供的正向电压，VT_2 导通，于是反电势负载中流过反向电流 $i=i_{T2}$（虚线表示）。在此期间，负载能量储存在电感 *L* 中，直到 $t=T$ 时为止，在 $t_3\sim T$ 期间，可认为 $u=0$，在 *T* 以后，VT_2 关断，此时 *L* 中的感应电势使得二极管 VD_2 承受正向电压，于是二极管 VD_2 发挥续流作用，负载通过 VD_2 续流，电感向直流电源释放能量，此时 $i=i_{D2}$（虚线表示）。直到 t_4 时刻 $i=i_{D2}=0$ 为止。同样在 $T\sim t_4$ 期间，VT_1 门极施加触发讯号，但由于 VD_2 导通，VT_1 是处于待通状态。电流 *i* 为零后，VT_1 才承受正向电压而导通，仍然 $u=U_d$。以后则重复上述过程。

从以上分析可见该电路的特点是：负载上的电压与电流当电机处于电动运行时方向相同；当负载向直流电源送回能量时，方向相反。因此，这个电路是属于一种两象限斩波电路。

事实上，按照负载和电源交换能量的形式，除了上述的斩波电路外，还有其他根据负载不同需要组成的各种电路结构型式。限于篇幅，在此不一一详述。

此外，斩波电路还可以按电路中使用的开关元件的不同进行分类。采用普通晶闸管的，称为逆阻型晶闸管直流斩波电路；采用逆导型晶闸管的，称为逆导型晶闸管直流斩波电路；采用可关断晶闸管的称为可关断晶闸管型直流斩波电路。

这里我们则根据调制方法，兼顾采用何种元件做开关来给斩波电路命名。

6.2　几种直流斩波电路的分析

前一节讨论了斩波器的基本原理、斩波器的分类，现就其具体的几种典型的斩波电路进行分析，以便对斩波电路的工作过程有更深刻的理解。

为讨论方便并突出物理概念，在下面的分析中，均假设：

(1)晶闸管和二极管为理想开关元件，导通时电阻为零，阻断时电阻为无穷大。

(2)固定直流电源为理想直流电源，直流电源内阻忽略不计。

(3)斩波器的换相电路中，电容工作时无损耗，电路中所有电感的直流电阻忽略不计。

(4)设负载所串平波电抗器的电感足够大，使得流过负载的电流基本维持恒定。

下面分析具体电路。

6.2.1 逆阻型晶闸管直流斩波电路

采用普通晶闸构成的直流斩波电路，根据斩波器输出直流电压调制方式的不同，主要可分为输出电压脉宽为恒值的直流斩波电路和输出电压脉宽可调的直流斩波电路。现分别就其工作原理和工作波形介绍如下：

1. 输出电压脉宽为恒值的直流斩波电路

该斩波器的电路图如图6.4所示。该电路是由一个晶闸管作为斩波开关，其控制方法采用的是前述的频率调制法。这里晶闸管的换流是采用第五章所介绍的 L_C 电路换流方式。即 VT 导通后，经过一段时间，可以自行关断。因为大电感 L_G 与负载串联，故可认为通过负载的电流基本维持不变。该电路的工作过程分段说明如下：设斩波电路已进入工作过程。

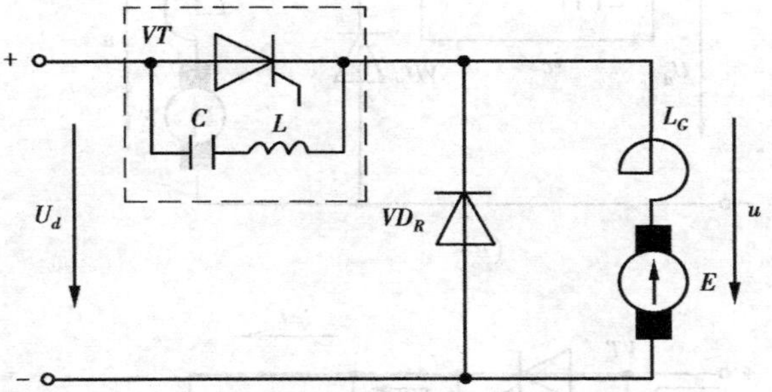

图6.4　输出电压脉宽恒值的逆阻型晶闸管直流斩波电路

$0\sim t_1$ 期间，如图6.5(a)，VT 未加触发脉冲，则电源 U_d 通过 $C\rightarrow L\rightarrow L_G\rightarrow$直流电动机对电容 C 充电。当充电结束时，$u_c=U_d$。其极性为左正右负，电容器的电流 $i_C=0$。在此期间，VT 关断，$u_{AK}=U_d$。同时负载经过续流二极管 VD_R 续流，$i_{DR}=I$，斩波器输出电压 $u=0$。

$t_1\sim t_3$ 期间，如图6.5(b)。在 t_1 时刻给晶闸管 VT 加触发脉冲，因为 $u_{AK}>0$，VT 导通，于是电容 C 通过 VT，L 放电，其放电回路的振荡角频率近似为 ω_0，其值 $\omega_0=\dfrac{1}{\sqrt{LC}}$，其 $t_K=\dfrac{I\pi}{\omega_0}=\pi\cdot\sqrt{LC}$。由于负载电流 $i=I$ 基本不变，因此 t_1 后，流过晶闸管的电流 $i_K=i+i_C=I+i_C$。在 VT 导通的同时，二极管 VD_R 承受反向电压 U_d，故处于截止状态，$i_{DR}=0$。在此期间，输出电压 $u=U_d$，由于电容 C 属于振荡放电，故 i_C 逐渐增大，到 $t=t_2$ 时，i_C 达到最大值 $i_{C\max}$。t_2 后，i_C 逐渐减小，由于 C 两端电 U_C 由正减小，到 t_2 时，$u_c=0$，以后又被反向充电而变成负值。到 t_3 时，$i_C=0$，$i_k=i$。C 被反向充电到 $u_C=-U_d$ 值，其极性变为左负右正。在 $t_1\sim t_3$ 期间 VT 一直导通，故 $u_{Ak}=0$。

$t_3\sim t_4$ 期间，如图6.5(c)。t_3 时刻后，C 又要反向放电，要保持负载电流 I 不变，只能使 $i=i_K+i_C=I$，由于此时 i_C 的振荡放电电流要增加，所以 i_K 要相应减少，直到 t_4 时刻，$i_C=I$，$i_K=0$，于是 VT 自行关断。在此期间，因电容 C 在放电，故其电压 u_C 有所降低，在 t_4 时刻，$u_C=u_{C0}$。在 t_4 时刻以前，因 VT 导通，故 $u_{AK}=0$，所以 $u=U_d$。

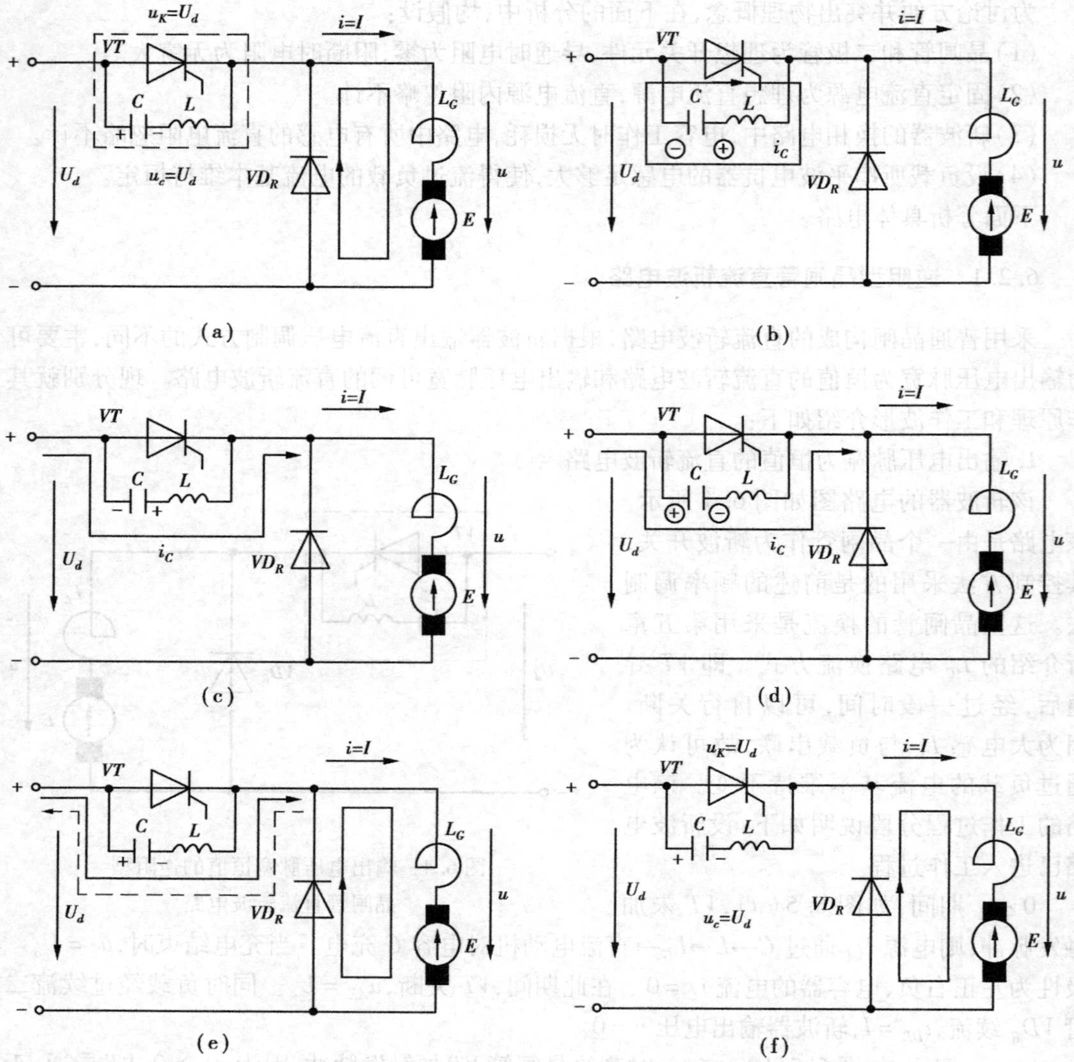

图 6.5　输出电压脉宽恒值的逆阻型晶闸管直流斩波电路的工作过程

$t_4 \sim t_6$ 期间，如图 6.5(d)。虽然 C 继续放电，且保持 $i_C = I$ 基本不变，但 u_C 仍在继续降低。到 t_5 时刻，$u_C = 0$。此后，电容器 C 又被正向充电，u_C 逐渐增高。在 $t_4 \sim t_6$ 期间，输出电压 u 的值为电源电压 $U_d + U_C$，在 t_4 时刻，$u = U_d + U_{C0}$，往后随 u_c 从负值到正值的变化，u 逐渐降低，到达 t_6 时刻，$u_C = U_d$，$u = 0$。在 $t_4 \sim t_5$ 期间，晶闸管承受反向电压，时间 t_d 为电路提供的晶闸管的关断时间。

$t_6 \sim t_9$ 期间，如图 6.5(e)所示。从 t_6 时刻开始，因负载电流 I 始终不变，此时 i_C 开始减小，故二极管 VD_R 开始起续流作用，此时 $i = i_C + i_{DR} = I$，$u = 0$。在此期间原为 L，C 组成的振荡电路，由于 VD 与 L_G 的介入，线路参数发生变化，从而提高了振荡电流 i_C 的角频率，电容 C 的两端电压 u_C 将在正值基础上振荡，直到 t_9 时刻，$u_C = U_d$，极性为左正右负为止，此时 $i_C = 0$，$i_{DR} = I$，$u_{AK} = u_C = U_d$，因为 VD_R 导通，所以 $u = 0$。

到 $t_9 \sim t_{10}$ 期间，如图 6.5(f)，此期间与 $0 \sim t_1$ 期间工作情况相同。

待到 t_{10} 时，VT 又加触发脉冲 u_G 而导通，电路则重复上述过程。

根据该电路的工作过程，可画出触发脉冲 u_G、输出电压 u、晶闸管 VT 两端的电压 u_{AK}、负载电流 i 随 t 变化的波形等如图 6.6 所示。

需要说明的是，这个电路当各参数确定之后，其输出电压 u 的波形的脉冲宽度（由 $t_1 \sim t_6$ 确定）保持为恒值，故称之为脉宽为恒值的晶闸管直流斩波电路。其触发脉冲 u_G 之间的间隔时间 $t_1 \sim t_{10}$ 正是斩波电路的工作周期。欲使斩波电路正常工作，其斩波周期一定要大于 $t_1 \sim t_9$ 的时间，欲改变输出直流电压的平均值，可通过改变两个触发脉冲的间隔时间，即改变输出电压脉冲的频率来实现。

2. 输出电压脉宽可调的逆阻型晶闸管直流斩波电路

图 6.4 所示的晶闸管直流斩波电路，只用一个晶闸管，采用 L、C 强迫换流，由于输出脉宽为恒值，只能采用频率调制的方法，来实现输出电压的调节。这种电路的优点是主电路结构简单，调试比较容易，但是它的缺点因为是采用频率调制，当输出电压调节范围要求较宽时，滤波器参数设计比较困难，为克服这一不足，这里再讨论一种同样由普通晶闸管构成的采用脉冲宽度调制的直流斩波电路。这个电路由两个普通的晶闸管组成，其中一个为主晶闸管，另一个作为辅助晶闸管，其电路如图 6.7 所示。这个电路取名为输出电压脉宽可调的逆阻型晶闸管直流斩波电路。该电路的工作过程和有关工作波形可分为 4 个阶段来说明。同样认为电路已进入工作过程。

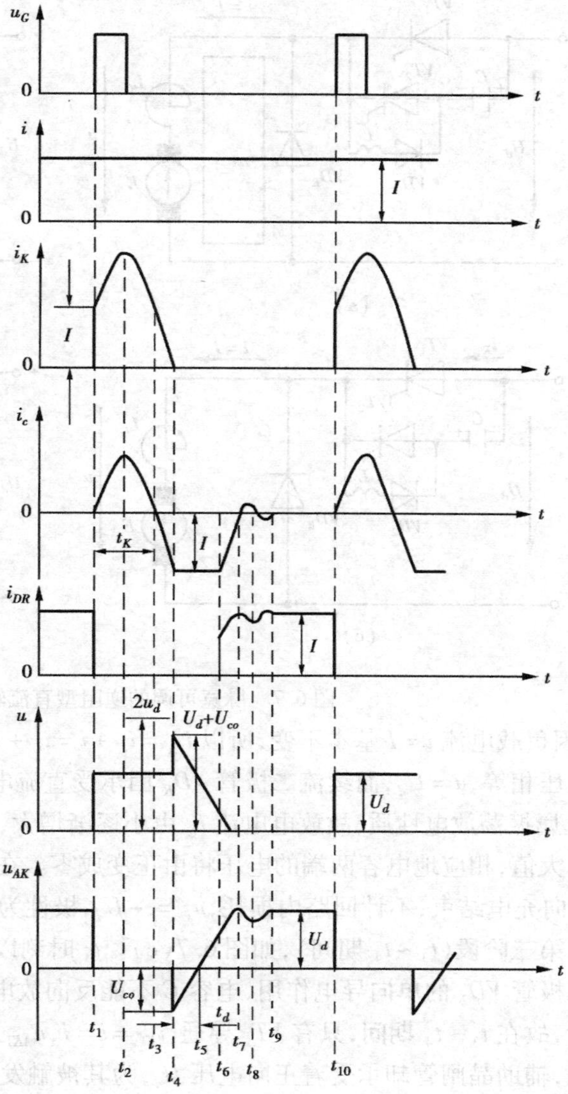

图 6.6　斩波电路的波形

第一阶段（$0 \sim t_1$ 期间），如图 6.7(a) 所示。电容 C 已充电完毕，$u_C = U_d$，其极性为左正右负，此时 $i_C = 0$。在这个期间，主晶闸管是关断的，$u_{AK1} = U_d$。同时负载释放能量通过二极管 VD_R 续流，$i_{DR} = i = I$。输出电压因 VD_R 导通，$u = 0$。称之为准备换流阶段。

第二阶段（$t_1 \sim t_3$ 期间），如图 6.7(b)。在 t_1 时刻给晶闸管 VT_1 加触发脉冲，因 U_d 的作用，VT_1 的 $u_{AK1} > 0$，所以 VT_1 由截止转导通，$u_{AK1} = 1$ V 左右，电容器将经 VT_1—L—VD_2 正向放

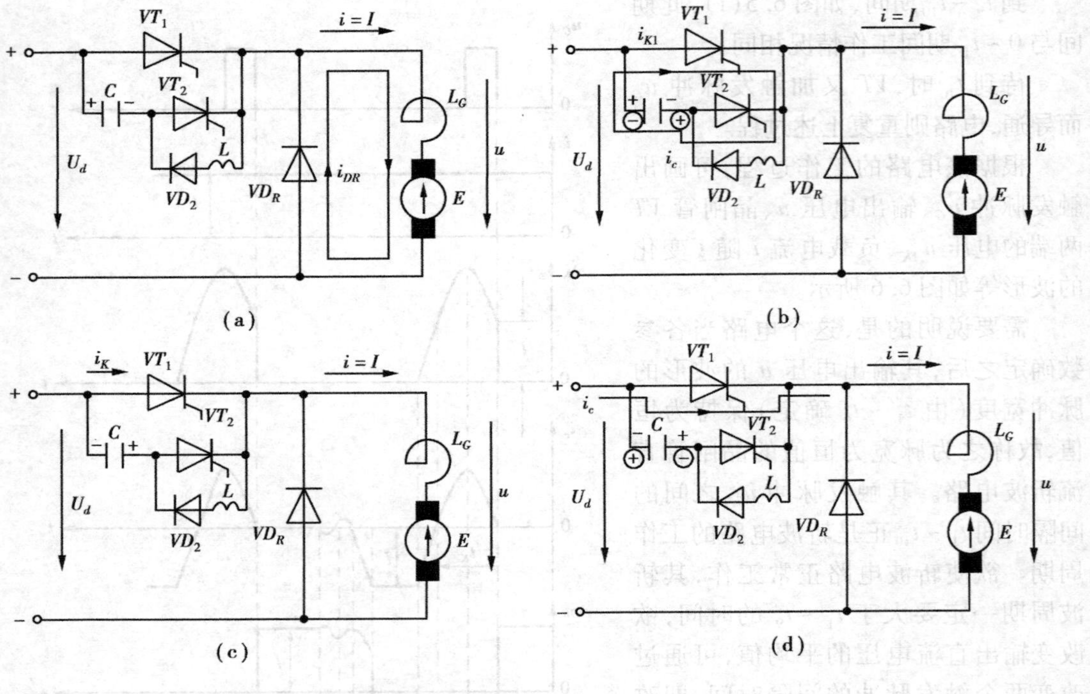

图 6.7　脉宽可调的逆阻型直流斩波电路及工作过程

电，因负载电流 $i=I$ 基本不变，所以 $i_{K1}=i_C+i=i_C+I$。在 VT_1 导通期间，其输出电压和直流电源电压相等，$u=U_d$，而续流二极管 VD_R 因承受直流电源这一反向电压而被关断，$i_{DR}=0$。因电容 C 属振荡放电性质，故放电电流 i_C 由小逐渐增大，再由大变小，最后变为零。在 t_2 时，i_C 达到最大值，相应地电容两端的电压将由正变成零。在 t_2 时刻以后，再变成负值。到 t_3 时，电容 C 反向充电结束，不计回路内损耗，$u_C=-U_d$，极性为左负右正，此时 $i_C=0$，$i_{K1}=I$。

第三阶段（$t_3 \sim t_4$ 期间），如图 6.7（c）。t_3 时刻以后，电容 C 上电压极性变为左负右正，由于二极管 VD_2 的单向导电作用，电容 C 不能反向放电，只能保持 $i_C=0$，$u_C=-U_d$，电容 C 存储能量，故在 $t_3 \sim t_4$ 期间，只有 VT_1 导通，$i_{K1}=i=I$，$u_{AK1}=0$，输出电压 $u=U_d$ 一直不变，另外由图可见，辅助晶闸管却承受着正向电压 U_d，为其被触发导通做好准备。

第四阶段（$t_4 \sim t_6$ 期间）换流阶段。在 t_4 时刻，给晶闸管 VT_2 加触发脉冲，因 VT_2 的 $u_{AK2}>0$，VT_2 立即导通，随着 VT_2 的导通，则 VT_1 因承受反向电压 U_d 被关断，$i_{K1}=0$。因负载有大电感 L_G，欲维持 $i=I$ 基本不变，所以此时 $i_C=I$。此时电容 C 进行正向充电，使得 u_C 由原来的 $-U_d$ 逐渐过零，而变成 $+U_d$，因 VT_1 与 C 并联，所以 $u_{AK1}=u_C$。在 t_4 时刻负载两端电压为电源电压和电容 C 两端电压之和，即 $u=U_d+u_{C0}=2U_d$，以后随着 u_C 的变化而变化，到 t_5 时刻，$u_C=0$，故 $u=U_d$，再到 t_6 时，$u_C=U_d$，其极性变成左正右负，则此时输出电压 $u=0$，$i_C=0$，VT_2 自行关断，在此期间，VT_1 关断，故其承受电压 $u_{AK1}=u_C$。另外 t_4 到 t_6 这段时间是电容 C 反向放电和正向充电所需的时间 t_C，而在 $t_4 \sim t_5$ 这段时间为晶闸管提供的关断时间 t_d。

在 t_6 到 t_7 期间，则电路重复 $0 \sim t_1$ 第一阶段的工作过程。图 6.8 示出了该电路的工作波形。据此，可设计选择电路内有关参数和定额。

由上述分析可知，如果 u_C 的充放电频率不变，即输出电压脉冲的频率不变，只要改变 u_{G1}

和 u_{G2} 的时间间隔，就可以改变输出电压脉冲的宽度，从而改变输出电压的大小。换句话说，正是由于辅助晶闸管 VT_2 的导通，才使得输出电压由 u 迅速变化到零，改变 VT_2 加触发脉冲的时间，就可实现脉宽调节，以获得不同的输出直流电压。

6.2.2 逆导型晶闸管直流斩波电路

如图 6.3，由逆阻型晶闸管直流斩波电路的讨论可知，在斩波电路中，晶闸管和二极管往往需要反并联使用，在变频电路中也是如此。采取这种做法导致主电路元件多、体积庞大，其经济性差。为适应斩波电路和某些变频电路的需要，器件制造者把晶闸管和反并联二极管同时集成在一个芯片上，再用它来做斩波器的主辅开关元件，这样就可使晶闸管的主电路大大简化，于是可构成逆导型晶闸管直流斩波电路。

在具体分析这类斩波电路之前，先就逆导型晶闸管作简单介绍。

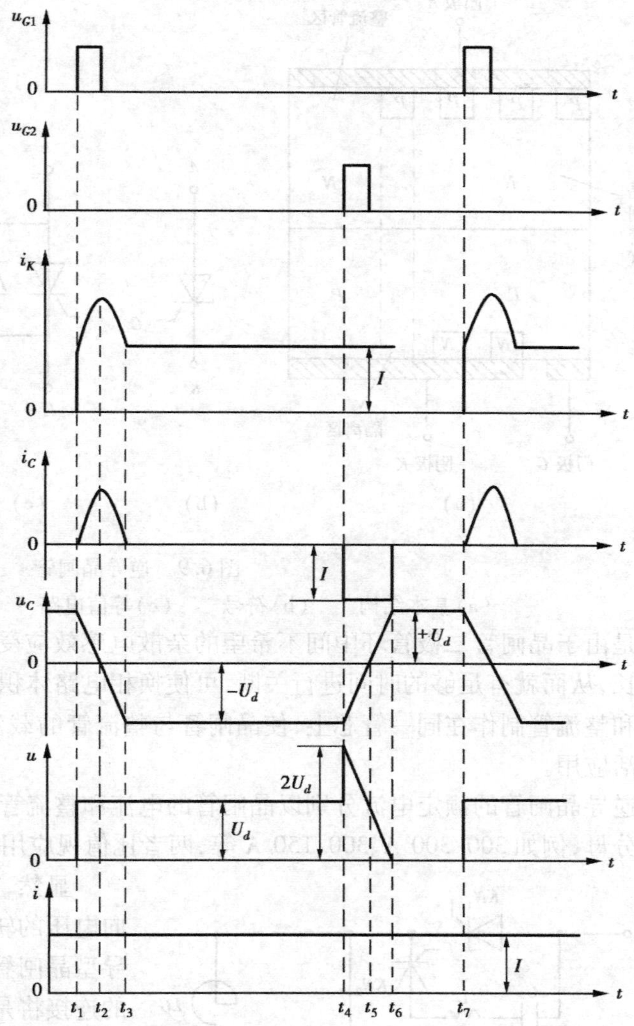

图 6.8 斩波电路的工作波形

1. 逆导晶闸管

逆导晶闸管，就是把一个晶闸管与一个反并联的二极管集成在一个芯片上制成。它的基本结构、等效电路以及伏安特性如图 6.9 所示。

很明显，这种反向导通的（逆导）晶闸管是一种特殊的不对称的晶闸管，因将一个反并联的二极管与晶闸管同时集成在一个芯片上，因此它没有反向阻断能力。在逆导型晶闸管制造中，晶闸管区和二极管区的隔离是极为重要的，如果没有隔离区，则反向恢复期间，充满整流管区的载流子就可能达到晶闸管区并在晶闸管承受正向电压时，引起不正常的（非控制性的）误导通，即所谓换流失败。逆导晶闸管的换流能力随结温的升高而下降。

和普通晶闸管相比，逆导晶闸管的优点是：导通时，正向压降小，关断时间短，高温性能好，并且额定结温高。又由于该管等效于集成在一起的反并联普通晶闸管和整流二极管，这样在应用时就可使元件数目少，散热器尺寸小，装置体积小，重量轻，价格低，线路简化，经济性好。

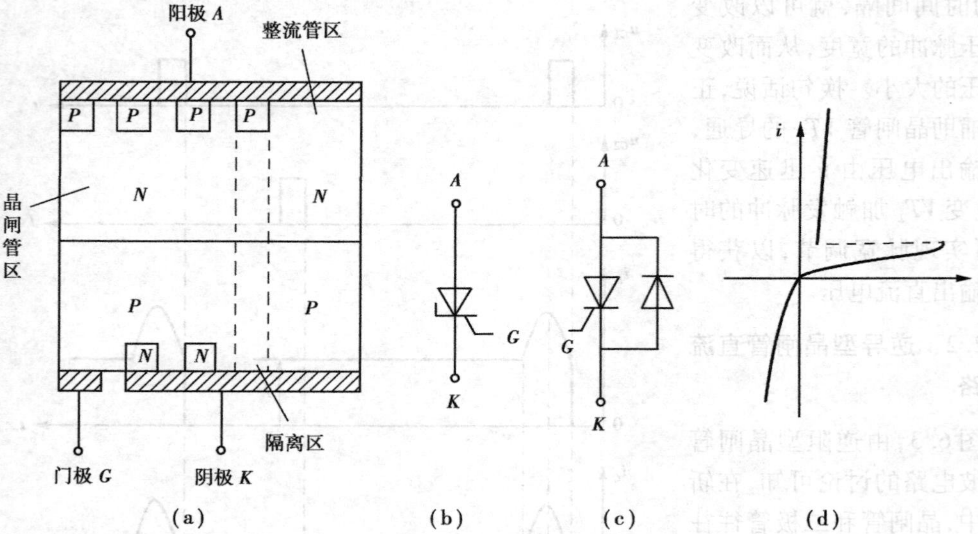

图 6.9 逆导晶闸管

(a)基本结构 (b)符号 (c)等值电路 (d)主电极伏安特性

特别是由于晶闸管二极管环中间不希望的杂散电感效应受到限制,可使晶闸管承受反偏的时间增长,从而就有足够的时间进行关断,可使换相电路体积小、重量轻。但它的缺点是,由于晶闸管和整流管制作在同一管芯上,使晶闸管与整流管的载流容量的比值固定。从而限制了它的灵活应用。

逆导晶闸管的额定电流分别以晶闸管的电流和整流管的电流表示,一般前者为分子,后者列为分母,例如 300/300 A、300/150 A 等,两者比值视应用要求确定,约为 1~3。

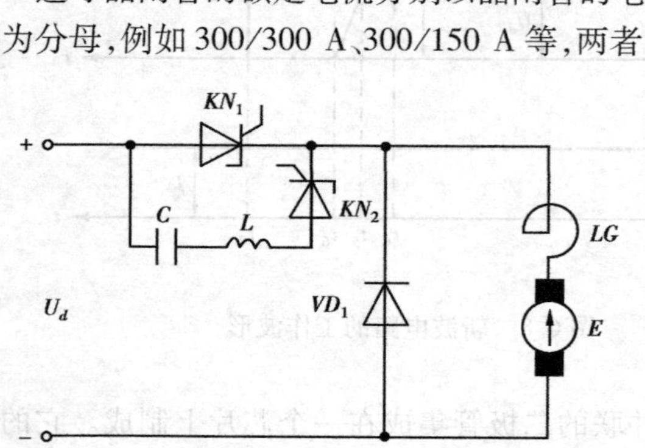

图 6.10 逆导型晶闸管直流斩波电路

显然,在一些晶闸管不需要反向阻断及反向电压的斩波器或各类逆变器应用中,利用逆导型晶闸管代替晶闸管和一个反并联二极管的连接将是有益的。

2. 逆导型晶闸管直流斩波电路

逆导型晶闸管直流斩波电路如图 6.10 所示。图中 KN_1 为主逆导晶闸管,相当于晶闸管 VT_1 和二极管 VD_1 的反并联,起斩波电路中主开关的作用;KN_2 为辅助逆导晶闸管,它相当于晶闸管 VT_2 和二极管 VD_2 的反并联,KN_2 和换相元件 L 和 C 一起构成关断 KN_1 的换流电路。

该电路的工作过程分为 $0 \sim t_1, t_1 \sim t_2, t_2 \sim t_3, t_3 \sim t_4$ 4 个期间来说明。

第一阶段($0 \sim t_1$ 期间),可认为 C 已充电结束,其 C 两端的电压 $u_C = +U_d$,其极性为左正右负,为导通 KN_1 做好准备(主晶闸管 KN_1 的导通准备阶段)。

第二阶段($t_1 \sim t_2$ 期间),KN_1 导通,C 通过 $KN_1 \rightarrow KN_2$ 的反接二极管→L 放电,同时反向充电,流过 KN_1(晶闸管区)的电流 i_{KN1} 为负载电流 I 和 i_C 之和,即 $i_{KN1} = I + i_C$。一旦 KN_1 导通,则输出电压为 $u = U_d$(主晶闸管 KN_1 导通阶段)。

第三阶段($t_2 \sim t_3$ 期间),电容两端电压 $u_C = -U_d$,其极性为左负右正,$i_C = 0$,$i_{KN1} = i = I$,$u = U_d$(换相准备阶段)。

第四阶段($t_3 \sim t_4$ 期间),换相阶段。在 t_3 时刻触发导通 KN_2,随着 KN_2(晶闸管区)的导通,KN_1(晶闸管区)立即因承受反向电压而关断,$i_{KN1} = 0$,接着电容 C 一方面沿着 $L \to KN_2 \to KN_1$(二极管区)流过反向的放电电流,即通过 KN_1 反向二极管的电流为等于 C 的反向放电电流。同时电源还沿着 $C \to L \to KN_2 \to L_G \to$ 直流电动机正向充电,直到 $u_C = U_d$ 为止,到 t_4 时 $i_C = 0$,KN_2 自行关断。在此区间,因 KN_1 的反向二极管导通,所以输出电压 u 仍为 $u = U_d$。在 $t_4 \sim t_5$ 区间。KN_2 已关断,KN_1 反向二极管中的电流 $i_{KN1} = 0$,如果忽略 C 通过电源 VD_1、KN_2 反向二极管,L 呈现的半 T 周期的振荡过程,可近似认为在 t_4 时刻就有 $u_C = U_d$,在 $t_4 \sim t_5$ 期间,负载和续流二极管自成闭合回路释放能量,使得输出电压 $u = 0$,在 t_5 时刻,KN_1(晶闸管)导通,往后又重复前述的过程。

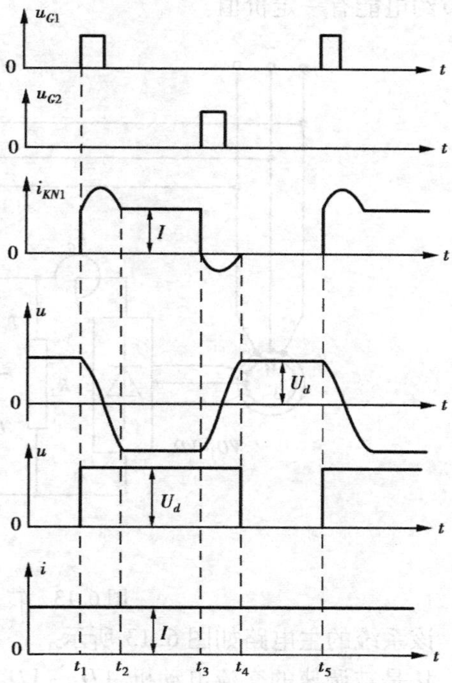

图 6.11　斩波电路的工作波形

根据前述的工作过程可画出该电路的工作波形如图 6.11 所示。

很明显,用逆导型晶闸管构成直流斩波电路,较用普通晶闸管以及与其反并联二极管构成直流斩波电路相比,线路结构大为简化,元件所占体积大大减小,具有较大的优越性,故通常采用输出电压脉宽可调的逆导型晶闸管直流斩波电器。

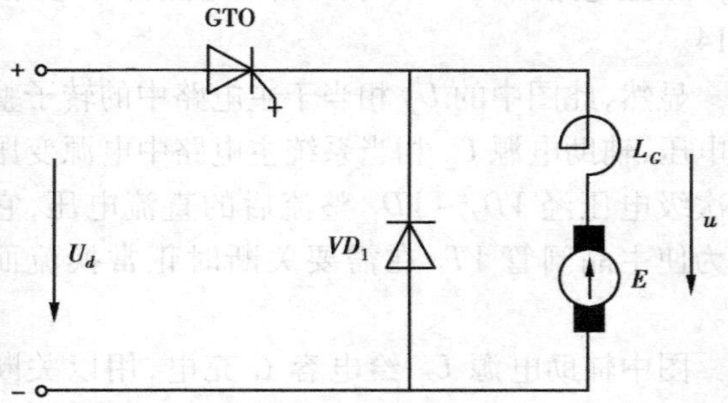

图 6.12　可关断晶闸管直流斩波电路

普通晶闸管和逆导型晶闸管,都是非自关断元件,当它们做开关元件构成斩波电路时,要在欲关断的时刻可靠地关断,斩波电路环节中必须设置强迫换流环节,这样导致斩波主电路元件多,体积大,如果我们采用一些自关断器件,如 GTO(可控晶闸管)或者 GTR(大功率三极管)来构成直流斩波电路,由于这些自关断器件给予门极正向触发脉冲可以导通,而给予门极反向触发脉冲即可关断,这样就可省去换流电路,从而可使系统电路结构大大简化。

图 6.12 示出了利用 GTO 构成的直流斩波电路,关于 GTO 的内部结构及特性,请参阅第 5 章有关部分。把图 6.12 和图 6.4、图 6.7 相比,主电路的结构明显简化得多。故在大容量直流斩波电路中较多采用由普通晶闸管或者逆导晶闸管构成的直流斩波电路。

3. 一种实用的斩波电路

转子斩波调速是绕线式异步电动机调速方案中一种初投资少、结构简单、运行可靠、功率因数高的调整方案，在采用绕线式异步电动机拖动的风机水泵系统中，推广这种调速方案，对于节约电能有一定价值。

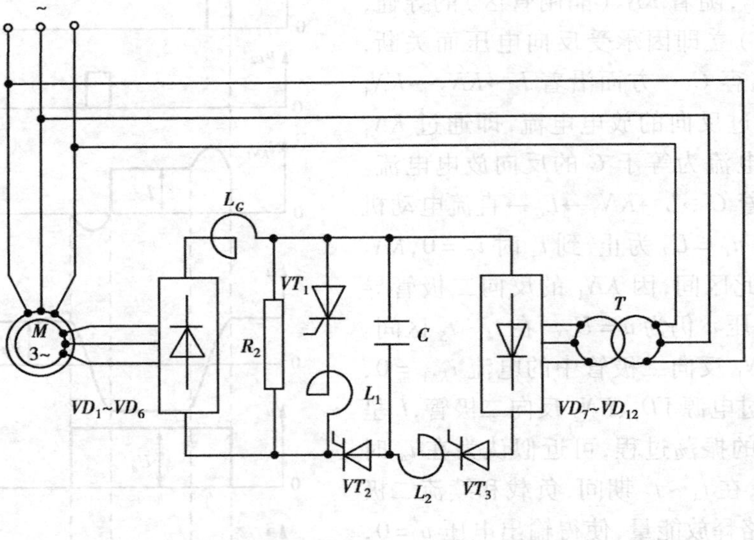

图 6.13　转子斩波调速主电路的构成

该系统的主电路如图 6.13 所示。

M 是被调速的交流电动机，$VD_1 \sim VD_6$ 构成转子整流桥，R_2 是调速电阻，VT_1 是主晶闸管元件用作斩波开关，VT_1、VT_2、VT_3、辅助电容 C 和整流桥 $VD_7 \sim VD_{12}$ 构成并联型斩波开关电路，L_1、L_2 是限流电感，L_G 是平波电抗器，T 是电源变压器。

该调速系统的调速原理、特性分析以及主电路的参数计算，在此仅作简要说明。

该系统中，斩波开关元件 VT_1 与调速电阻 R_2 并联，称之为并联斩波器。现就该斩波电路的工作原理加以介绍，以便读者对斩波电路的工作原理，有更进一步的认识。

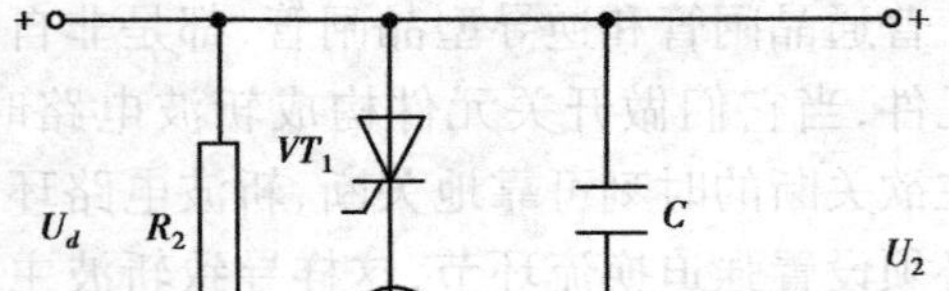

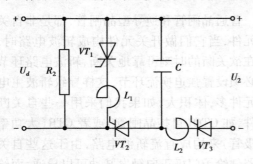

图 6.14　一种实用的斩波电路

从主电路图 6.13 中取出斩波电路部分，如图 6.14。

显然，此图中的 U_d 相当于主电路中的转子整流电压，辅助电源 U_2 相当系统主电路中电源变压器次级电压经 $VD_7 \sim VD_{12}$ 整流后的直流电压，它是为使主晶闸管 VT_1 在需要关断时正常换流而设。

图中辅助电源 U_2 给电容 C 充电，用以关断主晶闸管 VT_1。显然，此斩波电路是利用储能元件电容 C 来实现换流的。

该斩波电路的工作原理如下：

当 VT_1、VT_3 被同时触发导通时，R_2 被 VT_1 短接。同时，U_2 通过 $VT_3 \to L_2 \to C$ 对电容 C 充电。当充电结束时，电容 C 上的电压为 U_2，其极性是上负下正，VT_3 自行关断。当 VT_1 导通 t_{on} 的时间后，给 VT_2 加触发脉冲，因 VT_2 承受着电容 C 上的正向电压，$u_{AK2} > 0$，所以 VT_2 导通，于

是电容 C 通过 $VT_2 \to L_1 \to VT_1$ 对 VT_1 反向放电，从而使 VT_1 关断。当 VT_1 关断后，电容 C 则通过 U_d 继续放电，并反向充电到 U_d，其极性为上正下负。再次触发导通 VT_1、VT_3 时，重复上述的过程。

需要指出的是，在控制过程中，绝不允许 VT_2、VT_3 同时导通，以免造成 U_d 和 U_2 两电源短路。因此主晶闸管 VT_1 的导通时间 t_{on} 的变化范围受到一定的限制，即

$$t_b \leqslant t_{on} \leqslant (T - t_d)$$

或

$$\frac{t_b}{T} \leqslant K_Z \leqslant \left(1 - \frac{t_d}{T}\right) \tag{6.2}$$

式中　t_b 应大于电容 C 的充电时间，t_d 应大于电容 C 的放电时间。

t_b、t_d 以及斩波频率$\left(f = \frac{1}{T}\right)$就决定了该斩波电路工作率的极限值 $K_{Z\min}$ 和 $K_{Z\max}$。图 6.15 给出了斩波率 $K_Z = K_{Z\min}$ 时电容 C 两端的电压 u_C，晶闸管 VT_1、VT_2 以及 VT_3 两端的电压 uT_1、uT_2、uT_3 的理想波形。图中还画出了晶闸管触发脉冲的位置。

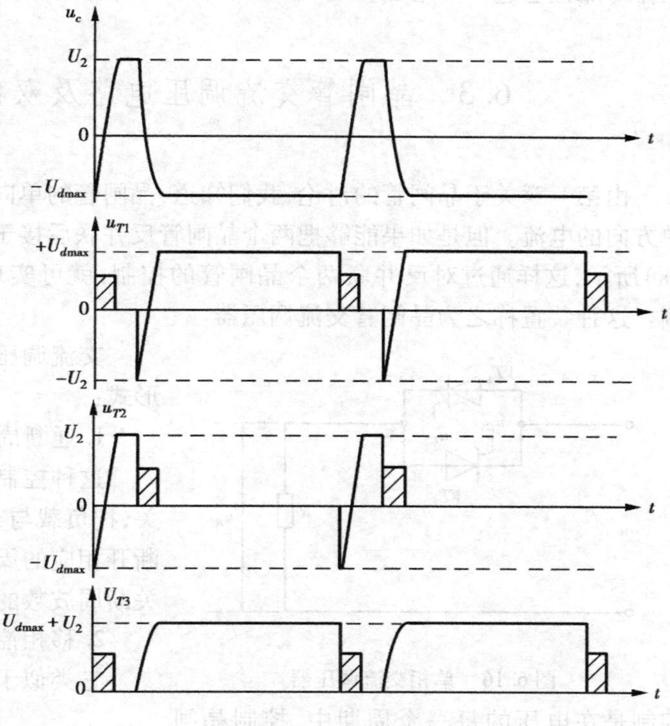

图 6.15　u_C、u_{T1}、u_{T2}、u_{T3} 波形图($K_Z = K_{Z\min}$)

至于 $K_{Z\min}$ 和 $K_{Z\max}$ 限制的保证，是通过控制电路中对控制电压的限幅来实现。电容 C 的计算，由于 VT_1 的关断时间很短，可假设在关断时间内，电容的端电压 U_c 及电容的电流 I_C 均不变，故

$$C \geqslant I_C \cdot (t_q + \Delta t) / U_C \tag{6.3}$$

式中　t_q 为 VT_1 的关断时间，Δt 为关断裕量时间，U_C 为电容的充电电压，可取 $U_C = U_2$。

L_1 和 L_2 分别用来限制电容 C 的放电和充电电流上升率，其值可根据 VT_2、VT_3 导通瞬间回路的电压方程求得

$$L_1 = \frac{U_C}{\frac{di}{dt}} \tag{6.4}$$

$$L_2 = \frac{U_2}{\frac{di}{dt}} \tag{6.5}$$

式中　$\frac{di}{dt}$——为晶闸管 VT_2、VT_3 的电流上升率允许值。

由图 6.15 可见，如果用普通晶闸管构成斩波电路，则欲使晶闸管在工作过程中实现换流，就必须附加 L_1、L_2、VT_2、VT_3、C 以及辅助电源 U_2，这就使得斩波电路元件多，体积大。如果能够用一些具有自关断能力的电力半导体器件(GTO、GTR)构成斩波电路，主电路可大大简化，

工作可靠性会进一步增加。

6.3 晶闸管交流调压电路及双向晶闸管的应用

由第一章关于晶闸管的讨论,我们知道,晶闸管的单向可控导电性决定了该元件只能流过单方向的电流。但是如果能够把两个晶闸管反并联后接于交流电源与其负载之间,如图6.16(a)所示,这样通过对反并联两个晶闸管的控制,就可实现对负载上的交流电压和功率的控制。这种装置称之为晶闸管交流调压器。

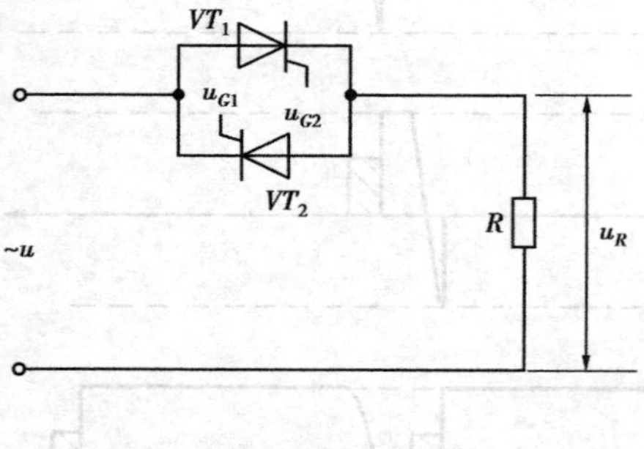

图6.16　单相交流调压器

交流调压器根据对晶闸管的控制可分为两种形式:

1. 通断周波数控制

这种控制其基本指导思想是控制晶闸管开关,把负载与交流电源接通若干个周波数,然后再断开相应的周波数,通过改变控制接通周波数和关断周波数的比值来达到调压的目的。

2. 移相控制

它类似于可控整流电路中的相位控制。移相控制是在电压的每一个周期中,控制晶闸管的导通时刻,达到控制输出电压的目的。有关波形如图6.17所示。

由于在交流调压器中,移相控制应用较多,这里主要介绍移相控制交流调压器。

6.3.1　单相交流调压器

图6.16是单相交流调压器电阻性负载主电路的示意图。现分析采用移相控制时交流调压电路的工作过程及有关波形。

该电路的工作原理如下:

电源电压$u_\sim$的正半周,控制角为α时,给晶闸管VT_1加触发脉冲u_{G1},因VT_1的$u_{AK}>0$,晶闸管VT_1导通,把交流电压$u_\sim$加到负载电阻R上。当交流电压$u_\sim$由正过零变负时回路内的电流下降到零,VT_1自然关断,负载上均无电压和电流。到$\omega t=\pi+\alpha$时,触发晶闸管VT_2,因此时VT_2的$u_{AK}>0$,VT_2导通,则交流电源的负半周电压通过VT_2接到负载电阻R上。当电源电压$u_\sim$由

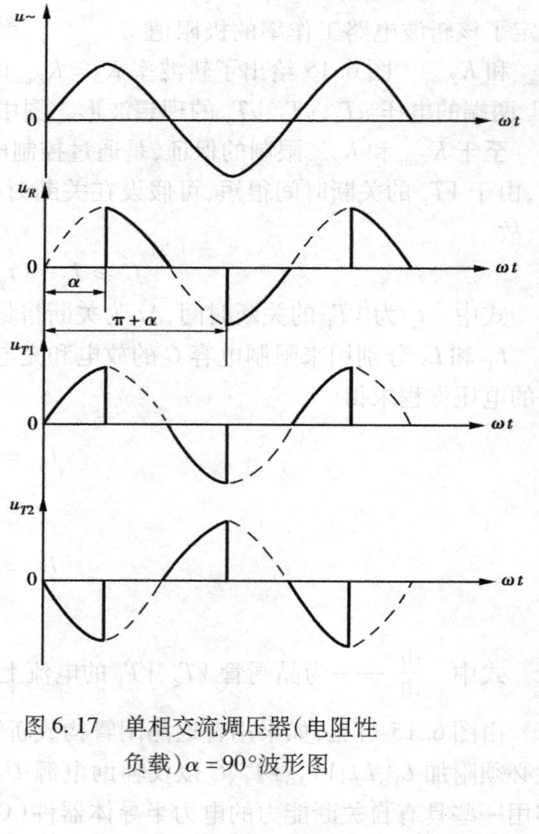

图6.17　单相交流调压器(电阻性负载)$\alpha=90°$波形图

负过零变正时，VT_2 关断，完成一个控制周期。到第二个周期则重复前过程。

根据上述分析可画出负载端的电压及晶闸管 VT_1、VT_2 两端电压的相应波形如图 6.17 所示。

由图可见，单相交流调压电路对电阻性负载供电时，晶闸管是在加触发脉冲时导通，而在电源电压过零时关断。改变控制角 α 的大小，就改变了负载电阻上电压的波形，从而改变了负载电压的有效值，达到调压的目的。

根据负载电阻上电压波形 u_R，可以求得输出电压有效值

$$U = \sqrt{\frac{1}{\pi}\int_{\alpha}^{\pi}(\sqrt{2}U_1\sin\omega t)^2\mathrm{d}(\omega t)} = U_1\sqrt{\frac{1}{2\pi}\sin2\alpha + \frac{\pi-\alpha}{\pi}} \tag{6.6}$$

由于负载是电阻性负载，因此负载电流的波形与加在负载上的电压波形相同。其输出电流有效值

$$I = \sqrt{\frac{1}{\pi}\int_{\alpha}^{\pi}\left(\frac{\sqrt{2}U_1\sin\omega t}{R}\right)^2\cdot\mathrm{d}(\omega t)} = \frac{U_1}{R}\sqrt{\frac{1}{2\pi}\sin2\alpha + \frac{\pi-\alpha}{\pi}} \tag{6.7}$$

显然当 $\alpha = 0°$时，$U = U_1$，$I = \frac{U_1}{R}$。

该交流调压器的功率因数

$$\cos\phi = \frac{P}{S} = \frac{U\cdot I}{U_1\cdot I} = \frac{U_1}{U} = \sqrt{\frac{1}{2\pi}\sin2\alpha + \frac{\pi-\alpha}{\pi}} \tag{6.8}$$

当单相交流调压器对交流电动机、变压器初级绕组等电感性负载供电时，此时的工作情况与具有电感性负载的晶闸管整流电路的工作情况相似。当电源电压过零时，由于电路内电感自感电势的作用，电流并未到零，因此晶闸管还不能关断。需要再经过一段时间电流才能到零，其滞后时间的长短与负载的功率因数角有关。

至于单相交流调压器对电阻和电感串联负载供电时的工作情况，详见双向晶闸管的应用。

6.3.2 三相交流调压器

单相交流调压器线路简单，控制电路也较简单，因此成本低。但是它只适合于中、小容量的应用场所。当调压器要用于大容量的场所时，单相交流调压器则不能满足要求，此时需要采用三相交流调压器来实现。

三相交流调压电路接线形式较多，并且每种电路也各有自己的特点。图 6.18 给出了几种三相交流调压器的典型接线形式。而表 6.1 列出了相应三相交流调压器的主要技术指标。

就其控制方式而言，这些电路可采用移相控制，也可采用通断周波数控制。在具体应用中，选用哪种方式，一般应根据负载的性能要求来决定。

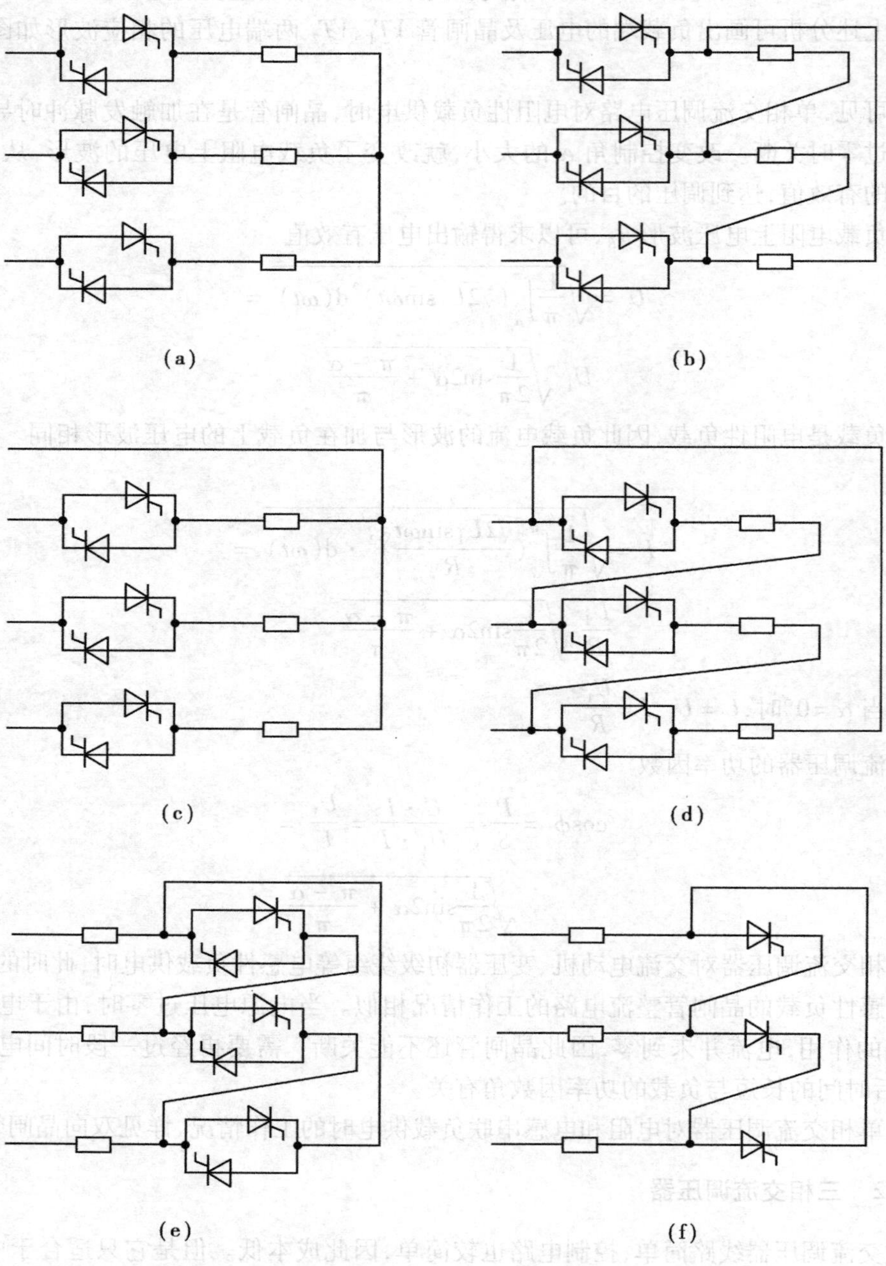

图 6.18　三相交流调压典型接法

为清楚掌握三相交流调压器的工作过程，这里以 Y_0 接法和 Y 接法两种三相交流调压器为例来说明，至于其他电路由读者自己去分析。

1. Y_0 接法的三相交流调压电路

该调压器的电路图如图 6.19 所示。为便于分析，设三相为对称电阻性负载。由于是 Y_0 接法，所以三相交流调压电路可按 3 个单相交流调压电路来考虑。

表 6.1 三相交流调压器的主要技术指标

线路	移相范围	最大输入电流(RMS)	最大负载功耗	晶闸管最大压降	晶闸管电流		
				U_{ac}	峰值/I_{ac}	平均值/I_{ac}	有效值/I_{ac}
1	150°	$\frac{U_{ac}}{\sqrt{3}\times Z_L}$	$3I_{ac}^2R_L$	1.225	1.414	0.450	0.707
2	150°	$\frac{\sqrt{3}U_{ac}}{Z_L}$	$I_{ac}^2R_L$	1.225	1.414	0.405	0.707
3	180°	$\frac{U_{ac}}{\sqrt{3}\times Z_L}$	$3I_{ac}^2R_L$	0.816	1.414	0.450	0.707
4	180°	$\frac{\sqrt{3}U_{ac}}{Z_L}$	$I_{ac}^2R_L$	1.414	0.816	0.260	0.408
5	150°	$\frac{U_{ac}}{\sqrt{3}\times Z_L}$	$3I_{ac}^2R_L$	1.414	0.816	0.260	0.408
6	210°	$\frac{U_{ac}}{\sqrt{3}\times Z_L}$	$3I_{ac}^2R_L$	1.414	1.414	0.675	0.766

为保证该电路正常工作，要求同相间两晶闸管的触发脉冲相位相差180°；而A、B、C三相的同方向晶闸管的触发脉冲相互间隔120°。而触发脉冲u_{G1}、u_{G2}、u_{G3}……u_{G6}按晶闸管的导通顺序来确定。

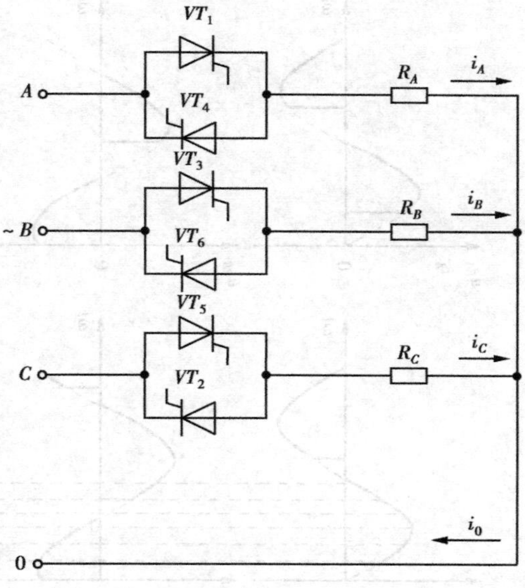

图 6.19 Y_0 接法三相交流调压电路

当控制角$\alpha=0°$时，电路的工作情况类似于三相交流电路的Y_0接法，各相电压、电流对称，中线中无电流，即$i_A+i_B+i_C=0$。图6.20分别表示出$\alpha=0°$、30°、60°、90°以及120°时各相电压及电流的波形。此时，α的计算起点均为电压过零的位置，与第三章中三相半波整流电路α的计算起点有本质的不同。

当$\alpha>0°$以后，各相电流波形存在着缺口，这就意味着在此段时间该相的晶闸管阻断，相电流为零，这就导致三相电流不平衡，在缺口期间，有中线电流i_0，所以必须设置中线让中线电流i_0流过。在其他区间三相中各有一个晶闸管导通，即各相都有电流，由于电源电压是对称的，又三相负载对称，符合三相对称电路情况，因此中线电流为零。

现以$\alpha=30°$来分析电路工作过程。

在$0\sim t_1$期间，VT_5、VT_6导通，$i_A=0$，i_B为负值，i_C为正值，于是$i_0=i_C+(-i_B)$。

在$t_1\sim t_2$期间，VT_1、VT_5、VT_6同时导通，此时类似三相交流电路，则$i_A+(-i_B)+i_C=i_0=0$。

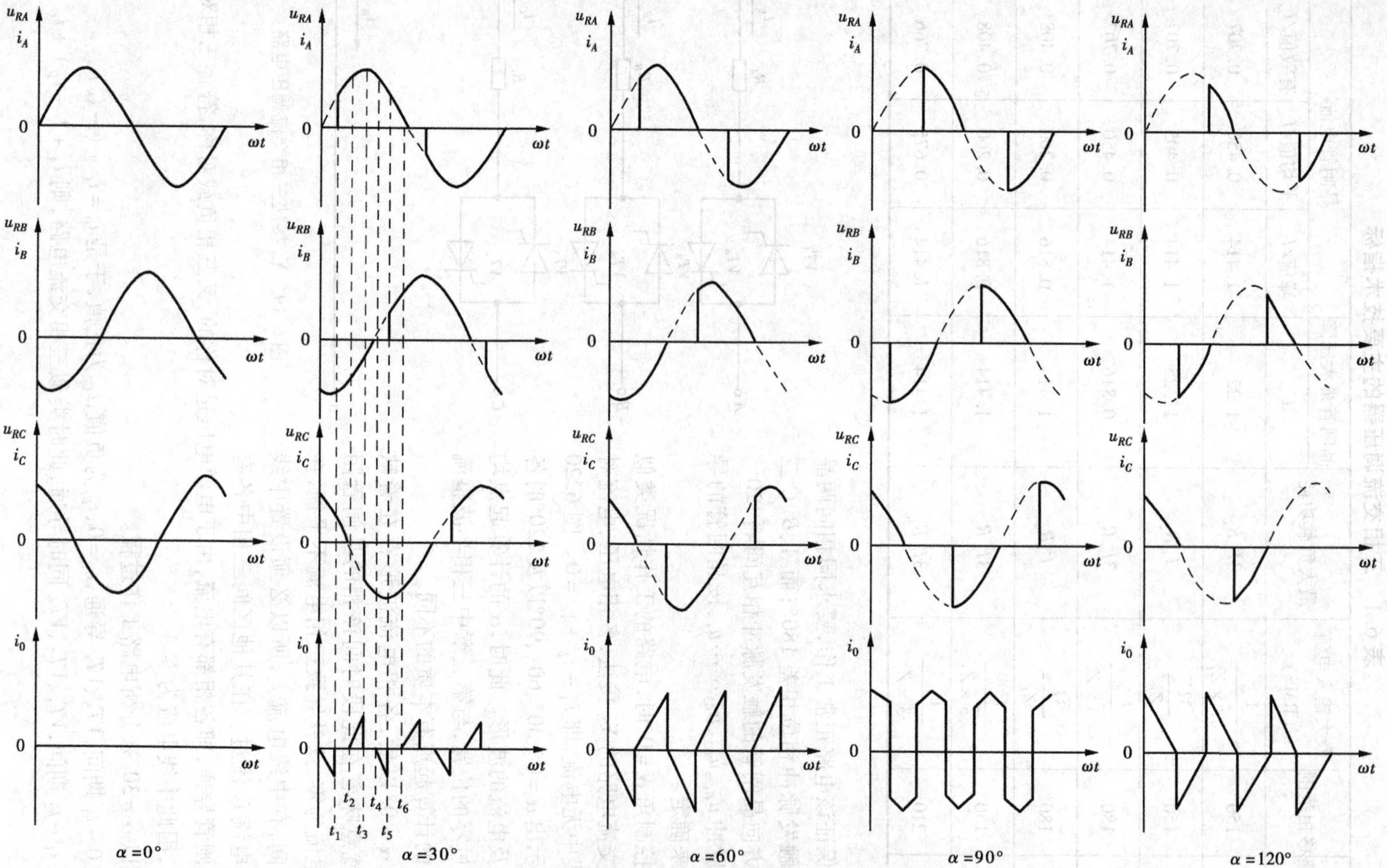

图 6.20　Y_0接法三相交流调压电路的工作波形

在 $t_2 \sim t_3$ 期间，VT_6、VT_1 导通，$i_C=0$，i_A 为正，i_B 为负，则 $i_0=i_A+(-i_B)$，其他区间情况可如此类推。

同理，可分析 $\alpha=60°$、90°、120°时各相电流和电压的波形。

分析结果表明：随着 α 角的增大，相电压和相电流断续越严重，三相电流的不平衡将更明显，当 $\alpha=90°$时，中线中流过的电流 i_0 将最大，当 $\alpha>90°$以后，由于相电压的减小，中线中流过的电流相应减小。

2. Y 接法三相交流调压电路

图 6.21 示出了 Y 接法三相交流调压电路。该电路正常工作对触发脉冲的要求是：

(1)同相上的两个晶闸管触发脉冲彼此间隔 180°。

(2)A、B、C 三相同方向的晶闸管触发脉冲的间隔彼此相隔 120°。

(3)本电路中按 VT_1、VT_2、VT_3、VT_4、VT_5、VT_6 的顺序依次触发导通。

(4)触发脉冲的移相范围 0°～150°。

该电路三相中各有一个晶闸管导通时，它就如同对称的三相交流电路。如果只有两相各有一个晶闸管导通，此时所形成的电流是电源的线电压在起作用。

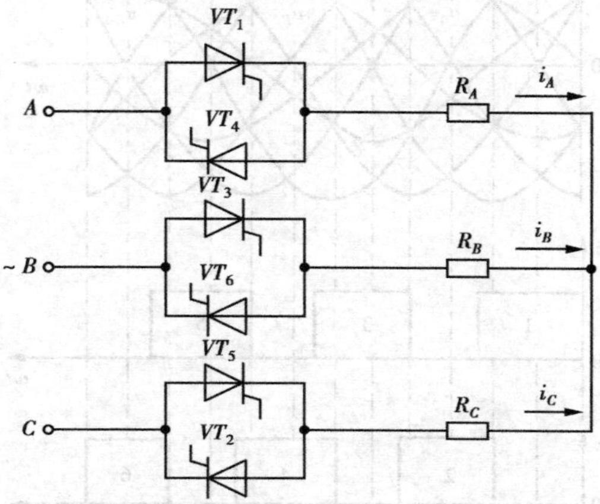

图 6.21 Y 接法三相交流调压电路

如果控制角 $\alpha=0°$，则电路的全工作过程都类似于对称的三相电路情况，此时各相的电压和电流对称。每个晶闸管元件每个周期各导通 180°，负载上的相电压和相电流均是正弦波。图 6.22(a)给出了这种情况下的电压和电流波形。

当 $\alpha>0°$后，情况有所不同，此时电路运行出现某段时间只有两相各有一个晶闸管导通，另一段时间三相中各有一个元件导通的情况，在只有两相各有一个晶闸管导通的情况下，则每相流过的电流由两相应导通晶闸管所在相之间的线电压来决定。现以 $\alpha=30°$为例说明该电路的工作过程。

在 $0 \sim \omega t_1$ 段，因 $\alpha=30°$，故 VT_1 管未加触发脉冲 u_{G1}，VT_1 不通，此时电路内只有 VT_5、VT_6 两晶闸管元件导通，两者在电源电压 u_{CB}的作用下，产生电流 $i_{CB}=\dfrac{u_{CB}}{2R}$，此时 $i_A=0$。

在 $\omega t_1 \sim \omega t_2$ 期间，因为 u_C 尚为正值，故 VT_5 继续导通，VT_6 仍承受正向电压，又受到 u_{G6}的触发，VT_6 也导通，而在 ωt_1 时，开始给 VT_1 加触发脉冲 u_{G1}，因 VT_1 承受的是正向电压，所以 VT_1 也导通。此时电路中各相均有一相应的元件导通，即 VT_5、VT_6、VT_1 三个管都导通，符合三相对称交流电路的要求，故 A 相电流 i_A、A 相电压 u_{RA}波形应该等于三相对称交流电路 A 相电流、电压的波形。

在 $\omega t_2 \sim \omega t_3$ 期间，因为 u_C 过零变负，C 相元件 VT_5 关断，$i_C=0$。此时电路仅剩下 VT_6、VT_1 两个元件导通。此时则流过 a 相和 b 相的电流为由线电压 u_{AB}所决定的电流，即 $i_A=i_{AB}=\dfrac{u_{AB}}{2R}$。

此电流流经 R_A、R_B。故 A 相的电压 $U_{RA}=\dfrac{u_{AB}}{2}$。

在 $\omega t_3 \sim \omega t_4$ 期间，因 u_{G2} 加给 VT_2，又因为 VT_2 承受的是正向电压，所以 VT_2 导通，于是此期间 VT_6、VT_1、VT_2 3 元件都导通，输出给各相负载的电流及其波形又符合在三相对称交流电路的要求。往后都是按这种分析方法分析。图 6.22(b) 画出了 Y 接法三相交流调压电路 $\alpha = 30°$ 时的 i_A 及 u_{RA} 的波形。

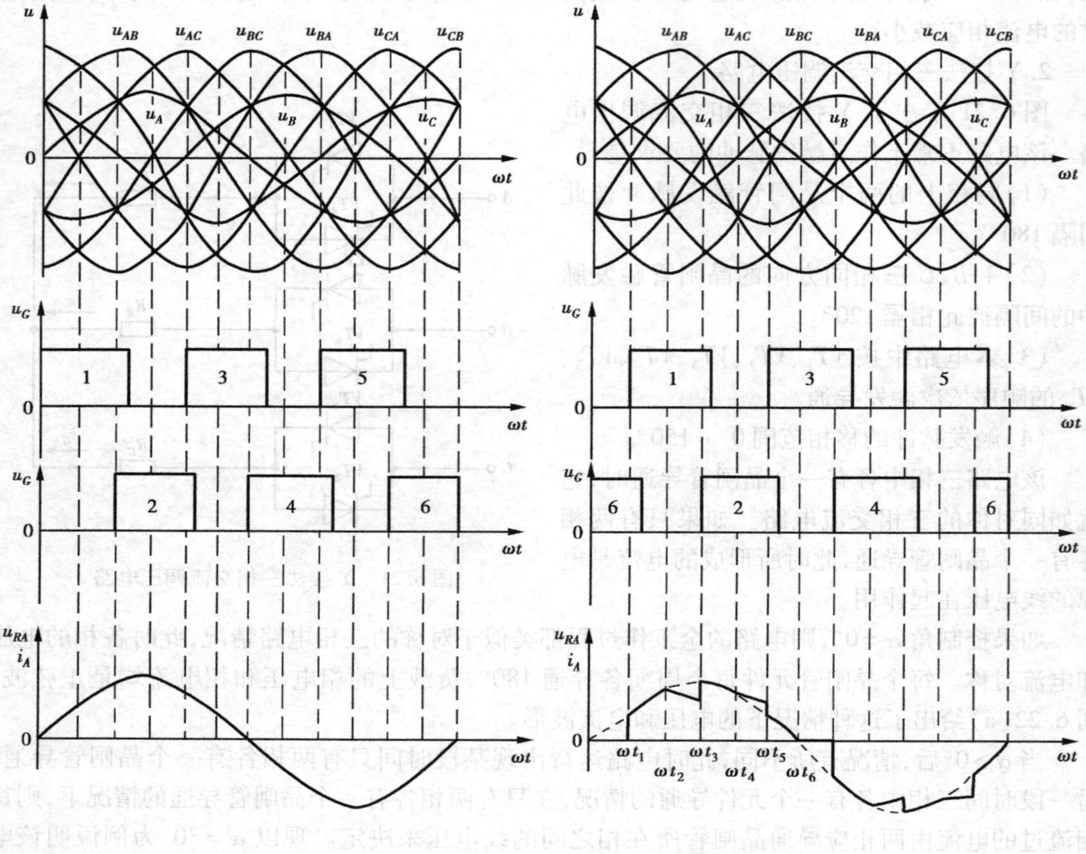

图 6.22　Y 接法三相交流调压电路的波形

进一步分析可以看出，只要 $\alpha > 60°$，就出现了任何瞬间，只有两个晶闸管工作，各相的电流都是相应导通的晶闸管所在相间的线电压除以两相电阻之和。

当 $\alpha \geq 150°$ 时，在此交流调压电路中，各相的输出电压、电流均为零。

由于控制角 α 是按相电压过零点开始计算的。我们知道线电压超前相电压 30°。在此情况下，尽管可使相应两相晶闸管元件加上触发脉冲且相电压大于 0，但因此时两晶闸管所在相之间的线电压已由正过零变负，两晶闸管承受着反向电压，故晶闸管是不能导通的。换句话说 Y 接法三相交流调压电路在电阻性负载时，α 的移相范围是 150°。

由以上分析可见，应用交流调压电路，因有控制角 α，故输出电压、电流的波形将不是标准的正弦波，而且功率因数降低。因此电路中需设置滤波器。另外，必须防止由于正负半周工作不对称所带来的电压中的直流分量。为使电路可靠工作，门极触发电压 u_G 一般要采用大于 60°的宽脉冲或者双窄脉冲。

6.3.3 双向晶闸管及其应用

在单相和三相交流调压电路中，每相都是采用正反向并联的两个晶闸管元件起开关作用。虽然采取这种做法可满足调压电路的要求，但存在的明显缺点是元件数多，再考虑到每个晶闸管的散热器，必然体积大，且设备成本高。为克服这一不足，满足两个晶闸管反并联使用需要，人们把两个反并联连接的晶闸管集成到一个芯片上，并且用能够产生正负脉冲的一个控制电路，实现其控制。而适应这种要求应运而生的新型电力半导体器件就是双向晶闸管。

下面先就双向晶闸管的结构、特性及控制要求加以介绍，并介绍它的应用。

1. 双向晶闸管

图 6.23 表示出了双向晶闸管的基本结构，等效电路以及它的伏安特性。

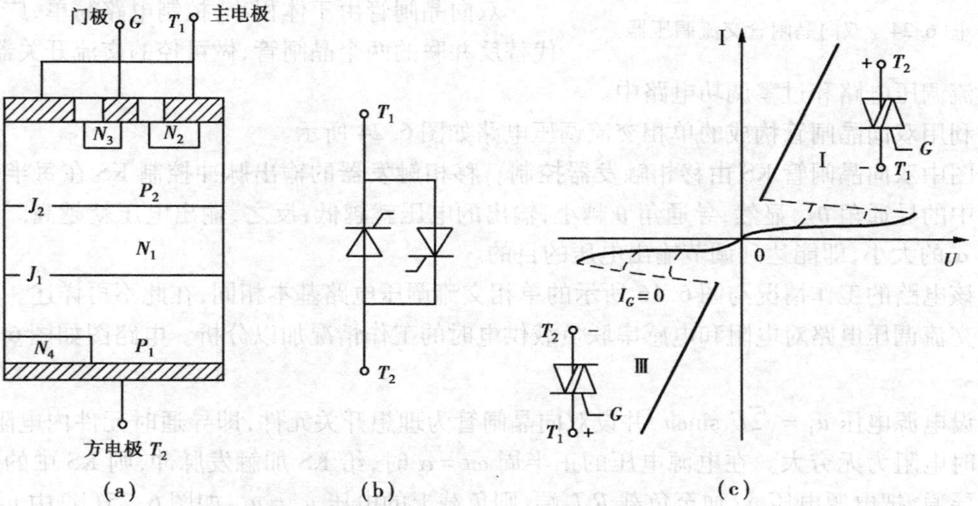

图 6.23 双向晶闸管

(a)结构图 (b)等效电路 (c)伏安特性

由图 6.23(a)可见，实际的双向晶闸管是具有 5 层(NPNPN)，4 个 PN 结的电力半导体器件，它只有一个控制极，用这个控制极可以控制该元件在正反两个方向上的导通。该元件有 3 个电极，分别称做第一电极 T_1，第二电极 T_2 和门极 G。T_1 与 T_2 又称为主电极。

双向晶闸管的门极加上正脉冲或者负脉冲，均可使其正向或者反向导通。这样就有 4 种门极触发方式，即 Ⅰ$_+$、Ⅰ$_-$、Ⅲ$_+$、Ⅲ$_-$，其触发方式表述如下：

Ⅰ$_+$：T_2 相对 T_1 为正，控制极 G 加正脉冲的触发方式。

Ⅰ$_-$：T_2 相对 T_1 为正，控制极 G 加负脉冲的触发方式。

Ⅲ$_+$：T_2 相对 T_1 对负，控制极 G 加正脉冲的触发方式。

Ⅲ$_-$：T_2 相对 T_1 为负，控制极 G 加负脉冲的触发方式。

在所述的 4 种触发方式中，Ⅰ$_+$ 和 Ⅲ$_-$ 两种触发方式灵敏度较高，因此在工程实际应用中，一般多采用 Ⅰ$_+$ 和 Ⅲ$_-$ 的触发方式。

把双向晶闸管和一对反并联的普通晶闸管相比，明显的优点是体积小，并且控制电路比较简单。但它的缺点是，承受电压上升率的能力较低。原因很简单，双向晶闸管在一个方向上导通结束时，单晶硅片各层中的载流子尚未使器件恢复到载止状态，这时如果在相反方向上施加电压，就容易造成未加触发脉冲，元件就导通，称之为误导通。因此在使用双向晶闸管时，一定要采取相应的措施，防止双向晶闸管误导通。

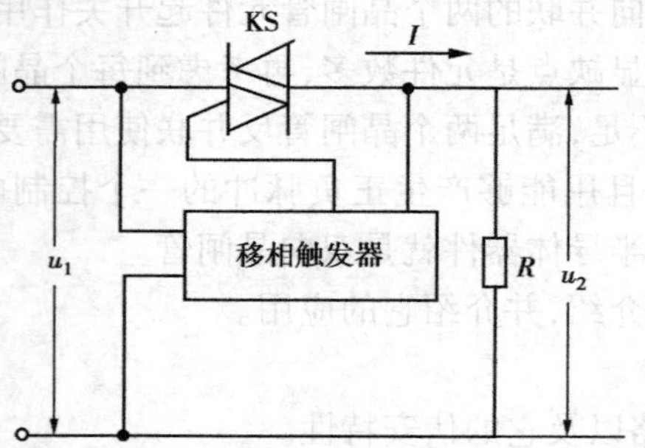

图 6.24　双向晶闸管交流调压器

由于双向晶闸管代替的是两个反并联晶闸管在交流电路中应用，因此，采用电流有效值表示其额定电流。另外，受目前制造工艺水平的限制，双向晶闸管的电流和电压定额值比普通晶闸管要低。

双向晶闸管一般用 KS□－□来表示，其中 KS 为双向晶闸管，第一个方框为额定电流，第二个方框为额定电压的等级。

2. 双向晶闸管的应用

双向晶闸管由于体积小，控制电路简单，广泛用来代替反并联的两个晶闸管，做可控的交流开关器件，用于交流调压电路和过零调功电路中。

利用双向晶闸管构成的单相交流调压电路如图 6.24 所示。

图中双向晶闸管 KS 由移相触发器控制。移相触发器的输出脉冲控制 KS 在每半个电源周波中的导通角 θ。显然，导通角 θ 越小，输出的电压就越低；反之，输出电压就越高。改变控制角 α 的大小，即能达到调节输出电压的目的。

该电路的工作情况与图 6.16 所示的单相交流调压电路基本相同，在此不再详述。这里就单相交流调压电路对电阻和电感串联负载供电时的工作情况加以分析。电路图如图 6.25(a)所示。

设电源电压 $u_1=\sqrt{2}U_1\sin\omega t$，并设双向晶闸管为理想开关元件，即导通时元件内电阻为零，截止时电阻为无穷大。在电源电压的正半周 $\omega t=\alpha$ 时，给 KS 加触发脉冲，则 KS 中的正向晶闸管导通，把电源电压 u_1 加至负载 R-L 端，则负载上的电压 $u_2=u_1$，如图 6.25(b)中 u_2 所示。当电源电压 u_1 由正过零变负时($\omega t=\pi$)，由于电感 L 中的自感电势的作用(此时 L 中的电流是减少的)，自感电势和电源电压共同作用的结果可使 KS 继续承受正向电压，于是正向晶闸管并不能关断，继续维持导通，直到 $i=0$ 时，正向晶闸管才关断，输出电压 $u_2=0$。

在电源电压的负半周，$\omega t=\pi+\alpha$ 时，给双向晶闸管加触发脉冲，则双向晶闸管中的反向晶闸管导通，将电源电压 u_1 的负半波加到负载端，$u_2=u_1$，到电源电压由负过零变正时，同样由于电感中自感电势的作用，KS 中反向晶闸管继续导通，直到 $i=0$ 时，反向晶闸管才关断，到第二个周期则重复前述的过程。在双向晶闸管导通期间，负载电压 u_2 按 u_1 变化，当双向晶闸管截止时，负载上的电压为零。图 6.25(b)中分别画出了负载上的电压 u_2，双向晶闸管两端的电压 u_{KS} 以及负载电流 i 的波形。

至于负载电流的变化规律，可根据晶闸管导通时回路的电压平衡方程求得。

为分析方便可把图 6.25(b)的纵坐标由原来的 0 平移到 $\omega t=\alpha$ 处，如图中所示。显然在新坐标系中，在 $\omega t=0$ 时，给 KS 加触发脉冲，则 KS 导通，所以有

$$u_1=Ri+L\frac{\mathrm{d}i}{\mathrm{d}t}=U_{1m}\sin(\omega t+\alpha) \tag{6.9}$$

该常系数线性微分方程电流 i 的解

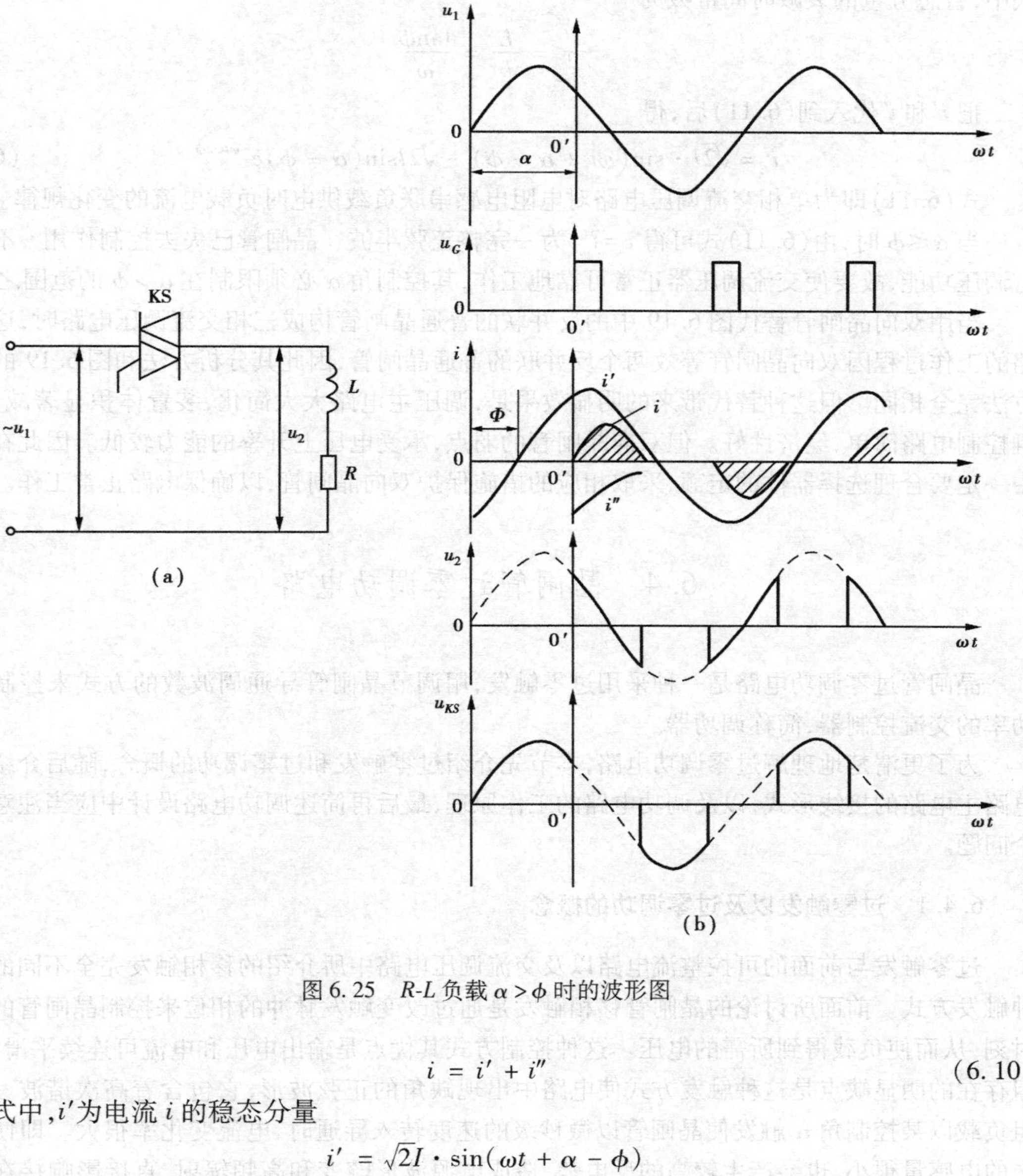

图 6.25　R-L 负载 $\alpha > \phi$ 时的波形图

$$i = i' + i'' \tag{6.10}$$

式中，i'为电流 i 的稳态分量

$$i' = \sqrt{2}I \cdot \sin(\omega t + \alpha - \phi)$$

该式中，电流有效值

$$I = \frac{u_1}{\sqrt{R^2 + (\omega L)^2}}$$

功率因数角

$$\phi = \arctan \frac{\omega L}{R}$$

另一个暂态分量

$$i'' = -\sqrt{2}I\sin(\alpha - \phi)e^{-\frac{t}{\tau}}$$

式中，暂态分量的衰减时间常数为

$$\tau = \frac{L}{k} = \frac{\tan\phi}{\omega}$$

把 i' 和 i'' 代入到(6.11)后，得

$$i = \sqrt{2}I \cdot \sin(\omega t + \alpha - \phi) - \sqrt{2}I\sin(\alpha - \phi)e^{-\omega t\cot\phi} \tag{6.11}$$

式(6.11)即为单相交流调压电路对电阻电感串联负载供电时负载电流的变化规律。

当 $\alpha \leqslant \phi$ 时，由(6.11)式可得 $i = i'$，为一完整正弦半波。晶闸管已失去控制作用，不再具有调压功能，故要使交流调压器正常可靠地工作，其控制角 α 必须限制在 $\alpha > \phi$ 的范围之内。

当用双向晶闸管替代图6.19中的反并联的普通晶闸管构成三相交流调压电路时，这个电路的工作过程因双向晶闸管等效两个反并联的普通晶闸管，因此其分析方法和图6.19的分析方法完全相同。但这种替代带来的明显效果是，调压主电路大大简化，装置体积显著减小，并且控制电路简单，经济性好。但双向晶闸管的弱点，承受电压上升率的能力较低。因此在使用中一定要合理选择器件的定额，采取相应的措施保护双向晶闸管，以确保电路正常工作。

6.4 晶闸管过零调功电路

晶闸管过零调功电路是一种采用过零触发，用调节晶闸管导通周波数的方式来控制输出功率的交流控制器，简称调功器。

为了更清楚地理解过零调功电路，本节先介绍过零触发和过零调功的概念，随后介绍调功电路主电路的接线形式，以及调功电路的工作原理，最后再简述调功电路设计中应当注意的几个问题。

6.4.1 过零触发以及过零调功的概念

过零触发与前面的可控整流电路以及交流调压电路中所介绍的移相触发完全不同的另一种触发方式。前面所讨论的晶闸管移相触发是通过改变触发脉冲的相位来控制晶闸管的导通时刻，从而使负载得到所需的电压。这种控制方式其优点是输出电压和电流可连续平滑调节，但存在的明显缺点是这种触发方式使电路中出现缺角的正弦波形，它包含着高次谐波。在电阻负载以某控制角 α 触发使晶闸管以微秒级的速度转入导通时，电流变化率很大。即使电路中的电感量很小，也会产生较高的反电势，造成电源波形畸变和高频辐射，直接影响接在同一电网上的其他用电设备(特别是精密仪表、通讯设备等)正常运行。因此移相触发控制的晶闸管装置在实用中受到一定的限制。在要求较高的地方，采用移相触发装置，就必须采用滤波和防干扰措施。

晶闸管过零触发则不同。所谓过零触发是在晶闸管交流开关电路中，把晶闸管作为开关元件串接在交流电源与负载之间，在电源电压过零的瞬时使晶闸管受到触发而导通；利用晶闸管的擎住特性，仅当电流接近零时才关断，从而使负载能够得到完整的正弦波电压和电流。由于晶闸管是在电源电压过零的瞬时被触发导通，这就可保证瞬态负载浪涌电流和触发导通时的电流变化率 $\frac{\mathrm{d}i}{\mathrm{d}t}$ 大大减少，从而使晶闸管由于 $\frac{\mathrm{d}i}{\mathrm{d}t}$ 过大而失效或换相失败的几率大大减少。在

要求调节交流电压或功率的场合，利用晶闸管的开关特性，在设定周期内将电路接通若干周波，然后再断开相应周波，通过改变晶闸管在设定周期内通断时间的比例，达到调节负载两端电压，即负载功率的目的。晶闸管过零调功器就是根据此原理设计的。

由于调功器中的晶闸管都是在电源电压过零时按通断控制规律被触发导通，其输出都是有间隔的正弦波，负载电压在晶闸管导通时接近电源电压，而当晶闸管关断时为零。图 6.26 表示出了全周波两种控制方式(全周波连续式和全周波间隔式)过零触发输出电压的波形。

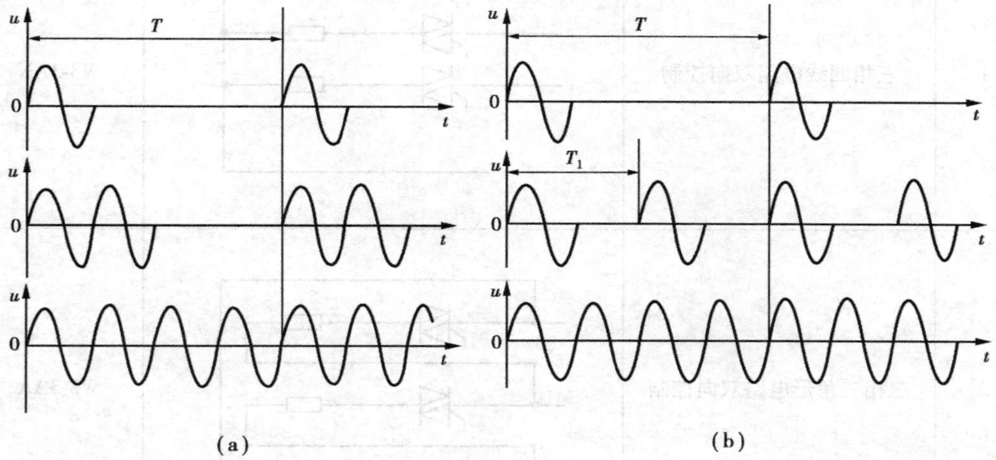

图 6.26 过零控制波形图

(a)连续输出波形 (b)间隔输出波形

由图可见，不论采用哪种工作方式，其实质都是通过调节设定周期内的周波数来实现输出功率的调节。显然，这种过零触发控制方式不适用于要求电压连续平滑调节的场合，较适用于以镍铬或铁铬铝等电阻温度系数变化较小材料制成的电热元件的温度控制系统中。

6.4.2 调功器主电路的接线形式

如上所述，将一对反并联的晶闸管或者双向晶闸管接在单相交流电源与负载之间，或者将三对反并联的晶闸管或者三只双向晶闸管接在三相交流电源与负载之间，这样就构成了如图 6.27(a)所示的单相调功器和图 6.27(b)所示的三相调功器。

图 6.27(a)所示的单相交流调功器是调功器的基本电路单元，而(b)图所示的三相调功电路可以看做是由 3 个单相调功电路组合而成。单相调功器用于中、小功率的设备，而三相调功器则用于较大功率的系统。事实上，三相交流调功器除了图 6.27(b)所示的接线型式外，尚有其他不同的接线型式，表 6.2 给出了几种主要接线型式，供有关人员应用时参考。需要说明的是图中的双向晶闸管可用正反向并联的普通晶闸管替代，而带框的 L 表示负载可接成 Y 形，也可接成△形。

6.4.3 调功器的工作原理

图 6.27(a)为过零触发单相交流调功电路。交流电源电压 u_1、VT_1 和 VT_2 的触发电压 u_{G1}、u_{G2}分别如图 6.28 中所示。由于各于晶闸管都是在电压 u_1 过零时加触发脉冲 u_G，因此就

有电压 u_2 输出。如果不触发 VT_1 和 VT_2，则输出电压 $u_2=0$。由于是电阻性负载，所以当交流电源电压过零时，原来导通的晶闸管因其电流下降到维持电流以下而自行关断。

表 6.2　三相晶闸管调功器主电路的几种接线方式

代　号	主 电 路 名 称	接　　　线　　　方　　　式	IEC 代 号①
1	三相四线电路双向控制	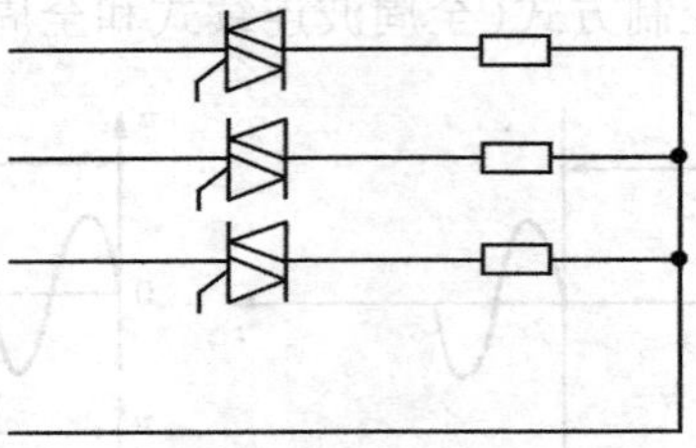	W3-3AN
2	三相三角形电路双向控制	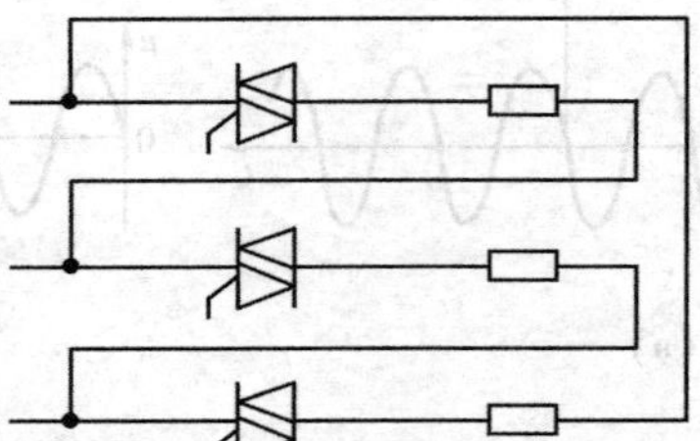	W3-3AA
3	三相三线电路双向控制	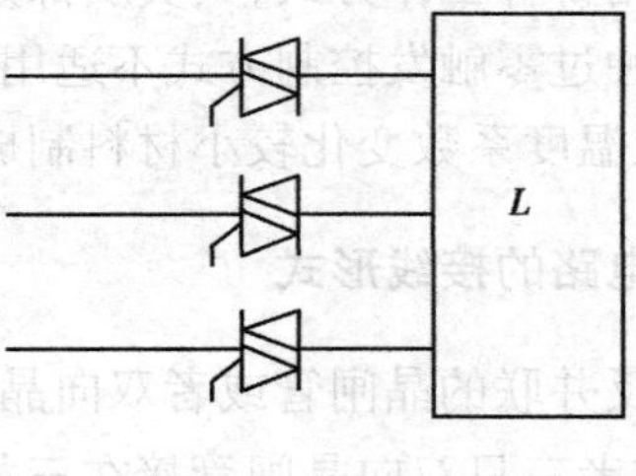	W3-3AX
4	三相三线电路二线双向控制	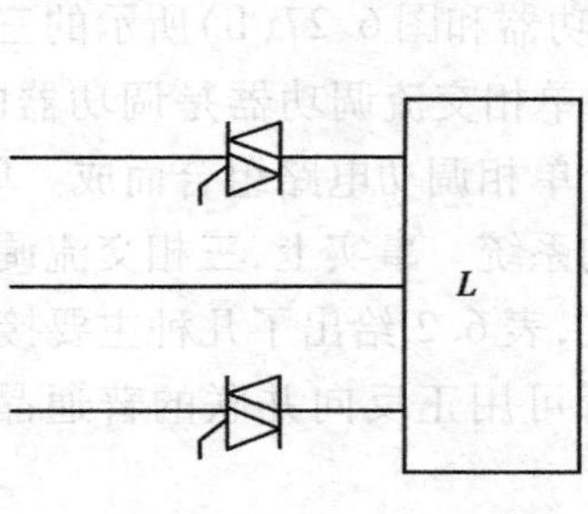	W3-2AX

①IEC—TC22B(中办)40 的代号。

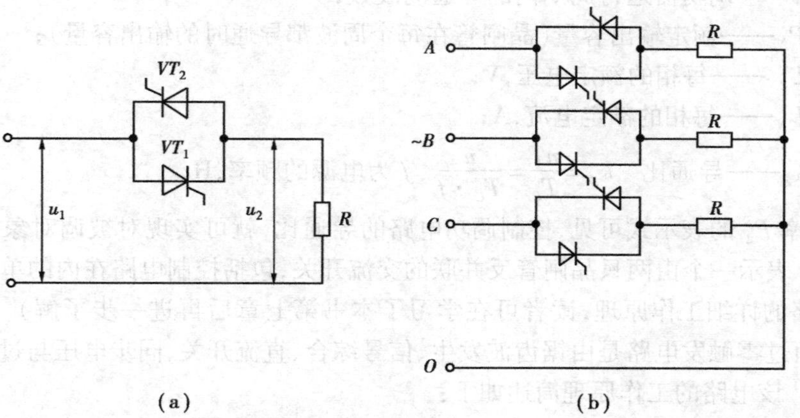

图 6.27　交流调功器

(a)单相交流调功器　　(b)三相交流调功器

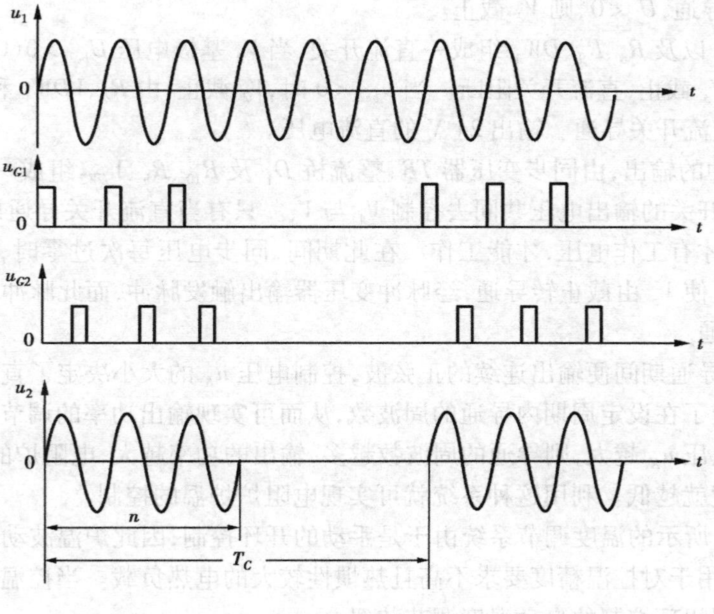

图 6.28　单相交流零触发开关电路的工作波形

如设定周期 T_C 内导通的周波数为 n，50 Hz 每个周波的周期 T(20 ms)则调功器的输出功率 P_2 为

$$P_2 = \frac{n \cdot T}{T_C} P_N = k_Z P_N \text{ kVA} \tag{6.12}$$

$$P_N = U_{2N} I_{2N} \times 10^{-3} \text{ kVA} \tag{6.13}$$

式中　T_C——设定运行周期(s)、T_C 应大于电源电压一个周波的时间远远小于负载的热时间常数，一般取 1 s 左右就可满足工业要求；

T——电源的周期，ms；

n——调功器运行周期内的导通周波数；

P_N——额定输出容量(晶闸管在每个周波都导通时的输出容量)；

U_{2N}——每相的额定电压,V；

I_{2N}——每相的额定电流,A；

k_Z——导通比　$k_Z = \dfrac{nT}{T_C} = \dfrac{n}{T_C \cdot f}$　f 为电源的频率,Hz。

由输出功率 P_2 的表示式可见,控制调功电路的导通比,就可实现对被调对象如电阻炉的控制。图 6.29 表示一个由两只晶闸管反并联的交流开关,包括控制电路在内的单相过零调功电路(控制电路的详细工作原理,读者可在学习了本书第七章后再进一步了解)。由图可见,负载是电炉,而过零触发电路是由锯齿波发生、信号综合、直流开关、同步电压与过零脉冲输出 5 个环节组成。该电路的工作原理简述如下：

(1)锯齿波是由单结晶体管 BT 和 R_1、R_2、R_3、ω_1 和 C_1 组成的张弛振荡器产生,然后经射极跟随器(V_1、R_4)输出。

(2)控制电压(U_k)与锯齿波电压进行电流叠加后送到 V_2 的基极,合成电压为 U_s,当 $U_s>0$(0.7 V)时,V_2 导通,$U_s<0$,则 V_2 截止。

(3)由 V_2、V_3 以及 R_8、R_9、DW_1 组成一直流开关,当 V_2 基极电压 $U_{be2}>0$(0.7 V),V_2 导通,u_{be3}接近零电位,V_3 截止,直流开关阻断。当 $u_{be2}<0$ 时,V_2 截止,由 R_8、VDW_1 和 R_9 组成分压电路,使 V_3 导通,直流开关导通。输出 24 V 的直流电压。

(4)过零脉冲的输出,由同步变压器 TB、整流桥 D_1 及 R_{10}、R_n、V_{DW2} 组成一削波同步电源,这个电源与直流开关的输出电压共同去控制 V_4 与 V_5。只有当直流开关导通期间,V_4、V_5 集电极和发射极之间才有工作电压,才能工作。在此期间,同步电压每次过零时,V_4 截止,其集电极输出一正电压,使 V_5 由截止转导通,经脉冲变压器输出触发脉冲,而此脉冲使晶闸管 T 在需要导通的时刻导通。

在直流开关导通期间便输出连续的正弦波,控制电压 u_K 的大小决定了直流开关导通时间的长短,也就决定了在设定周期内导通的周波数,从而可实现输出功率的调节。

显然,控制电压 u_K 越大,则导通的周波数越多,输出的功率越大,电阻炉的温度就越高；反之,电阻炉的温度就越低。利用这种系统就可实现电阻炉炉温的控制。

但是图 6.29 所示的温度调节系统由于是手动的开环控制,因此炉温波动大,控温精度低。故这种系统只能用于对控温精度要求不高且热惯性较大的电热负载。当控温精度要求较高较严时,则必须采用闭环控制的自动温度调节装置。

闭环控制自动调温的基本指导思想是,在系统中增设温度传感器和温度调节器,温度传感器的基本功能是检测电炉的实际温度,并变换成电压讯号,和炉温控制电压 u_K 进行比较,根据两者差值的大小($\Delta e = u_K - u_{fT}$)和变化方向(即 Δe 为正还是为负)通过调节器进行相反方向的调节,使调节器的输出控制直流开关导通时间的长短,从而使设定周期内晶闸管的导通周波数增大或者减少,相应的电炉温度升高一点或者减少一点。采取这种控制方法,可以使炉温在较小的范围内变化,控制精度高。

至于系统中所采用的调节器,可采用 I(积分)调节,PI(比例-积分)调节,或者 PID(比例-积分-微分)调节,在实际系统中选用哪种,一般应根据负载的性能指标要求来选择。

该电路更详细的分析,乃是后续课程所要研究的内容,这里不再赘述。

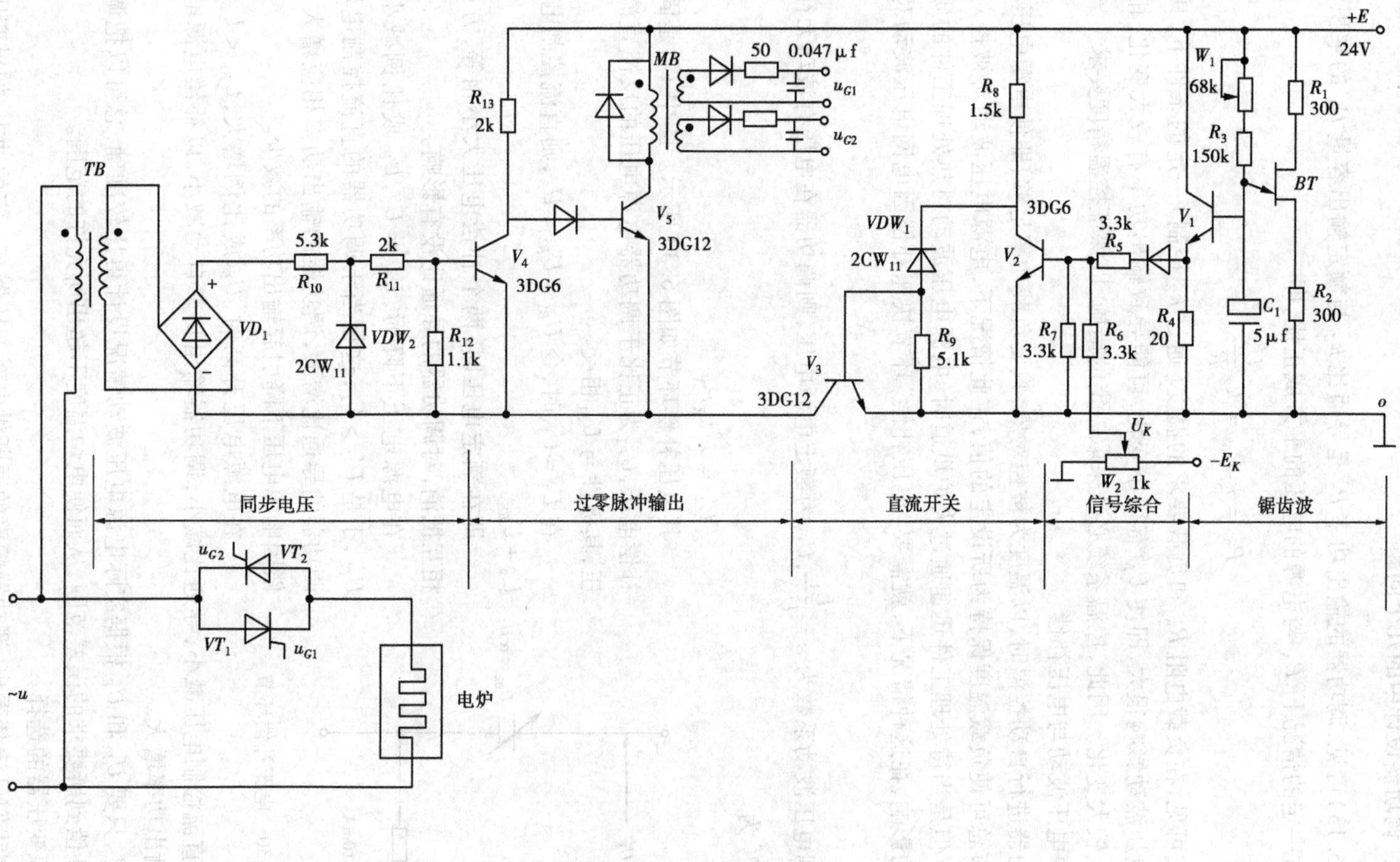

图 6.29　晶闸管过零调功电路

6.4.4 调功器设计中的几个问题

由式(6.13)可见,调功器的输出功率 P_2 是导通比 k_Z 与额定输出容量 P_N 的乘积。因此,在负载阻抗一定的情况下,P_N 与电源的电压的平方成正比,即

$$P_2 = k_Z P_N = k_Z \frac{U_N^2}{R_N} \tag{6.14}$$

由此式可见,在负载电阻 R_N 和负载要求的温度(通过 k_Z 控制)一定的条件下,其控温精度受电源电压波动影响很大,即使 U_N 有很小变化,可能导致输出功率有较大变化,相应地将使炉温发生较大变化。因此,控温系统必须采取一定的措施,以保证控温精度要求。

1. 电源电压波动与电压补偿

在调功器进行自动控温时,以温度为被控对象,只要负载功率足够,即使电源电压波动,通过 *PID* 调节总可使负载温度保持为所设定的值,在此情况下,电源电压波动对被控对象温度影响不大。但是当待处理工件迅速通过火炉烘道时,电源电压波动对热处理工件的质量将会产生很大的影响,在这种情况下,就需要“电压补偿”环节快速补偿因电网电压波动对输出功率的影响。

设电网电压波动系数为 $\varepsilon = \dfrac{U_1}{U_{1N}}$,$U_{1N}$为额定电源电压,则调功器在电压有波动无补偿时的输出功率 P_2' 为

$$P_2' = \varepsilon^2 k_Z P_N$$

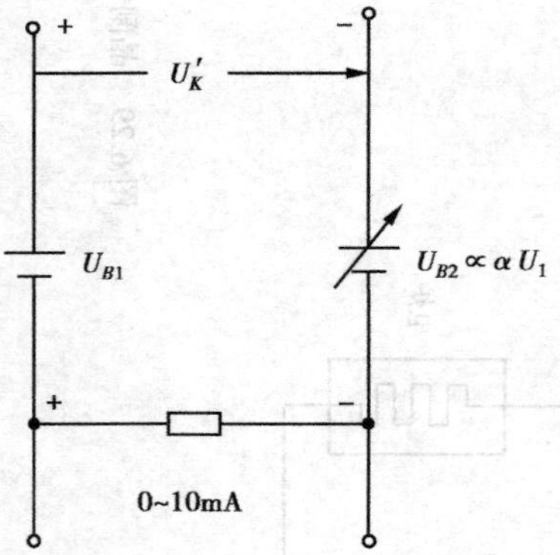

图 6.30 电压补偿环节

其电压补偿环节如图 6.30 所示。图中 U_{B1}是固定直流补偿电压,U_{B2}为正比于调功器电源电压的反馈直流补偿电压,其极性与 U_{B1}相反。

在 $U_1 = U_{1N}$时,令 $U_{B1} = U_{B2} = U_B$,则直流控制电压 $U_k' = U_k + U_{B1}$。

即在额定电压时,两个补偿电压大小相等,方向相反,相互抵消,对调功器的导通比没有影响。

在电源电压下降时,$U_{B2} \propto U_1$,U_{B2}成比例减小,$U_{B1} > U_{B2}$,于是 $U'_k > U_k$,这相当于调功器的直流控制电压增大,调功器的导通比增大,调功器的输出功率相应增大,从而补偿因电源电压下降引起输出功率的减少。

在电源电压升高时,U_{B2}成比例增大,$U_{B1} < U_{B2}$,$U'_k < U_k$,相当于直流控制电压减小,导通比减小,调功器输出功率自动减小,以补偿电源电压升高所引起的输出功率增大。

很明显,只要 U_{B1}和 U_{B2}根据实际电源电压波动情况设计得比较准确,总可以把调功器的输出功率补偿到所要求的误差范围,从而使电炉温度不超出所允许的范围。

2. 电源变压器的选择

前述使我们已清楚看出,调功器频繁的通断供电对变压器有一定的冲击,如果变压器容量选得偏小,会使电源电压有较大波动,造成低于电网频率的电压分量增大,导致调功器和其他用电设备不能正常工作。因此在使用调功器时,应对供电设施采取一定措施。如果条件许可

的话，对调功器采用专用变压器供电。如果一台变压器对多台调功器并联供电，根据 IEC-TC22B（中办）40 的规定，电源变压器的阻抗应等于负载总阻抗的$\frac{1}{100}$，即电源变压器的阻抗压降应小于等于负载电压的$\frac{1}{100}$。如果电源变压器阻抗电压为$\frac{4}{100}$，则变压器输出电流应为变压器额定电流的$\frac{1}{4}$，即变压器容量应为调功器总容量的 4 倍，此规定也适用于交流调压器。

3. 调功器容量的选择

调功器容量的选择，一般应根据负载所要求的额定功率来选择。但是在实际应用中选取调功器的功率容量时，尚需留一定裕量。如果负载要求的功率为 P_N，则调功器的容量应为 $(1.2\sim1.3)P_N$，其中，1.2 ~ 1.3 为裕量系数。

对于电阻温度系数较大的负载，选用调功器的容量应更大，有时甚至要采用调压起动措施。

习题及思考题

6.1　如果保持斩波频率不变，只改变导通时间 t_{on}，试画出当工作率分别为 25%，75% 时理想斩波器的输出电压波形。

6.2　目前作为车辆用斩波器采用题图 6.31 所示的电路，使用逆导晶闸管。设负载电流为一定值。试分析此电路的工作过程。

6.3　一台 220 V　10 kW 的电炉，现采用晶闸管交流调压器使其工作于 5 kW。试求其控制角，工作电流及电源侧的功率因数。

6.4　在题图 6.32 单相交流调压电路中，$U_1=230$ V，$X_L=0.23\ \Omega$，$k=0.23\ \Omega$，电源的频率 50 Hz。求此负载电路的控制范围。

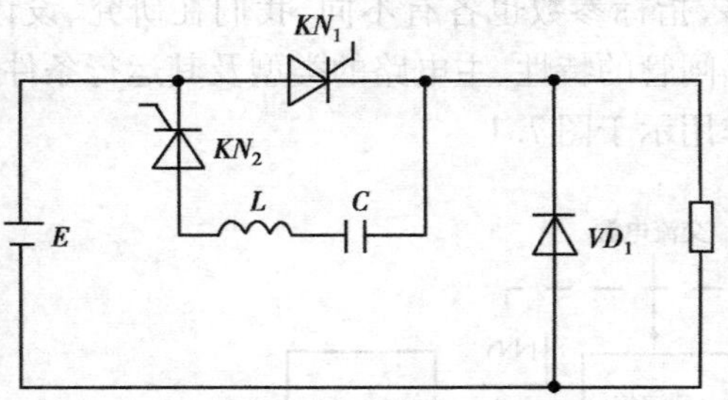

图 6.31　车辆用斩波器

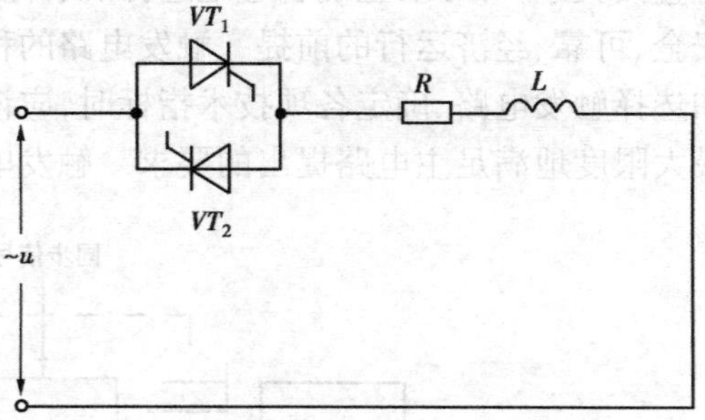

图 6.32　单相交流调压电路

第7章　触发电路

内容提要

晶闸管是一种可以控制的半导体功率开关器件，使用这种器件时，必须要有能为它提供控制信号的电路装置，这就是触发电路。本章结合整流逆变问题，重点讨论几种常见的相控模拟触发电路，读者可通过对这些电路的分析，掌握触发电路的基本工作原理，学会分析的方法。本章7.1节介绍触发电路必须具备的技术指标，这是认识、选择、设计触发电路的基础；7.2节介绍两种最简单的触发电路，帮助读者建立移相控制的基本概念，7.3节较详细地讨论了单结晶体管的特性及其振荡电路、触发电路，为正确设计和使用单结晶体管触发电路打下基础；7.4,7.5,7.6节中，围绕同步电压为正弦波和锯齿波两种晶体管触发电路的工作原理，介绍了晶体管触发电路的基本组成环节、移相控制方式和同步定相等问题，这是本章重点；在7.7节中，对集成触发电路和数字触发电路作了必要的介绍，使读者可了解触发电路的发展趋势。本章所讨论的触发电路都是通过改变触发信号的相位来控制主电路的输出功率的，所以这些触发电路又称为相控触发电路。

7.1 触发电路的技术指标

触发电路在变流装置中所起的基本作用是向晶闸管提供门极电压和门极电流，使晶闸管在需要导通的时刻可靠导通；根据控制要求决定晶闸管的导通时刻，对变流装置的输出功率进行控制。触发电路是变流装置中的一个重要组成部分，变流装置是否能正常工作，与触发电路有直接关系。因此，正确合理地选择、设计触发电路及其各项技术指标是保证晶闸管变流装置安全、可靠、经济运行的前提。触发电路的种类很多，指标参数也各有不同，我们在研究、设计和选择触发电路、确定各项技术指标时，应该依据晶闸管的特性、主电路的类型及其运行条件，最大限度地满足主电路提出的要求。触发电路的作用示于图7.1。

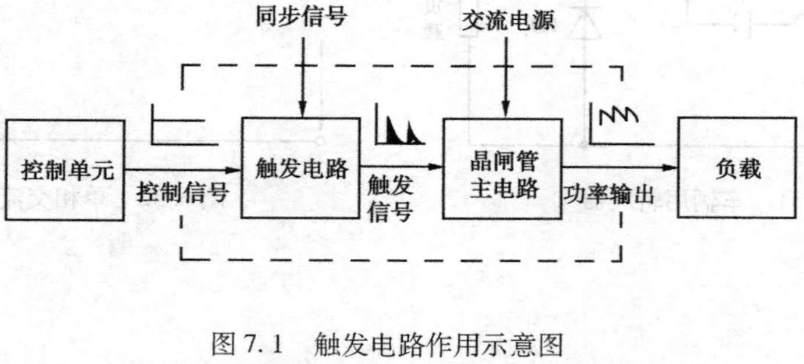

图7.1　触发电路作用示意图

触发电路是通过输出触发信号来实现对晶闸管的控制的。触发信号可以是直流信号、交流信号或时间短促的脉冲信号，只要功率足够大，它们都能使承受正向电压的晶闸管触发导通。因晶闸管导通后控制信号就失去作用,为减小门极功耗并使触发更准确可靠,大多采用脉冲作为触发信号。下面就从触发脉冲开始,讨论触发电路应具备的主要性能指标。

1. 触发脉冲的波形参数

脉冲的幅值及功率:触发脉冲应有足够的功率,保证在允许的工作温度范围内,对所有合格的元件都能可靠触发。在元件产品样本中,给出了元件触发功率(电压、电流)的参数指标,但考虑到其门极参数的分散性和随温度不同而变化的特点,实际工作时的脉冲幅值要大于元件的触发电压、电流的额定值,但又不要超过最大允许的电压、电流值。不触发时,触发电路的漏电流不得大于元件的不触发电流,以免引起误导通和增加门极功耗。

脉冲的宽度:触发脉冲应有足够的宽度,以保证晶闸管触发导通后,其阳极电流能升到擎住电流以上。普通晶闸管的开通时间一般为 6 μs 左右,故脉冲宽度应在 6 μs 以上,最好达到 20 μs ~ 50 μs。对于感性负载,脉冲宽度还应加长,一般不应小于 100 μs,通常取 1 ms(相当于 50 Hz 工频正弦波的 18°)。此外,不同类型的主电路对脉冲宽度还有一些不同的特殊要求,如三相全控桥采用单脉冲触发时,其脉冲宽度应大于 60°;双反星形整流电路在深控时,为使两组星形电路可靠并联运行,要求触发脉冲宽度大于 30°等等。实际应用时,应根据具体情况选择合适的脉冲宽度。

脉冲前沿的陡度:触发脉冲的前沿应尽量地陡,以保证晶闸管能得到及时、准确地触发。脉冲前沿的上升时间最好在 10 μs 以下。

由于晶闸管门极参数的分散性,触发脉冲的前沿陡度不够,就会造成控制角 α 不稳定。在元件并串联应用时,脉冲前沿不陡会造成各元件开通先后不一,并联应用的元件中,先开通的因电流太大而损坏;串联应用的元件中,后开通的因承受过电压而损坏。因此,为提高脉冲陡度和前沿幅值,常采用强触发脉冲(如图 7.2(c)所示),强触发脉冲的前沿上升时间可达 1 ~ 2 μs。脉冲前沿的尖峰幅值一般为触发电流额定值的 4 ~ 5 倍。

脉冲的波形:凡是能满足触发脉冲指标要求的脉冲,都可以用作触发脉冲。常用的触发脉冲形式有尖脉冲、矩形脉冲、强触发脉冲和脉冲列,如图 7.2 所示。

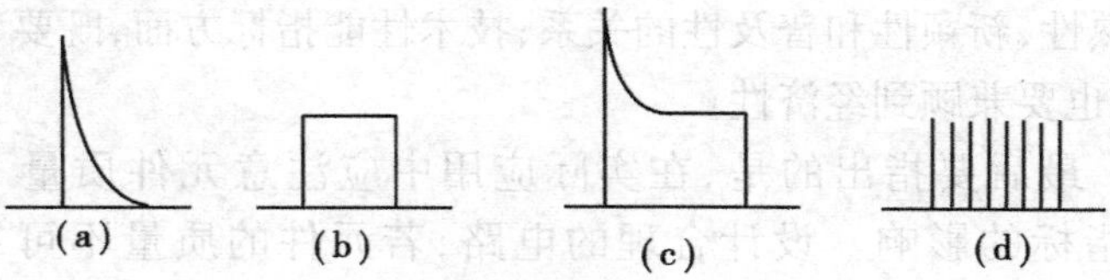

图 7.2　常见的触发脉冲波形

(a)尖脉冲　(b)矩形脉冲　(c)强脉冲　(d)脉冲列

脉冲波形的选择,应从其运行条件来考虑。例如,对大功率的主电路来说,因晶闸管经常工作在大电流状态,故必须考虑晶闸管对电流上升率 di/dt 承受能力的问题,选择前沿陡、幅值高的触发脉冲,有利于提高元件对 di/dt 的承受力。在多个晶闸管串并联运用的场合,前沿陡、幅值高(如强脉冲)的触发脉冲,可使各元件导通时刻更加一致,动态均压、均流的效果会更好。对于小功率主电路,触发脉冲的指标要求可相应降低,这时应主要考虑触发电路的简化问题。

2. 触发电路的控制性能

触发电路的控制性能主要是从主电路对触发电路控制性能的要求来考虑的,对相控触发电路来说,主要包括以下几个方面:

同步:在可控整流、直-交逆变、交流调压等变流电路中,作用在晶闸管阳极上的是周期性变化的电压。触发电路若要实现对主电路有规律、自动准确地控制,触发脉冲就必须与阳极电压保持某种对应的关系,这个关系就是“同步”的关系。显然触发脉冲只有同晶闸管的阳极电压同步,才能对主电路进行有效控制,主电路也才能正常工作。这一点在分析、设计、调试触发电路时都非常重要。一般相控触发电路都有“同步环节”,用以取得和主电压变化一致的信号——同步信号,和其他信号综合后对主电路进行同步移相控制。有的触发电路没有明显的同步环节,但只要有同步的功能,同样可以满足主电路的控制要求。

移相范围:在相控触发电路中,触发电路是在触发脉冲与主电压同步的前提下,通过改变触发脉冲发出的时间(相位)来进行移相控制的。每一个主电路对触发脉冲可能出现的时间都有一个限制范围,这个范围就是移相范围。不同类型的主电路对移相范围的要求也不同,以三相全控桥整流电路为例,带纯电阻性负载时,移相范围是0~120°,带纯电感负载时是0~90°,如果是可逆整流又考虑$\beta_{min} = \alpha_{min} = 30°$的限制时,其移相范围则为30°~150°。因此,触发电路移相的范围必须符合主电路提出的要求,触发脉冲在规定的移相范围内应能随输入信号的控制平移地前后移动,以保证变流电路的输出功率能在规定的范围内可靠、准确地进行调节。在相控触发电路中,移相范围的问题,通常是在“移相控制环节”中来解决的。

信号综合能力:在实际应用中,对触发电路的要求除了“同步”外,常常还有其他要求,如采用“内双脉冲”的三相全控桥触发电路,要求后相触发器发出脉冲时,前相触发器同时发出“补脉冲”;可逆整流电路要求对最小β和最小α进行限制并且脉冲不能丢失等等,这些要求都要以信号的形式通过触发电路的综合来实现。所以触发电路应具有较强的信号综合处理能力,以适应主电路和系统自动控制的需要。

除此之外,触发电路还有一些其他指标,如各相脉冲之间的对称性、抗干扰性、可靠性、经济性、良好的输入——输出特性、受温度变化影响小、几何尺寸轻巧等。这些指标也应根据实际情况给予充分考虑,尽量得到保证。在目前常用的触发电路中,有分立式和集成式,模拟式和数字式之分,技术性能指标也各不相同。尤其是模拟式与数字式差别较大,模拟式技术简易、较成熟和普及,但精度不高,适于一般整流器选用;数字式技术复杂,但精度较高,且便于和微机应用结合,适于精度要求较高的变流器选用。在设计和选择触发器时,要处理好先进性与成熟性,新颖性和普及性的关系;技术性能指标方面,既要考虑到可靠性、稳定性和精确度等问题,也要兼顾到经济性。

最后要指出的是,在实际应用中应注意元件质量、制作工艺、调试安装对触发器性能指标的影响。设计合理的电路,若元件的质量不可靠,制作工艺不过关,调试安装不得法,都会影响其性能指标,甚至使电路无法工作。另外,变流器的触发装置,常常是由多个独立的触发器组成,这时,不但要考虑单个触发器的指标问题,还要考虑多个触发器组合后的整体效果和性能指标问题,更需要精心调试和精心安装。只有这样,触发电路才能最大限度地发挥其技术性能。

7.2 简单触发电路

这一节里介绍两种较为典型的简单触发电路,它们都是用交流电压或电流作为触发信号的。这两种电路结构简单,原理清晰,调整简便,且具有一定的实用价值,可以帮助我们认识和掌握触发电路移相控制的原理。

7.2.1 幅值控制触发电路

图 7.3(a)电路是一种简单的相控触发直流调压电路。其主电路为单相半波可控整流电路。触发是通过来自电源,经 R_W 和 VD 进入晶闸管门极的电流实现的。这个电流是一个正弦波,也是晶闸管的触发信号。调节 R_W,改变门极电流 i_g 幅值的大小,即可在 0 ~ 90°范围内对晶闸管 VT 进行移相控制,从而调节输出功率。故这种触发电路又称为幅值控制触发电路,整个电路工作原理如下:

触发电流来自电源,和晶闸管阳极电压同步。在 u_2 的正半周,晶闸管阳极和门极都承受正向电压。这时,晶闸管导通与否取决于 R_W、VD 支路提供的电流 i_g 是否达到晶闸管触发电流 I_{GT}的值。如果忽略负载电阻及 VD、门极——阴极间的电阻,则 $i_g \approx u_2/R_W$;当 $i_g = I_{GT}$时晶闸管导通,因此可以近似认为:

$$\alpha = \arcsin^{-1} \frac{I_{GT}R_W}{U_{2m}} \quad (0 \leqslant \alpha \leqslant \frac{\pi}{2}) \tag{7.1}$$

令 $\alpha = \frac{\pi}{2}$,可方便地标出 $R_{W\max}$的值为

$$R_{W\max} = U_{2m}/I_{GT} \tag{7.2}$$

在 $0 \sim R_{W\max}$范围内改变 R_W 的大小,就可以改变 i_g 的大小,从而改变 α 的大小,达到移相的目的。VD 起隔离作用,避免门极在负半周时因承受过大反向电压而损坏。从图 7.3(b)可以看出,这种电路的最大移相范围为$\frac{\pi}{2}$。

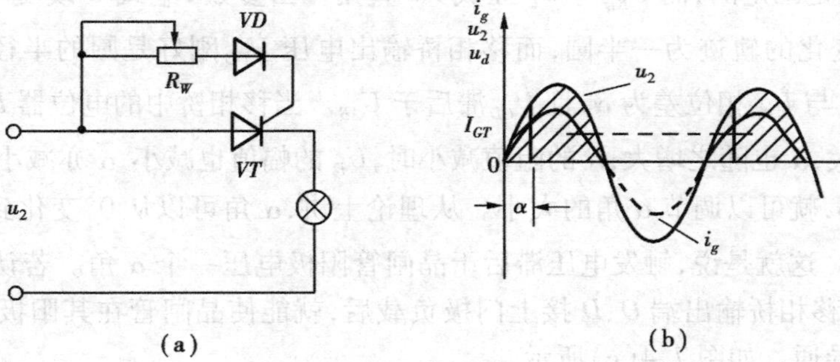

图 7.3　简易相控直流调压电路

这种简单的触发电路存在着很多缺点,故只能用在一些简单的电器中作简易的直流调压用,如灯光调压、家用电热器调温等。

7.2.2 阻容移相触发电路

图 7.4(a)是另一种简单的相控触发直流调压电路。其触发电路是一个具有中心抽头的变压器 T 和电位器 R_W、电容 C 组成的 R、C 桥式电路,所以又称为阻容移相桥触发电路。它的触发信号也是一个正弦波,和前面所述的幅值控制触发电路不同的是,这个正弦波的幅值是固定的。移相控制是通过改变触发信号(正弦波)与主电压(正弦波)之间的相位来实现的(见图 7.4(c)所示)。移相范围也比幅值控制宽得多,理论上可达 180°,实际为 150°左右。

在图7.4(a)中，O、D两点是移相桥的输出端，输出电压为u_{OD}。u_{OD}经R_1、VD_1接到晶闸管VT的门极上，作为VT的触发电压。同步变压器T的原边与整流主电路接在同一交流电源上。因而，同步变压器副边电压u_{AB}与晶闸管阳极电压同相位。在晶闸管阳极电压与u_{OD}同时为正的情况下，只要u_{OD}的瞬时值达到触发电压的数值时，晶闸管就导通。晶闸管阳极电压与u_{OD}的相位发生变化时，晶闸管导通的时刻也就随之改变。因此，分析阻容移相桥触发电路的工作原理，主要是研究触发电压u_{OD}与同步变压器副边电压u_{AB}之间的相位变化规律。下面结合图7.4(b)的相量图加以说明。

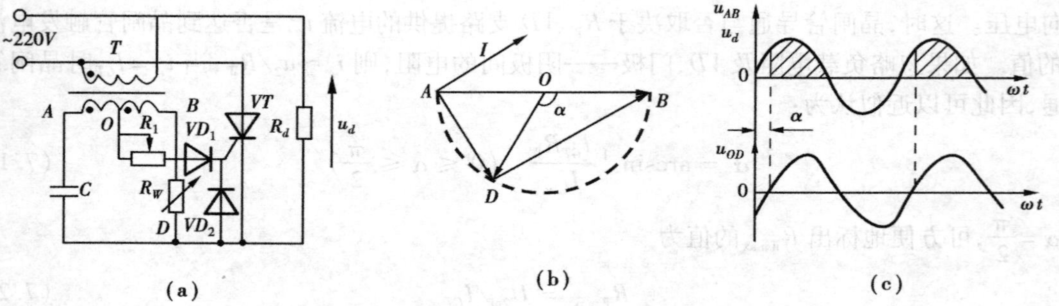

图7.4　阻容移相桥触发电路

在图7.4(a)中，阻容移相桥的输出端O、D不接门极负载时，变压器副边电压相量$\dot{U}_{AB}$等于电阻R_W上的电压相量$\dot{U}_{R_W}$与电容C上的电压相量$\dot{U}_C$之和，即：$\dot{U}_{AB}=\dot{U}_{R_W}+\dot{U}_C=\dot{U}_{AD}+\dot{U}_{DB}$。因为变压器选定后$\dot{U}_{AB}$是固定的，而$\dot{U}_{R_W}$与$\dot{U}_C$互成90°直角。当参数$R_W$或$C$改变时，直角的顶点$D$也随之改变，变化的轨迹为一半圆，而移相桥输出电压$\dot{U}_{OD}$刚好是圆的半径。从图7.4(b)中可以看出，$\dot{U}_{OD}$与$\dot{U}_{AB}$相位差为$\alpha$，且$\dot{U}_{OD}$滞后于$\dot{U}_{AB}$。当移相桥中的电位器$R_W$的阻值增大时，$\dot{U}_{R_W}$的幅值增大，$\alpha$也随之增大；$R$的阻值减小时，$\dot{U}_R$的幅值也减小，$\alpha$亦减小。这样通过调节$R_W$阻值的大小，就可以调节$\alpha$角的大小。从理论上讲，$\alpha$角可以从0°变化到180°，而且$\dot{U}_{OD}$总是滞后于$\dot{U}_{AB}$。这就是说，触发电压滞后于晶闸管阳极电压一个$\alpha$角。若认为当$\dot{U}_{OD}$为正晶闸管就导通，则移相桥输出端$O$、$D$接上门极负载后，就能使晶闸管在其阳极电压进入正半周后α时刻触发导通。如图7.4(c)所示。

α角与R_W、C参数的关系可由图7.4(b)确定

$$\tan\frac{\alpha}{2}=\frac{U_R}{U_C}=\frac{IR_W}{\dfrac{I}{\omega C}}=\omega CR_W \tag{7.3}$$

移相桥参数可由以下经验公式求得：

$$C\geqslant\frac{3I_{OD}}{U_{OD}}\ \mu\mathrm{F} \tag{7.4}$$

$$R\geqslant k\,\frac{U_{OD}}{I_{OD}}\ \mathrm{k\Omega} \tag{7.5}$$

式中，U_{OD}与I_{OD}分别为移相桥的输出电压有效值(V)和输出电流有效值(mA)。U_{OD}值应大于晶闸管门极触发电压；I_{OD}应大于门极触发电流。电阻系数k是经验数据，可由下表查得：

表 7.1　电阻系数 k

整流电路输出电压的调节倍数	2	2 ~ 10	10 ~ 15	50 以上
要求移相范围	90°	90° ~ 144°	144° ~ 160°	164°以上
电阻系数 k	1	2	3 ~ 7	大于 7

实际应用阻容移相桥触发电路时，一定要注意将各电压相位关系找准。如果把图 7.4(a) 中 R、C 位置调换或 $\dot{U}_{OD}$ 反相，或者同步变压器的原、副边的极性接颠倒了，会发生触发电压超前晶体管阳极电压的现象，使电路失去正常控制作用。

阻容移相桥触发电路结构简单、工作可靠、调节方便，但由于触发信号为与电网相连的正弦波，其前沿差，受电网影响大，门极的功耗也大。实际应用中，R_1-VD_1 支路的压降会使 U_{OD} 减小，晶闸管要有足够大的触发电压才能被触发导通。因此 U_{OD} 常要在进入正半周 30°以后才能起触发作用，从而使调节范围变窄。所以它的应用范围很有限，一般只用于小容量或控制精度要求不高的场合。

7.3　单结晶体管触发电路

用单结晶体管组成的触发电路具有线路简单、触发脉冲前沿陡、抗干扰能力强、功耗低、温度补偿性好等特点，曾经是应用得较广泛的触发电路之一。

7.3.1　单结晶体管

单结晶体管是一种特殊的半导体器件。它有三个电极，从外形上看，几乎和普通晶体管没有什么差别。但它的结构、特性、用途等却与晶体管完全不同。其结构、符号和等效电路如图 7.5 所示。

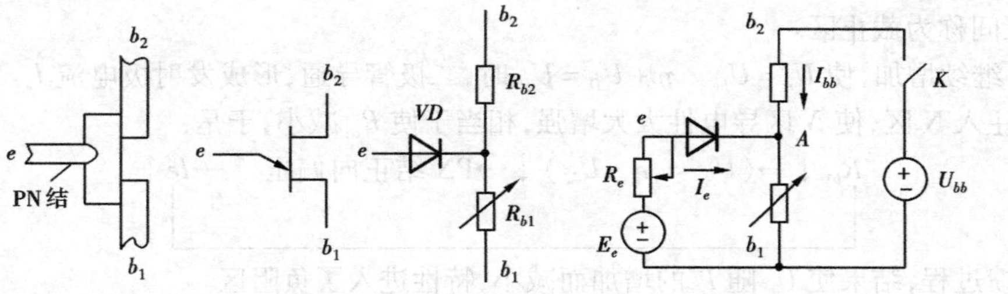

图 7.5　单结管的结构、符号及电路

单结晶体管是在一块高阻率的 N 型硅基片上引出两个欧姆接触（纯电阻接触）的电极，这两个电极分别叫做第一基极 b_1 和第二基极 b_2。然后在两个基极中间靠近 b_2 处用合金法或扩散法渗入 P 型杂质，形成一个 P-N 结，引出电极作为发射极 e。所以它的三个电极是一个发射极 e，另外两个分别为第一基极 b_1 和第二基极 b_2。e 对 b_1 或 b_2 都是一个 P-N 结，呈现出二极管的单向导电性，故称为单结晶体管或双基极二极管。

b_1 到 b_2 之间有一电阻值，约为 4 ~ 10kΩ，称为基区电阻 R_{bb}。发射极从中间将 R_{bb} 分为两部分，分别为 R_{b1} 和 R_{b2}，$R_{bb}=R_{b1}+R_{b2}$。据此，可画出单结晶体管的等效电路图，如图 7.5(c)所示。

下面，利用图7.5(d)的实验电路来说明单结晶体管的特性。其特性示于图7.6，其中 I_e 为纵坐标，U_e 为横坐标。在图7.5(d)中，当开关 k 打开时，b_1、b_2 间开路，调节 E_e，则发射极电流 I_e 随 E_e 增加而增加，单结晶体管 e-b_1 间呈现出和普通二极管相同的伏安特性，见图 7.6 中曲线 1。开关合上后，b_1 和 b_2 之间加了固定电压 U_{bb}，由于 Rb_1、Rb_2 的分压作用，A 点对 b_1 的电位为：

$$U_A = U_{bb}\frac{R_{b1}}{R_{b1}+R_{b2}} = \eta U_{bb} \tag{7.6}$$

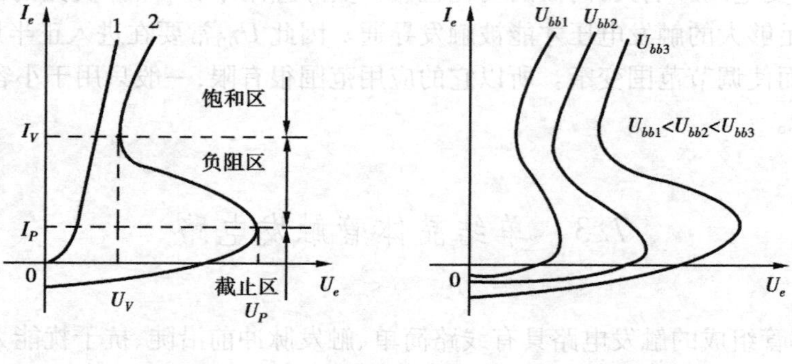

图 7.6　单结管的特性

其中 $\eta=\frac{R_{b1}}{R_{b1}+R_{b2}}=\frac{R_{b1}}{R_{bb}}$，称为单结晶体管的分压比，它是单结晶体管的重要参数之一，其值由管子结构决定，通常为0.3~0.9，一般在0.5以上。

当 E_e 从零逐渐增大后，e 点电位 U_e 逐渐升高。在 $U_e<\eta U_{bb}$ 时等效二极管处于反偏，只有很小的反向漏电流流过P-N结；当 $U_e=U_{bb}\cdot\eta$ 时，二极管转为零偏，$I_e=0$；当 $U_{bb}\cdot\eta<U_e<U_{bb}\cdot\eta+U_D$（$U_D$ 为二极管正向压降，约为0.7伏）时，二极管处于正偏，但仍未导通，I_e 增加不大，这个区间称为截止区。

若 E_e 继续增加，使 $U_e=U_{bb}\cdot\eta+U_D=U_P$ 时，二极管导通，形成发射极电流 I_e。这时，P 区空穴不断注入 N 区，使 N 区导电性大大增强，相当于使 R_{b1} 减小，于是：

$$R_{b1}\downarrow\rightarrow(U_A=\eta\cdot U_{bb})\downarrow\rightarrow \text{PN结正向偏压}\uparrow\rightarrow Ie\uparrow$$

形成正反馈过程，结果使 U_e 随 I_e 的增加而减小，特性进入了负阻区。

负阻区是不稳定的过渡区，故上述正反馈不会无休止地进行下去。进入基区的空穴增加到一定程度时，会有一部分空穴来不及和基区的电子复合，出现了多余空穴的积累，使基区由中性变为正电性，阻碍了新的空穴注入基区，这相当于增大了 R_{b1}。此时要增大 I_e，必须增大 U_e，元件又恢复了正阻特性，I_e 随 U_e 增加缓慢上升，特性曲线进入饱和区。

由截止区变为负阻区的转折点叫峰点，与之对应的电压 U_P 和电流 I_P 称为峰点电压和峰点电流；由负阻区变为饱和区的转折点叫谷点，与之对应的电压 U_V 和电流 I_V 称为谷点电压和谷点电流。显然 $U_e>U_P$ 时，单结晶体管才会导通；而当 $U_e<U_V$、$I_e<I_V$

时，管子又会重新阻断。

当 U_{bb} 改变时，由 $U_P=\eta \cdot U_{bb}+U_D$ 可知，U_P 也改变了，故整个特性曲线也随之改变，见图 7.6(b)。在触发电路中，通常希望选用 η 与 I_V 较大，U_V 较小的管子，这样可以使脉冲幅值高些，调节电阻的调节范围宽些。常用单结晶体管的主要参数见表 7.2，其中耗散功率 P_{max}(mW)是指基区电阻 R_{b2} 最大允许的损耗功率，也是单结晶体管允许的最大耗散功率。

表 7.2　单结晶体管参数表

<table>
<tr><th colspan="2">参数名称</th><th>分压比
η</th><th>基极电阻
R_b/kΩ</th><th>峰点电流
I_p/μA</th><th>谷点电流
Iv/mA</th><th>谷点电压
U_v/V</th><th>饱和电压
U_{es}/V</th><th>最大反压
U_{bemax}/V</th><th>发射极反向漏电流
I_{e0}/μA</th><th>耗散功率
P_{max}/mW</th></tr>
<tr><td colspan="2">测试条件</td><td>$U_{bb}=20$V</td><td>$U_{bb}=3$V
$I_e=0$</td><td>$U_{bb}=0$</td><td>$U_{bb}=0$</td><td>$U_{bb}=0$</td><td>$U_{bb}=0$
$I_e=I_{emax}$</td><td></td><td>U_{bb} 为最大值</td><td></td></tr>
<tr><td rowspan="4">BT23</td><td>A</td><td rowspan="2">0.45 ~ 0.9</td><td rowspan="2">2 ~ 4.5</td><td rowspan="8"><4</td><td rowspan="8">>1.5</td><td rowspan="2"><3.5</td><td rowspan="2"><4</td><td>≥30</td><td rowspan="8"><2</td><td rowspan="4">300</td></tr>
<tr><td>B</td><td>≥60</td></tr>
<tr><td>C</td><td rowspan="2">0.3 ~ 0.9</td><td rowspan="2">>4.5 ~ 12</td><td rowspan="2"><4</td><td rowspan="2"><4.5</td><td>≥30</td></tr>
<tr><td>D</td><td>≥60</td></tr>
<tr><td rowspan="4">BT35</td><td>A</td><td rowspan="2">0.45 ~ 0.9</td><td rowspan="2">2 ~ 4.5</td><td><3.5</td><td rowspan="2"><4</td><td>≥30</td><td rowspan="4">500</td></tr>
<tr><td>B</td><td>>3.5</td><td>≥60</td></tr>
<tr><td>C</td><td rowspan="2">0.3 ~ 0.9</td><td rowspan="2">>4.5 ~ 12</td><td rowspan="2">>4</td><td rowspan="2"><4.5</td><td>≥30</td></tr>
<tr><td>D</td><td>≥60</td></tr>
</table>

7.3.2　单结晶体管自激振荡电路

负阻特性是单结晶体管的重要特性，利用这种特性并经过电阻、电容的简单组合就可以构成自激振荡电路。图 7.7(a)就是一种较典型的单结晶体管自激振荡电路，(b)是这种电路输出的脉冲波形。其工作原理如下：未接通电源 E 之前，$u_C=0$。接通电源后，E 通过 R_e 向电容 C 充电，其电压 u_C 按指数曲线上升。当上升到峰点电压 U_P 时，单结晶体管由截止变为导通，而电容 C 通过 e、b_1 经过 R_1 放电，在 R_1 上产生脉冲电压 U_{R1}。在放电过程中，u_C 按指数曲线下降。当降到谷点电压 U_V 时，单结晶体管由导通变为截止，R_1 上的脉冲截止，电容 C 上的电压在 U_V 的基础上又被重新充电。当充到 U_P 时又放电，在 R_1 上形成第二个脉冲，依此循环下去，形成振荡过程。其振荡频率为

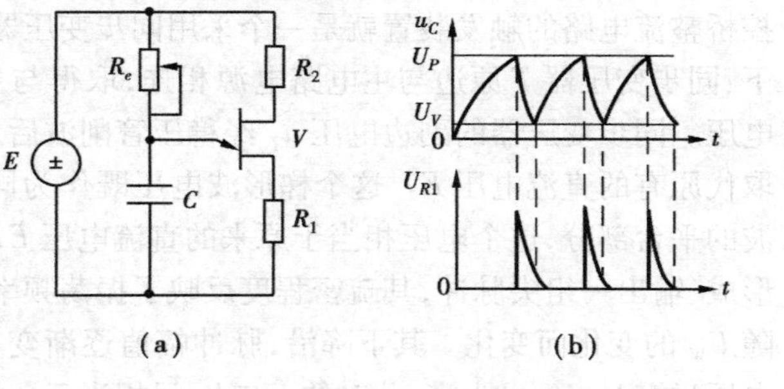

图 7.7　单结管自振荡电路

$$f \approx \frac{1}{RC \cdot \ln \dfrac{1}{1-\eta}} \tag{7.7}$$

上式说明振荡频率和 R、C、η 有关。当 η 一定时，频率就由 R、C 决定。调节 R 的大小(C 固定)，可调节充电电流的大小，从而可调节第一个脉冲发出的时间即振荡频率。R_e 的取值应满

足下列不等式

$$\frac{E-U_P}{I_P} > R_e > \frac{E-U_V}{I_V} \tag{7.8}$$

如果 R_e 取值太小，则当单结晶体管导通后，流过 R_e 的电流就可能大于谷点电流使管子关不断，出现“直通”现象；如果 R_e 取值太大，又可能使流过 R_e 的电流小于峰点电流，导致充电时电容 C 上的电压总是达不到峰点电压，管子无法导通。

图 7.7(a) 中的 R_2 为温度补偿电阻。因为单结晶体管的 U_D 具有负的温度系数，当温度升高时，U_D 反而减小，U_D 减小，峰点电压 U_P 也减小（$U_P=\eta \cdot U_{bb}+U_D$），这样会使得振荡电路的频率和脉冲幅值变得很不稳定。加入 R_2 后，若温度上升，则具有正温度系数的基区电阻 R_{bb} 也增大，使 I_{bb} 减小，R_2 上的电压也减小，从而提高了 b_1、b_2 间的电压 U_{bb}，使 U_P 得到补偿。只要 R_2 选择得当，可维持 U_P 基本不变，R_2 可以通过计算和实验确定，一般取 200～300 Ω。

R_1 为输出电阻，一般为 50～100 Ω。R_1 如取得太小，则放电太快，脉冲太窄；R_1 取得太大，脉冲虽然变宽，但流过 R_{bb} 的电流 I_{bb} 在 R_1 上的压降也会增大，如用做触发电路，则会造成晶闸管误导通。在触发电路中，R_1 的选择还应和电容 C 统筹考虑，C 一般取 0.1～1 μF。

7.3.3　同步振荡电路

图 7.7 中的自激振荡电路已经具备了脉冲产生、调控、输出的功能，但还不能直接用做触发电路，因为它没有解决和主电路同步的问题。这时，如直接用这种电路去触发整流电路中的晶闸管，虽然晶闸管在承受正向电压的半周中也会导通，但由于每个半周第一个脉冲到来的时间不一样，晶闸管导通有先有后，使得输出电压忽大忽小，无法控制。因此，这种电路要作为触发电路，就还必须解决好和主电路同步的问题。具有同步功能的振荡电路称为同步振荡电路，同步振荡电路可以直接用作触发装置。

使振荡电路和主电路同步的方法很多，最常用的方法是同步变压器法。图 7.8(a) 单相半控桥整流电路的触发装置就是一个采用同步变压器法的同步振荡电路。其同步移相的原理如下：同步变压器 T 原边与主电路电源相连，取得与主电路中晶闸管阳极电压变化一致的同步电压。同步变压器的副边电压 u_T 经稳压管削波后，形成梯形波电压 u_W 并接入自激振荡电路，取代原有的直流电压 E。这个梯形波电压既作为同步信号，又作为振荡电路的电源。在梯形波的平台部分，这个电压相当于原来的直流电压 E，振荡电路按前述规律等幅振荡，并在 R_1 上形成、输出一组尖脉冲，其疏密程度反映了振荡频率的高或低。在梯形波的两腰，峰点电压 U_P 随 U_W 的变化而变化。其下降沿，脉冲幅值逐渐变小直至看不出来（见图 7.8(b)。在梯形波电压过零时，U_{bb} 也为零，此时的 e 与 b_1 间相当于一个二极管。电容 C 两端如有电压，将通过这个二极管很快把电放完，从而保证每个梯形电压到来时，C 都从零开始充电。只要 RC 参数确定，则在每个周波中，第一个脉冲发出的时间都是相同的（一个周波中可能有多个脉冲出现，但使晶闸管导通的是第一个脉冲，移相实质就是改变第一个脉冲发出的时间）。由于同步，梯形波电压过零时，晶闸管阳极电压也过零，这样晶闸管在每一次承受正的周波时，都能在相同的时刻导通。当改变电阻 R_e 的大小时，也就改变了第一个脉冲发出来的时间，从而实现对晶闸管的移相控制。

在图 7.8(a) 中，触发脉冲从 R_1 上引出后，被同时送到 VT_1、VT_2 的门极。显然，这两只晶闸管中，一只承受正向电压，另一只就承受反向电压，只有承受正向电压的那只才能导通，其输

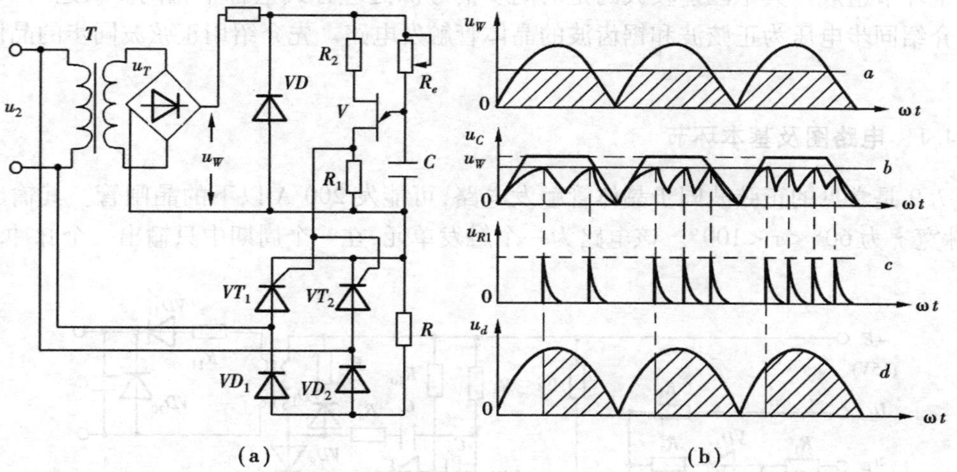

(a)　　　　　　　　　　　　(b)

图 7.8　用于单相半控桥的单结管同步振荡电路

出电压波形如图 7.8(b)中的 d 所示。

图 7.8(a)中触发电路的主要参数在前面自激振荡电路中已经介绍过。这种触发电路的移相范围一般只能达到 150°左右。原因是 R_e 的最小值有一定限制，充电速度也因此受到限制。从梯形波电压过零到第一个脉冲发出总要经历一定时间。另外梯形波两腰产生的脉冲幅值因太小，也有一个区间不能使晶闸管触发导通。这样使得移相范围变窄了。所以，在稳压管等元件电压、电流允许的条件下，应使同步电压的幅值尽量高一些，让梯形波两腰更陡，以增大移相范围。一般同步电压应选在 50V 以上，稳压管的稳压值选在 20V 左右。

需要指出的是，在图 7.8(a)中，脉冲是由 R_1 直接输出的，形成了触发电路与主电路直接相连的情况，这种情况对设备及人身安全以及元件的保护和抗干扰等都不利，在许多场合甚至是不允许的。因此，实际应用中，常常用脉冲变压器代替 R_1。采用脉冲变压器输出脉冲的方式，可将主电路与触发电路进行电气隔离。另外，电阻 R_e 也可以用三极管代替，利用三极管的恒流特性对电容充电。这样，不仅可以获得较好的控制性，还便于综合多种信号。

单结晶体管触发电路线路比较简单，调试也容易，但输出脉冲较窄，功率较小，不加放大环节只能触发 50A 以下的晶闸管，控制线性度也较差，适用于移相范围小于 150°，动、静态特性要求不高的小功率系统。

7.4　同步信号为正弦波的晶体管触发电路

所谓晶体管触发电路，是指利用晶体管开关特性组成的触发电路。同步电压为正弦波，意为这种触发电路的同步信号是取自电网、并且与电网电压同步的正弦波交流信号。它输出的触发脉冲常为矩形波。晶体管触发电路具有脉冲宽、触发功率大、控制特性好、稳定度高等一系列优点，适用于三相全控桥或带电感性负载的可控整流电路。在单结晶体管触发电路难于解决的中、大功率场合，以及要求较高的整流装置中得到广泛的应用。

晶体管触发电路种类很多,但基本上都是由同步、移相控制、脉冲形成和整形放大,脉冲输出等几个环节组成。其中区别较大的是对同步信号源处理方式上各不相同。从这一节起,我们分别介绍同步电压为正弦波和锯齿波的晶体管触发电路。先介绍用正弦波同步的晶体管触发电路。

7.4.1 电路图及基本环节

图 7.9 是常见的正弦波同步晶体管触发电路,可能发 200 A 以下的晶闸管。其输出为宽脉冲,脉宽 τ 为 $60° < \tau < 100°$。该电路为一个触发单元,在一个周期中只输出一个脉冲。

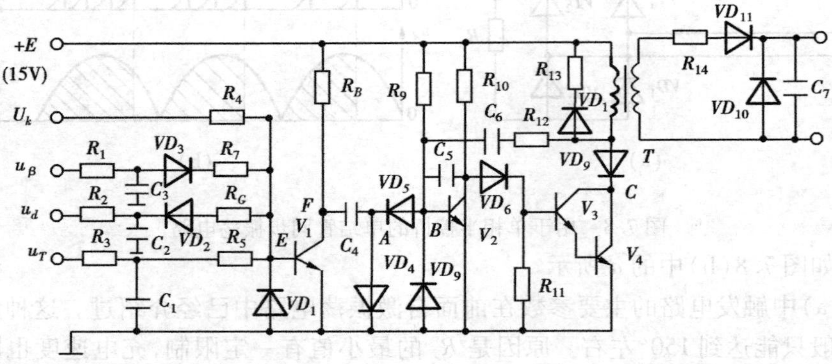

图 7.9 同步电压为正弦波的触发电路

该电路主要由 3 个环节组成:(1)同步移相,(2)脉冲形成,(3)脉冲放大输出。同步移相环节由 V_1 及其输入网络所组成,脉冲形成环节由 V_2、V_3、V_4 组成(该环节实质上是一个单稳态电路),V_3、V_4 组成复合管与脉冲变压器 T 一起构成脉冲放大输出环节。电路工作时,先由同步移相环节按一定控制规律对 u_T、u_K 等输入信号进行综合并产生同步移相信号,这个信号经 C_4 输出后加在单稳态电路输入端(V_2 基极),使单稳态电路翻转并产生一宽脉冲,该脉冲经 V_4 放大后通过脉冲变压器输出。下面较详细地讨论一下这个电路的工作原理。

7.4.2 工作原理

1. 同步移相

正弦波触发电路的同步移相一般都是采用正弦波同步电压与一个直流控制电压或几个电压叠加,用改变控制电压的大小和方向来改变晶体管的翻转的时刻,从而达到脉冲移相的目的。这种方法称为垂直控制或正交控制。根据信号叠加的方式又分为串联垂直控制和并联垂直控制两种:串联式是将多个信号串联叠加进行控制,反映了信号电压的综合情况;并联式是将多个信号并联叠加进行控制,反映了信号电流的综合情况。本电路同步移相环节采用的就是并联式垂直控制的方法,要掌握其工作原理,首先要搞清垂直控制的原理。下面先通过一个简单电路来说明什么是垂直控制。

图 7.10(a)是两个信号电压并联叠加进行控制的原理图。图中 u_T、U_K分别为同步电压和直流控制电压,R_T、R_K 是两个隔直电阻,其阻值较大,目的是使调整时两个信号源互不影响,并使 u_T 和 U_K 所供给的电流趋于恒流特性。所以这种控制方法实际是将信号电压经较大电阻变

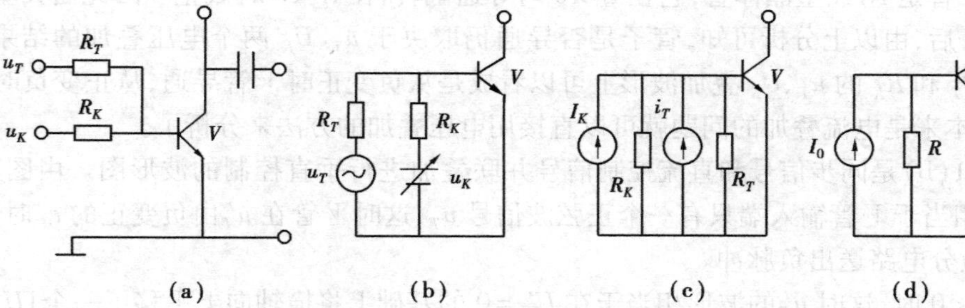

图 7.10　并联控制等值电路

为恒流源后,对电流进行综合。对这种控制方法的分析,本应该按电流叠加来进行,但为了分析上的直观和习惯,常用电压叠加来分析。能进行这种代换分析是基于如下考虑:在图 7.10 中,图(a)可变换成图(b)的形式。根据电压源与电流源互换的原理,图(b)可变换成图(c)中电流源的形式,其中

$$i_T = \frac{u_T}{R_T}$$

$$I_k = \frac{U_K}{R_K}$$

再将图(c)简化为图(d),这时

$$I_0 = i_T + I_K = \frac{u_T}{R_T} + \frac{U_K}{R_K}$$

$$R = R_T // R_K = \frac{R_T \cdot R_K}{R_T + R_K}$$

通过适当地选择隔离电阻 R_T 和 R_K,使之满足 $R \gg r_{be}$(r_{be} 为 V 的基极-发射极电阻),则可忽略 R 对 I_0 的分流作用,近似认为

$$I_b \approx I_0 = K_1 u_T + K_2 U_K$$

式中　$K_1 = 1/R_T, K_2 = 1/R_K$

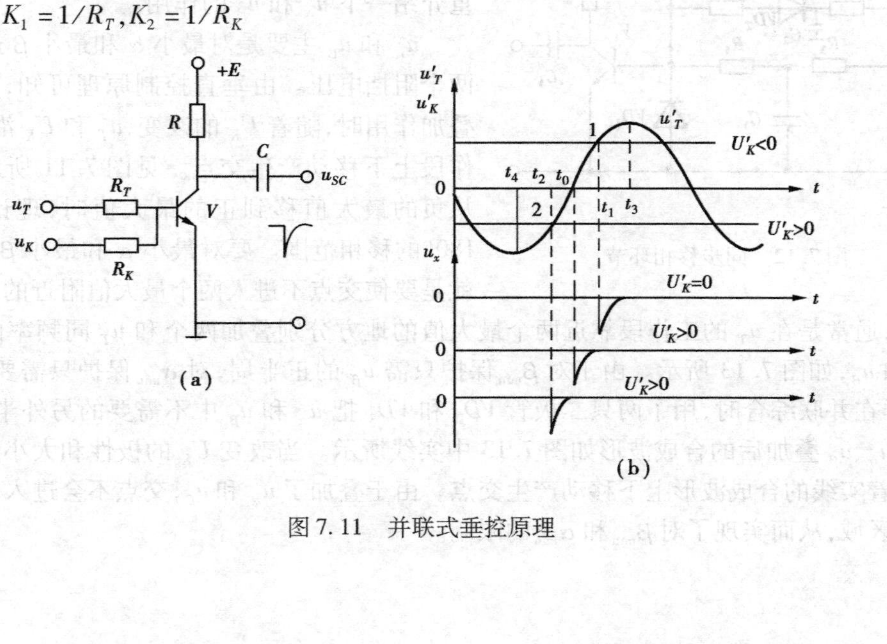

图 7.11　并联式垂控原理

因为 V 管是 NPN 型晶体管，它在 $I_b>0$ 时导通翻转，在 $I_b<0$ 时截止。因此当其基极并联输入 u_T、U_K 后，由以上分析可知，管子是否导通仍取决于 u_T、U_K 两个电压叠加的结果。在分别衰减了 R_T 和 R_K 的 u_T、U_K 叠加波形上可以看成是从负变正时 V 管导通，从正变负时 V 管关断。这样，本来是电流叠加的问题就可以直接用电压叠加的方法来分析了。

图 7.11(b)是同步信号和直流控制信号并联叠加进行垂直控制的波形图。由图可见，当 $U'_K=0$时，相当于 V 管输入端只有一个正弦波信号 u_T，这时 V 管在 u'_T由负变正的 t_0 时刻导通，同时通过微分电路送出负脉冲。

当 $U'_K<0$ 时，这时 u'_T的波形相当于在 $U'_K=0$ 的基础上将横轴向上平移了一个$|U'_K|$的值。波形由负变正的时刻也从 t_0 移到了 t_1，V 管在 t_1 时刻导通，负脉冲也在 t_1 时刻送出。

当 $U'_K>0$ 时，相当于在 $U'_K=0$ 的基础上，将横轴向下平移了一个 U'_K值，波形由负变正的时刻移到了 t_2，V 管在 t_2 时刻导通。

当 U'_K由 $-U'_{Tm}$变到 $+U'_{Tm}$，则 V 管导通的时刻便由 t_3 变到 t_4，相当于移动了 180°电角度。这样，如果把 V 管从截止变为导通时送出的负脉冲加以整形放大引出，去触发晶闸管，则只要将 u'_T负半周最大值对准晶闸管主电压计算 α 的起点，然后将 U'_K在 $-U'_{Tm}\sim+U'_{Tm}$之间变化，就可以在 180°范围内进行移相控制了。

分析时，为了更清楚方便，常常认为横轴是不动的，只是 U'_K的电压线沿同步电压正弦曲线上下移动而产生交点。这样，图中的交点 1、2 等就对应着不同的控制角 α。当交点改变时，α 角亦随之改变。特别要指出的是，图 7.11 中的 V 管是 NPN 管，垂直控制时，控制电压 U_K 的平线是沿着同步电压 u_T 正弦曲线的上升段产生交点实现控制的，而 U_K 电压平线和 u_T 曲线在下降段的另一交点，仅对 V 管起到“复位”作用，即为 V 管下次导通做好准备，不起控制作用。不难推知，如果 V 管是 PNP 型晶体管，则同步电压 u'_T正弦曲线的下降段是实现垂直控制的工作段，U'_K电压线和其上升段的交点起“复位”作用，对此，读者可自行分析。

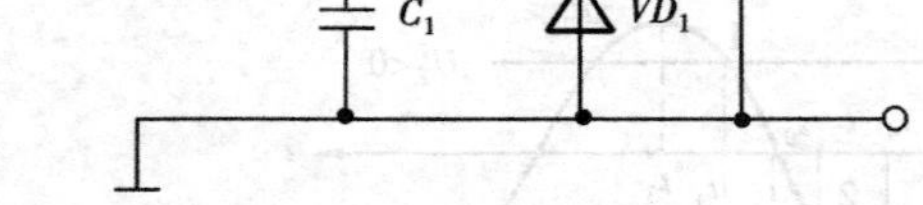

图 7.12　同步移相环节

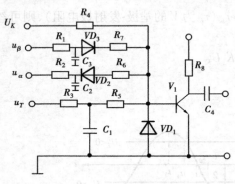

图 7.12 所示电路中，V_1 管的输入端并联了 4 个信号电压。如果没有 u_α 和 u_β，就变成了我们前面讨论过的 u_T、U_K 进行电流综合的情况。这里着重介绍一下 u_α 和 u_β 的作用。

u_α 和 u_β 主要是对最小 α 和最小 β 进行限制的两个阻挡电压。由垂直控制原理可知，当 u_T 和 U_K 叠加作用时，随着 U_K 的改变，u_T 和 U_K 沿着 u_T 的工作段上下移动产生交点。见图 7.11 所示。当交点从负的最大值移到正的最大值时，理论上可达到 180°的移相范围。要对最小 α 和最小 β 进行限制，就是要使交点不进入两个最大值附近的区域。为达此目的，通常是在 u_T 的工作段靠近两个最大值的地方分别叠加两个和 u_T 同频率的正弦波电压 u_α 和 u_β，如图 7.13 所示。由于对 β_{min}保护只需 u_β 的正半周，对 α_{min}保护只需要 u_α 的负半周，这样在并联综合时，用了两只二极管 VD_2 和 VD_3 把 u_α 和 u_β 中不需要的另外半周隔离掉。u_T、U_K、u_α、u_β 叠加后的合成波形如图 7.13 中实线所示。当改变 U_K 的极性和大小时，U_K 的平线就沿着实线的合成波形上下移动产生交点。由于叠加了 u_α 和 u_β，交点不会进入两个最大值附近的区域，从而实现了对 β_{min}和 α_{min}的限制。

阻挡电压 u_α 和 u_β 与同步电压的相位关系，由 $\alpha_{\min}$ 和 $\beta_{\min}$ 来决定。例如，已选定 $\alpha_{\min}=\beta_{\min}=30°$，则由图示关系可知 u_β 应滞后 $u_T 60°$，而 u_α 应超前 $u_T 60°$。

叠加阻挡电压还有另外一个作用，就是当电网电压波动时，防止由于 u_T 下降，u_T 和 U_K 失去交点而造成“失控”的现象。阻挡电压除采用正弦波外，还可采用三角波等波形，同样可以起到与正弦波相同的作用。

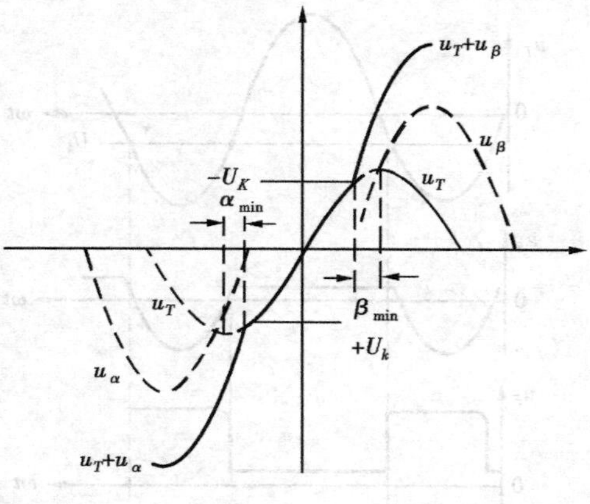

图 7.13　$\alpha_{\min}$、$\beta_{\min}$ 的限制

2. 脉冲形成、放大和输出

由 V_2、V_3、V_4 担任，这一部分实际是一个单稳态触发器。单稳态触发器的特点是没有受到触发时，长期处于稳定状态；当受到触发时，立即翻转，同时输出方波脉冲，维持一段时间后，又返回原稳定状态，脉冲也跟着结束。从同步移相环节送出的负脉冲经 C_4、VD_5 耦合到 V_2 的基极，使单稳态电路翻转并输出脉宽可调、幅值足够大的触发脉冲，在这部分电路里完成了对脉冲整形，放大的任务。其工作过程如下：

当电路稳定时，V_2 管处于饱和导通，V_3、V_4 管截止。电容 C_6 通过脉冲变压器的初级、R_{12} 和导通管 V_2 充电至 +15V，极性是左负右正，如图 7.14(a) 所示。当 V_2 管基极受到负脉冲作用时，它由导通变为截止，同时 V_3、V_4 管因 u_{c2} 电位上升而导通，这时电路第一次翻转。V_3、V_4 导通后，一方面 V_4 管集电极脉冲电流流过脉冲变压器初设绕组，使其次设绕组形成矩形脉冲电压；另一方面，使已经充电到 15V 的电容 C_6 开始放电。放电的路径是：$R_{12}\to V_4\to$ 电源 $E\to R_9\to C_6$，如图 7.14(b) 所示。放电的同时，电容两端左负右正的电压耦合到了 V_2 管基极，使基

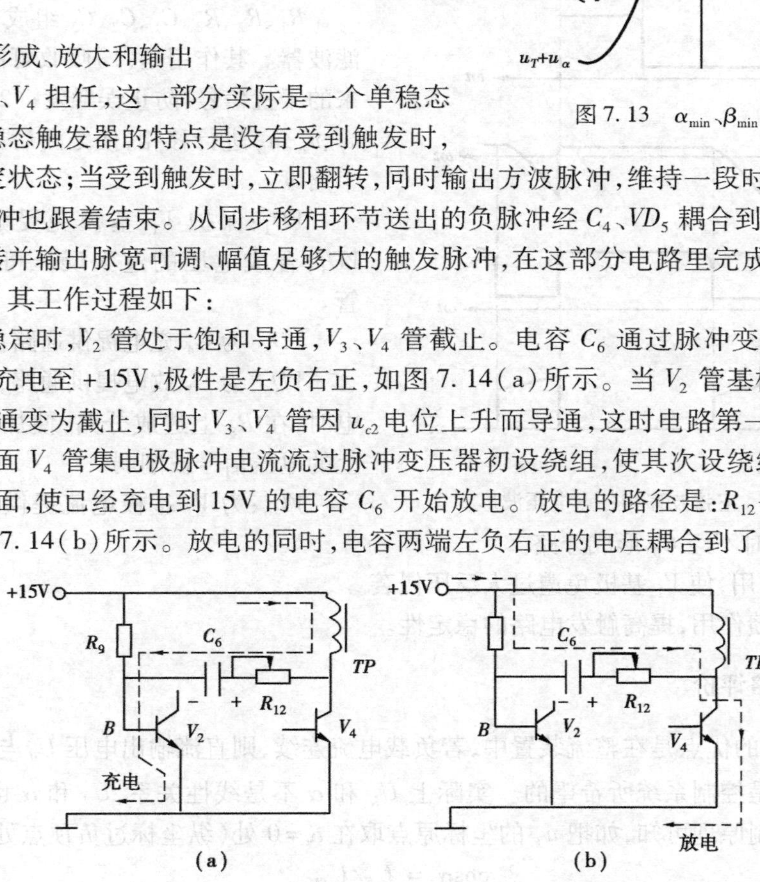

图 7.14　C_6 充放电路径

极电位为负，维持了电路翻转，维持时间的长短，由放电回路的时间常数 $T=C_6(R_9+R_{12})$ 决定。V_2 截止的时间就是脉冲宽度 τ。当电容 C_6 放电到 $u_c=u_{R9}+u_{BV4}$（u_{BV4} 为 V_4 管的饱和压降）时，V_2 管基极电位为零，这时它开始由截止区进入放大区趋向导通，随着 u_{B2} 的变正，电路产生了如下连锁反应

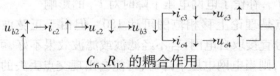

$$u_{b2}\uparrow\to i_{c2}\uparrow\to u_{c2}\downarrow\to u_{b3}\downarrow\to\begin{cases} i_{c3}\downarrow\to u_{c3}\uparrow \\ i_{c4}\downarrow\to u_{c4}\uparrow\end{cases}$$

C_6、R_{12} 的耦合作用

很快使 V_2 管饱和导通，V_3、V_4 管截止，电路翻转返回原来的稳定状态。这时脉冲变压器次级形成的矩形脉冲，贮存在变压器初级线圈中的磁能经二极管 VD_7、R_{13} 放电，并在次级感应出一个负脉冲，此负脉冲被 VD_{10} 旁路，不能输出。上述过程中 C_6 和各晶体管的电压波形如图 7.15 所示。

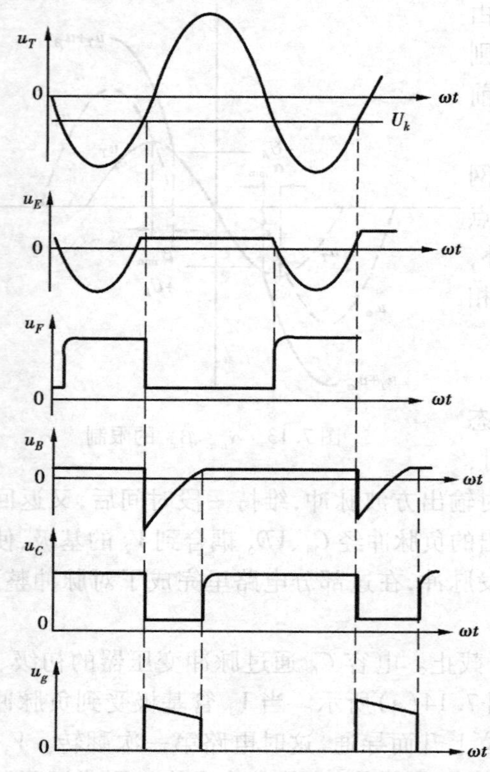

图 7.15　正弦波移相各点电压波形

3. 电路其他元件的作用

R_1、R_2、R_3、C_1、C_2、C_3 组成 3 个 RC 移相滤波器。其作用是(1)吸收可能从电源带进来的干扰信号，防止误触发；(2)根据要求对 u_T、u_α、u_β 进行移相，使之滞后原来的相位一个角度。

VD_1：保护 V_1 基极免受过电压；若无 VD_1，合成电压的过大反压可能会损坏 V_1 管。

VD_4：为 C_4 充电提供通路。

VD_5：为 C_4 放电提供通路，并防止 C_6 放电时，在 R_8 上造成分路，使加在 V_2 管基极上的电压信号被削弱。

VD_6：为 V_3 基极电流提供通路，并保证 V_3 导通 C_6 放电时不经 C_5 形成分路。

VD_8：箝位作用，使 V_2 基极免遭过大反压侵袭。

C_5：起负反馈作用，提高触发电路的稳定性。

7.4.3　电路评价

本触发电路的优点是在整流装置中，若负载电流连续，则直流输出电压 U_d 与控制电压 U_K 成线性关系，这是控制系统所希望的。实际上 U_K 和 α 不是线性关系，U_d 和 α 也不是线性关系，但由垂直控制原理可知，如把 u_T 的坐标原点取在 $\alpha=0$ 处(纵坐标过负顶点处)，则有

$$\cos\alpha = U_K/U_{TM}$$

负载电流连续时　　$U_d = U_{d0\cos\alpha} = U_{d0}U_k/U_{TM}$

所以　　$U_d = K \cdot U_K$

其中 $K = U_{d0}/U_{TM}$ 为一常数。两个非线性关系合成后，反变成线性关系了。

另一个优点是能部分补偿电源电压波动对直流输出电压 U_d 的影响。如当电网电压下降时，由于 U_2 的下降，U_d 要下降，此时 U_T 也要下降，但由于 U_K 不变，U_T 下降反而使得 α 角前移而变小了，因此提高了 U_d，补偿了电网电压下降时对 U_d 的影响。

本触发电路的缺点是理论上移相范围可达 180°，但由于正弦波顶都平坦，实际上只有 150°左右；由于同步信号直接取自电网，若不经滤波或滤波效果不好，可能会出现误触发；若同步电压不叠加其他波形，则当电网电压下降时，可能会出现交点丢失的失控现象。

7.5 同步信号为锯齿波的晶体管触发电路

前面介绍了同步电压为正弦波的触发电路。这种电路具有线路较简单、控制线性度较好等优点,但也有移相范围窄、易受干扰产生误触发等缺点。要克服这些缺点,可采用同步电压为锯齿波的触发电路。这种电路仍属于采用垂直控制方式的触发电路。它和正弦波触发电路相比,最大的区别在于同步电压采用锯齿波,因此电路多了一套锯齿波发生器。产生锯齿波的电路种类很多,如自举式电路、恒流源电路等。下面要介绍的是一种采用恒流源方式的锯齿波触发电路。

7.5.1 电路图及基本环节

图 7.16 是一种可供实用的锯齿波触发电路。它由这样几个基本环节组成:锯齿波形成环节,同步环节、移相控制环节、脉冲形成与放大环节、脉冲输出环节,另外还有强脉冲形成、双脉冲产生等环节。

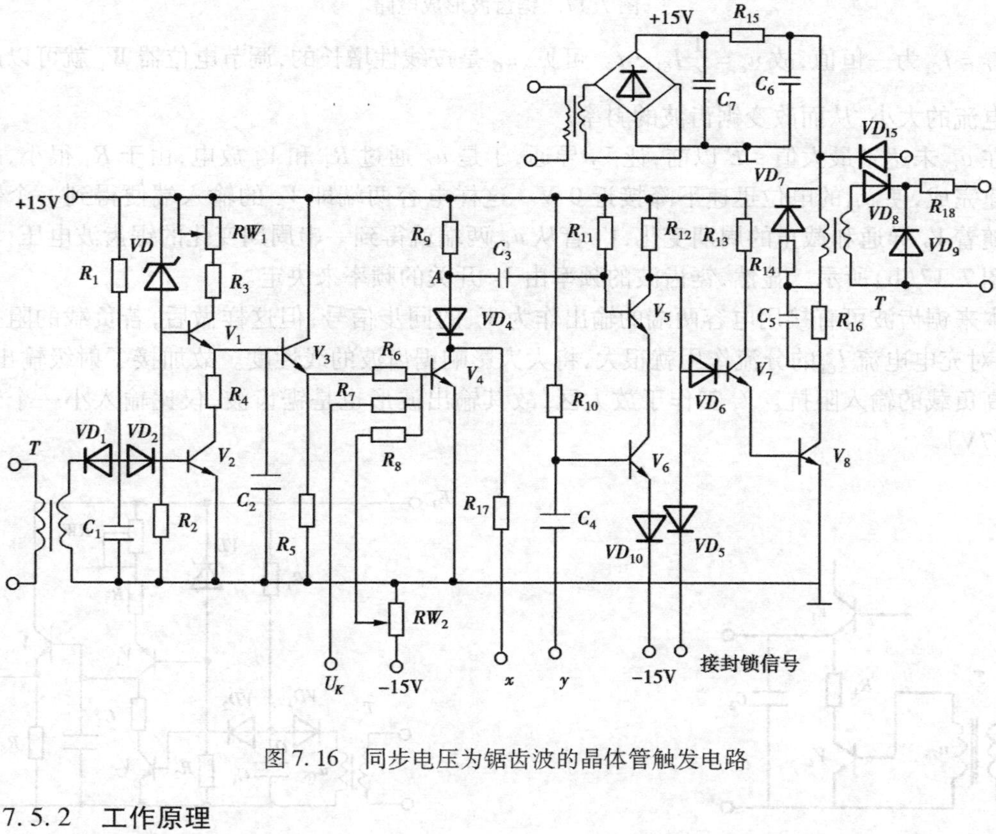

图 7.16 同步电压为锯齿波的晶体管触发电路

7.5.2 工作原理

1. 同步移相

锯齿波电压的形成:图 7.17(a)是一恒流源式锯齿波发生电路,它由 V_1、V_2、V_3、C_2 等元件组成,其中 V_1、VD_1、RW_1 和 R_3 为一恒流源电路。

当 V_2 截止时,V_1 集电极电流 I_{C1} 对电容 C_2 充电,由于 VD 的稳压作用,V_1 基极电位基本上固定,于是 I_{C1} 呈现出恒流特性。此时电容 C_2 两端电压为

$$u_C = \frac{1}{C}\int i_C \mathrm{d}t \tag{7.9}$$

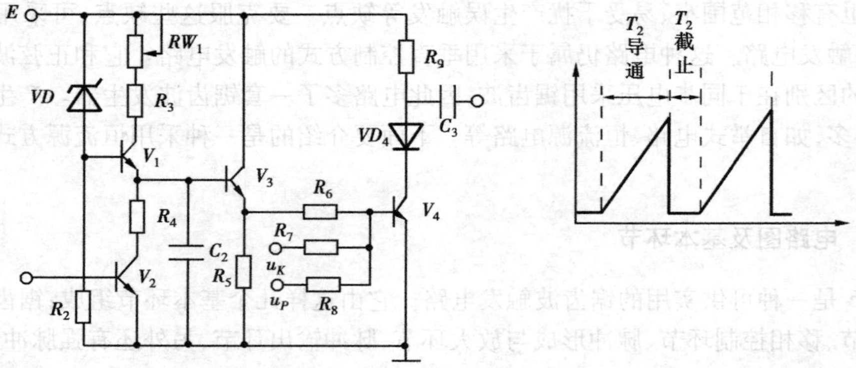

图 7.17　锯齿波形成电路

因为 $i_C = I_{C1}$ 为一恒值,故 $u_c = \frac{1}{C} I_{C1} \cdot t$。可见,$u_C$ 是按线性增长的,调节电位器 W_1 就可以改变充电电流的大小,从而改变锯齿波的斜率。

在 u_C 未达到最大值 $+E$ 以前,让 V_2 导通,于是 u_C 通过 R_4 和 V_2 放电,由于 R_4 很小,故放电迅速完成,使 u_{b3} 的电位迅速下降接近 0 V。这样电容两端即 V_3 的输入端便得到一个锯齿波。随着 V_2 导通和截止的周期变化,V_3 管从 u_C 两端就得到一串周期变化的锯齿波电压,其波形如图 7.17(b)所示。显然,锯齿波的频率由 V_2 开关的频率来决定。

本来锯齿波可直接用电容两端的输出作为 V_4 的同步信号,但这样做后,若负载的阻抗较小时,对充电电流 I_{C1} 的分流作用就很大,将大大影响锯齿波的线性度。故加接了射级输出器,以提高负载的输入阻抗。V_3 工作于放大区,故其输出波形也是锯齿波,仅比输入小一个管压降(0.7V)。

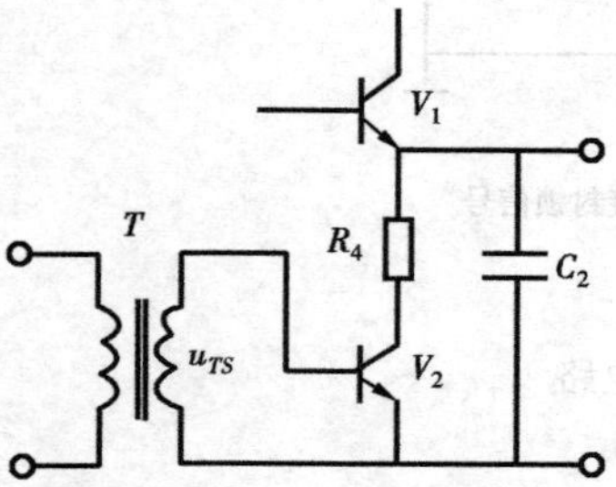

图 7.18　最简单的同步形成

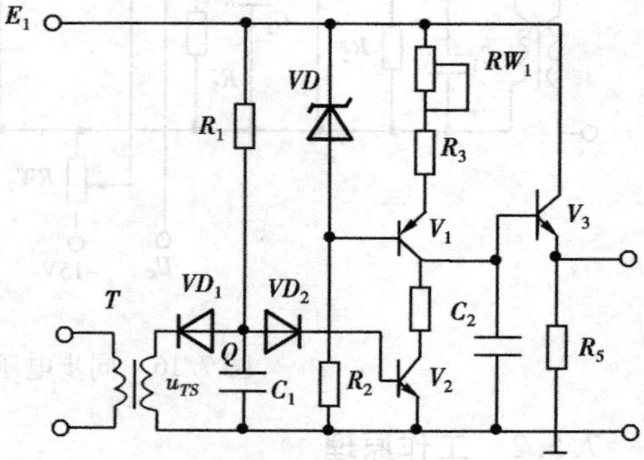

图 7.19　同步环节的控制电路

同步形成:由于锯齿波的变化频率是由 V_2 管基极电位开和关的频率来决定的, 所以最简

单的同步形成环节可利用一个同步变压器接成如图 7. 18 所示的电路。由同步电压 u_{TS} 极性的变化来控制 V_2 的导通与关断,从而保证触发脉冲和主回路的同步。实际应用的电路则如图 7. 19 所示,该电路可保证脉冲足够的移相范围。

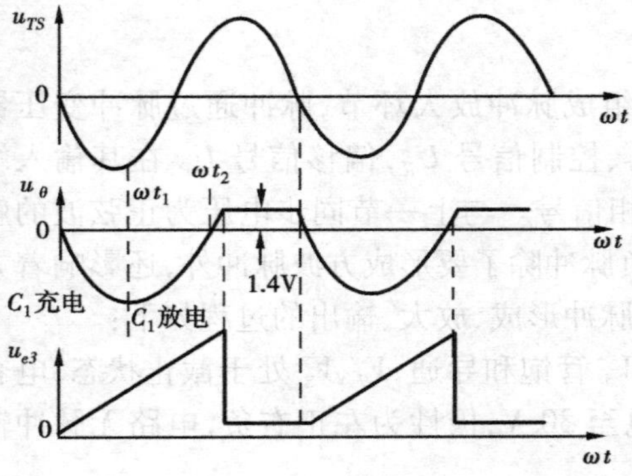

图 7. 20　与主回路同步的锯齿波电压波形

在图 7. 19 中,VD_1 的导通由 R 点和 Q 点的电位来决定。而当 VD_1 导通时,$u_Q \approx < u_{TS}$。设 $\omega t = 0$ 时(见图 7. 20),$u_Q = u_C \approx 0$,u_{TS}进入负半周后,在下降段 $u_R < u_Q$,故 VD_1 导通,C_1 被 u_{TS}充电,这时 $u_Q = u_R + u_D(u_D \approx 0.7\ \mathrm{V})$,从 R_1 流来的电流被 T 副边绕组旁路,不对 C_1 充电,当 u_{TS}变到负半周最大值时,u_Q 也差不多变到负的最大值。随后 u_{TS}进入上升阶段,u_R 开始上升,这时电容 C_1 也开始通过 E_1、R_1 放电,u_Q 也在上升。但由于放电的时间常数 C_1R_1 较大,u_C 下降相对较慢,使 u_Q 的变化跟不上 u_R 的变化。这时 $u_R > u_Q$,VD_1 截止,u_Q 完全由电容 C_1 两端的电压来决定。C_1 放电结束后,紧接着反向充电,u_Q 开始变为正值。当 $u_Q = 2U_D = 1.4\ \mathrm{V}$ 时,VD_2 和 V_2 导通,Q 点电位被箝位在 1. 4 V。V_2 由 R_1 获得基极电流保持导通。在 $0 \sim \omega t_2$ 区间,$u_Q < 1.4\ \mathrm{V}$,V_2 不导通,故锯齿波在这个区间形成。在 u_{TS}第二个负半周到来的时候,C_1 先经 VD_1、T 副边绕组放电,然后充电,又重复上述过程。这样在 V_3 输出端就得到了一个和主电压变化同步,且宽度又大于 180°的锯齿波电压,这个电压就是 V_4 基极的同步电压。由以上分析可知,锯齿波的宽度取决于电路的充放电时间常数 R_1C_1。

移相控制:这个电路有 3 个电压信号进行电流综合,即 u_T、U_K 和 U_P,u_T 是 V_3 送来的锯齿波同步电压,U_K 是进行移相控制的直流电压,U_P 是偏移电压。如果只有 U_K 和 u_T,则情况同前面讨论垂直控制原理时 u_T 为正弦波的情况相似。这里重点介绍一下 U_P 的作用。

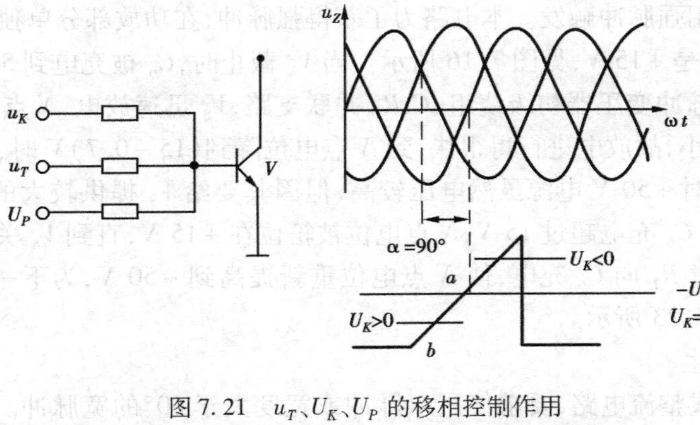

图 7. 21　u_T、U_K、U_P 的移相控制作用

一般来说,在电流综合中加 U_P 是为了在 $U_K = 0$ 时,将电路整定在某一个状态。例如在可逆系统中,为了便于控制和分析,通常将 $U_K = 0$ 的时刻,作为 $U_d = 0$ 的时刻,这样当 U_K 在正向和反向变化时,系统也就相应工作在整流状态和逆变状态。这就要求将 $U_K = 0$ 时的控制角整定在 $\alpha = 90°$。这时,若采用的是同步电压为锯齿波的触发电路,就要求锯齿波和控制电压在锯齿波中点的位置产生的交点 a 对准主电压中 $\alpha = 90°$的地方,如图 7. 21 所示。显然,如

果不加偏移电压，则 $U_K=0$ 的交点只能是 b 点。故必须加一直流电压 U_P，让 $U_K=0$ 时，直流电压 U_P 和锯齿波在 a 处产生交点。这样，当 $U_K=0$ 时，$\alpha=90°$；$U_K>0$ 时，$\alpha<90°$；$U_K<0$ 时，$\alpha>90°$。随着 U_K 大小和极性的改变，交点以 a 点为界，上下移动，实现了整流和逆变状态的移相控制。

2. 脉冲形成与放大、输出

在图 7.16 中，V_4、V_5 组成脉冲形成环节，V_7、V_8 组成脉冲放大环节，脉冲通过脉冲变压器输出。V_4 是同步移相的开关管，锯齿波同步信号 u_T、控制信号 U_K，偏移信号 U_P 在其输入端（基极）进行综合后，仍以负脉冲的形式输出同步移相信号。与上一节同步电压为正弦波的触发电路不同的是：由于 V_4 后面不是稳态电路，这个负脉冲除了要形成方波脉冲外，还影响着方波脉冲的宽度，故 V_4 成了脉冲形成环节的一部分。脉冲形成、放大、输出的过程如下：

先不考虑强触发的作用。在 V_4 管截止的时候，V_5 管饱和导通，V_7、V_8 处于截止状态，电容 C_3 经 V_5、V_6、电源 E_1（+15 V）、E_2（−15 V）、R_9 充电至 30 V，极性为左正右负，电路无脉冲输出。

当 u_T、U_K、U_P 综合使 V_4 的 $U_{be4}>0$ 时，V_4 导通翻转，A 点电位从 +15 V 突降到 1 V 左右，由于电容 C_3 两端电压不能突变，故 B 点的电位也突降到接近 −30 V。这样，V_5 的基极相当于突加了近 −15 V 的反偏压，故 V_5 立即截止。d 点电位突然升高，于是 V_7、V_8 经 R_{12}、VD_6 获得足够的基极电流转为饱和导通，脉冲变压器输出脉冲。与此同时，电容 C_3 经 VD_4、V_4、电源 E_1、R_{11} 放电并反向充电，使 V_5 的基极电位又逐渐升高，当 $U_B>-15$ V 时，V_5 又由截止变为导通，使 d 点电位又突然降到近 −15 V，迫使 V_7、V_8 截止，输出脉冲随之结束。可见，V_4 管由截止变为导通的翻转时刻就是脉冲发出的时刻；V_5 管由截止变为导通的翻转时刻就是脉冲结束的时刻。V_5 管截止的持续时间即为脉冲的宽度，而 V_5 管截止的持续时间取决于电容 C_3 放电的快慢。因此输出脉冲的宽度是由 C_3 放电回路的时间常数 $C_3 \cdot R_{11}$ 来决定的，任意改变这两个参数之一即可改变脉宽。

3. 强触发的形成

强触发就是采用强脉冲触发。本电路为了获得强脉冲，在功放部分单独设置了两个电源，一个是 +50 V，一个是 +15 V，见图 7.16 所示。当 V_8 截止时，C_6 被充电到 50 V，$u_N=50$ V；当 V_8 导通时，C_6 通过脉冲变压器初级绕组、C_5R_{16} 并联支路，V_8 迅速放电，N 点电位也随之降低。因 C_6 很小，R_{16} 也很小，故放电进行得很快，到 N 点电位降到（15 − 0.7）V 时，VD_{15} 导通，N 点电位近似为 15 V。这时 +50 V 电源虽然电压较高，但因其要给 V_8 提供较大的电流，故 R_{15} 上的压降也较大，不会使 C_6 充电超过 15 V，N 点电位被箝位在 +15 V，直到 V_8 关断为止。V_8 截止后 +50 V电源又通过 R_{15} 向 C_6 充电，使 N 点电位重新提高到 +50 V，为下一次强触发做好准备。脉冲波形见图 7.23 所示。

4. 双脉冲的产生

对三相全控桥式整流电路，要求使用双脉冲或宽度大于 60°的宽脉冲。双脉冲的产生方法有两种：一种是在脉冲变压器次级设置两个绕组，一个绕组供本相使用，另一个绕组供相差 60°的前相使用，这种方式叫“外双脉冲”方式；另一种方法是，触发电路在同一个周期内产生相隔 60°的两个脉冲，一个是本相触发电路经移相控制产生的，另一个是后一相触发电路送来的“补信号”产生的，这种方式叫“内双脉冲”方式。对“外双脉冲”方式，因负载是两个晶闸管的控制极，故输出功率要大，脉冲变压器的容量相应也要增大。实际应用中，“内双脉冲”用得较多。本触发电路采用的就是这种方式。下面介绍一下它的工作原理。

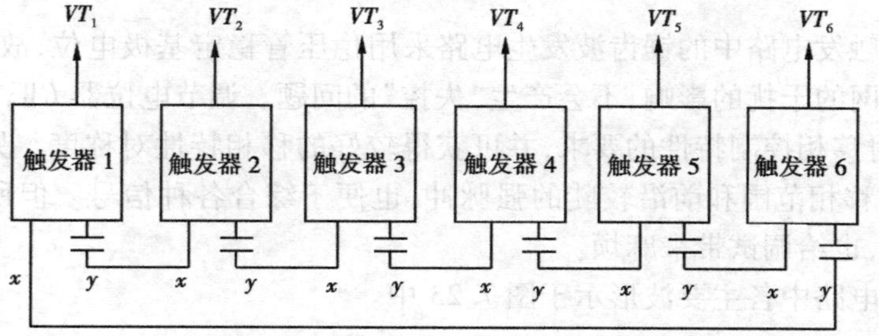

图 7.22　各触发器双脉冲的联线

图 7.16 中，V_5、V_6 构成一个“或”门，两个管子都导通时，V_5 管集电极电位为 -15 V，从而 V_7、V_8 都截止；当 V_5、V_6 中任意一只管子截止时，V_5 集电极就变为高电位，从而 V_7、V_8 导通，输出强脉冲。当同步电压 u_T 和控制电压 U_K 相交产生交点时，V_4 导通，同时输出负脉冲。这个负脉冲作用在 V_5 管的输入端，使 V_5 截止，同时 V_7、V_8 导通，发出第一个强脉冲。过了 60°后，下一相的触发电路又做上述工作，但这时的负脉冲不仅使自己的 V_5 截止，同时还由 Y 端引到前一相 V_6 管的输入端，使前一相的 V_6 也截止，于是前一相输出第二个强脉冲。各触发器的联线如图 7.22 所示。

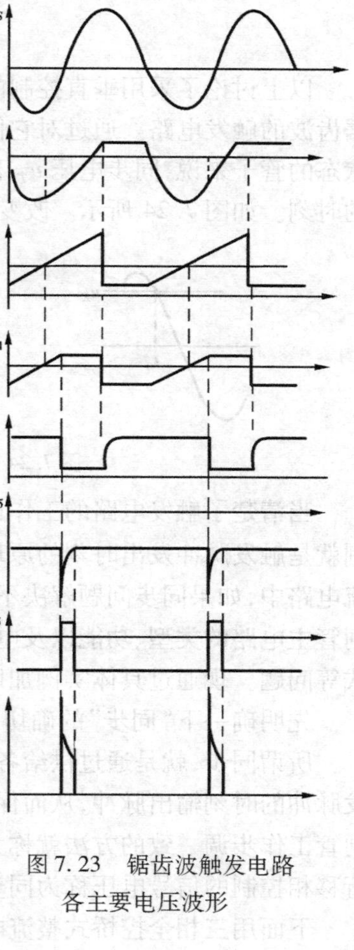

图 7.23　锯齿波触发电路各主要电压波形

5. 封锁信号

在实际运行中，很多时候都要对触发脉冲进行封锁。如瞬时封锁、延时导通的逻辑无环流系统，在两组桥切换时就须对原导通桥的脉冲进行封锁。出现突然事故时，也要对脉冲进行封锁。

本电路的封锁信号是一个负的电源。在需要封锁时，可将 D_5 接在负的电源上，这时不管前几级怎样变化，V_7、V_8 均不会导通。接通封锁信号的工作，一般是由逻辑电路来完成的。

6. 其他电路元件的作用

VD_2：在电容 C_1 放电时，阻止可能在这条支路上造成的分流。同时分担加在 V_2 管基极上的反压。

VD_4：起隔离作用。它和 R_{17} 一道，防止前后相触发器互相干扰。

VD_6：为 V_7 提供基极电流，提高基极电平，从而提高抗干扰能力。

R_{13}、R_{16}：V_7、V_8 的限流电阻，防止 V_7、V_8 长期过流损坏。

C_5：加速电容。有了它就可以提高脉冲前沿的陡度。

7.5.3 电路评价

由于锯齿波触发电路中的锯齿波发生电路采用稳压管稳定基极电位，故同步电压不受电网波动或来自电网的干扰的影响，不会产生“失控”的问题。调节电位器 RW_1 可调节锯齿波的斜率，用以满足对移相控制特性的要求，并可获得较好的移相特性对称度。另外，这种电路可获得大于 180°的移相范围和前沿较陡的强脉冲，也便于综合各种信号。但所用的电源较多，增大了装置体积，也给调试带来麻烦。

锯齿波触发电路中各主要波形示于图 7.23 中。

7.6 触发电路中的同步

以上讨论了采用垂直控制的两种触发电路：同步电压为正弦波的触发电路和同步电压为锯齿波的触发电路。通过对它们工作原理的讨论，建立了这样一个重要的概念：对于处在开关状态的管子来说，同步电压 u_T 和控制电压 U_K 在 u_T 工作段相交的时刻，就是触发脉冲发出来的时刻。如图 7.24 所示。改变 U_K 的极性和大小，就可以对触发脉冲进行移相控制。

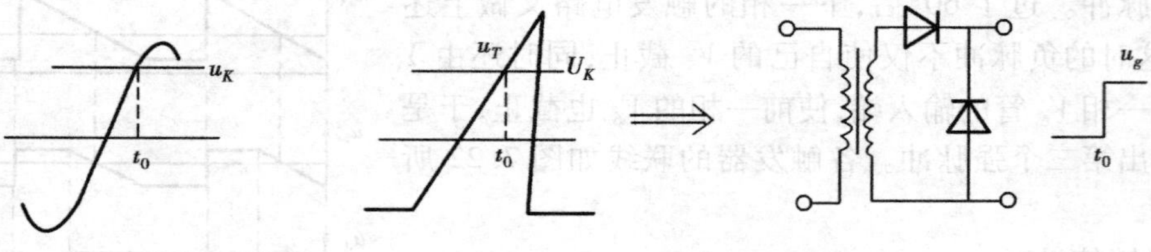

图 7.24 u_T—U_K 的交点与触发脉冲对应的时间关系

当清楚了触发电路的工作原理后，自然而然会提出这样的问题：怎样根据 U_K 与 u_T 相交时刻就是触发脉冲发出时刻的原理来选择 u_T，从而让触发脉冲和主回路电压同步呢？在三相整流电路中，如果同步问题解决不好，晶闸管就不能正常工作。而这个问题的解决，就要涉及晶闸管主电路的类型、功能以及电源变压器和同步变压器的接线方式、触发电路的结构、工作方式等问题。现通过具体实例加以说明。

先明确一下“同步”的确切含意。

所谓同步，就是通过供给各触发电路不同相位的交流电压，使得各触发器在晶闸管需要触发脉冲的时刻输出脉冲，从而保证各晶闸管可以按顺序获得触发，这种使触发电路与主电路晶闸管工作步调一致的方法就称为同步。使触发电路与主电路工作同步，并能在规定范围内进行移相控制的信号电压称为同步电压。

下面用三相全控桥式整流电路加以说明。

如图 7.25 所示，三相全控桥电路可以看成是由两个三相半波整流电路串联而成，一个是共阳极接法，一个是共阴极接法。对于共阴极组来说，相电压波形在正半周的自然换相点 t_1、t_3、t_5 分别是 a、b、c 相计算 α 的起点；对共阳极组来说，相电压波形在负半周的自然换相点 t_2、t_4、t_6 分别是 $-c$、$-a$、$-b$ 相计算 α 的起点。电路中各元件相关的相电压为

VT_1 VT_2 VT_3 VT_4 VT_5 VT_6

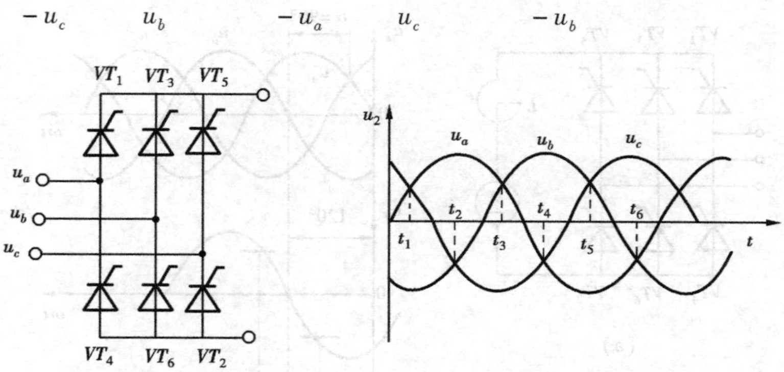

图 7.25　三相全控桥及其相关电压波形

这种电路要能正常工作，除了必须将 t_1、t_2、t_3……分别作为各相计算 α 的起点外，还必须每隔 60°发出一个宽脉冲，依次触发 VT_1、VT_2、VT_3……。这里我们用了 6 块触发电路板，分别控制 6 只晶闸管。这样对共阴极组的触发电路板来说，就要求其晶闸管相关相电压进入正半周 30°后能按时发出脉冲；对共阳极组来说，则要求在相电压进入负半周 30°后能按时发出脉冲，并要求每一相的 α 角都相等。因此，触发电路和主电路同步在这里就有两层意思：

第一，对整个触发电路（6 块板）而言，要求每隔 60°发出一个脉冲，并依次触发 VT_1、VT_2、VT_3、VT_4、VT_5、VT_6，6 块板的 α 角都要相等。

第二，对单块触发板而言，若是共阴极组，则要求能将它所控制的相电压进入正半周 30°的地方作为 $\alpha=0$ 的时刻；若是共阳极组，则要求能将它所控制的相电压进入负半周 30°的地方作为 $\alpha=0$ 的时刻，并能在规定的移相范围内平稳移相。

下面以三相全控桥可逆电路采用同步电压为正弦波的触发电路为例，讨论具体怎么实现同步。

图 7.9 所示的电路图前面已经讨论过。我们知道这种触发电路有 180°的移相范围，由于采用了 NPN 管，故同步电压的上升段是它的工作段。当 $u_K=0$ 时，触发电路在 u_T 由负变正的过零点发出脉冲。当 u_K 改变极性和大小时，能在过零点前后 90°内和 u_T 产生交点。对于可逆电路，习惯上将 $u_K=0$ 的时刻整定成 $U_d=0$。根据触发电路的上述特点和电路的要求，可将同步电压的过零点，对准所控制的相电压 $\alpha=90°$ 的地方，即相电压过零后 120°处，并由此可知，同步电压应滞后相应的主电压 120°，如图 7.26 所示。如果 6 块触发电路板都是这样安排，那么当主电压和同步电压同频率、周期性变化时，就能实现触发脉冲与主电路工作的同步。

如果触发电路采用的是 PNP 管，由于它的工作段是 u_T 正弦波的下降段，根据上述原理则应选择超前主电压 60°的正弦波电压作同步电压，读者可自行分析。

具体实现时，可让主电压和同步电压通过各自的变压器接在同一电源上取得频率上的一致，然后根据要求，通过主电压变压器和同步变压器绕组间的适当连接，来取得相位的配合。那么怎样由变压器绕组间的连接取得主电压和同步电压相位的配合呢？我们仍以三相全控桥可逆电路采用同步电压为正弦波的触发电路为例，来说明同步电压的选择问题。

上面谈到，当 u_T 和它的主电压频率相同时，要让 $U_K=0$ 对应着 $\alpha=90°$、$U_d=0$，就必须让同步电压滞后它的主电压 120°，这是一个总的原则。实际选择 u_T 时，有两个因素必须考虑：一个是当两台变压器接在同一电源上时，随着它们之间连接方式的不同，两台变压器副边电压的

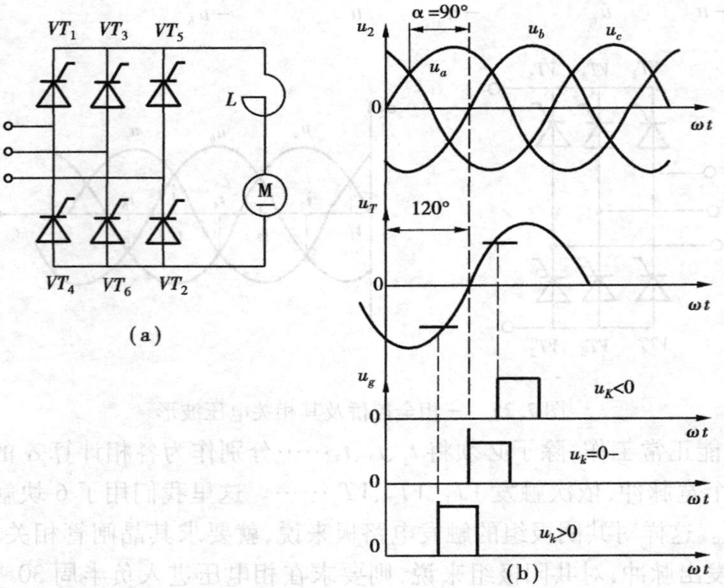

图 7.26　主电压与同步电压的关系

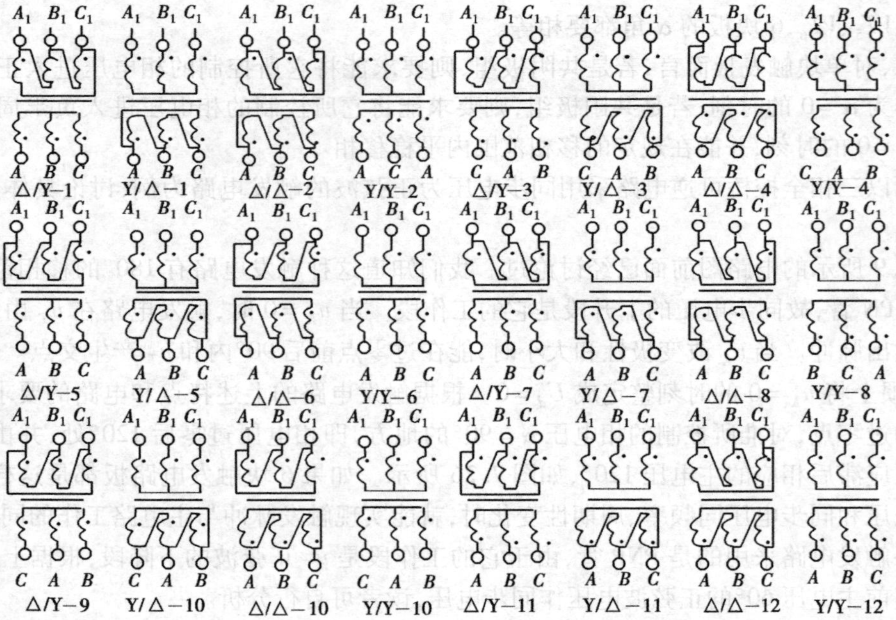

图 7.27　三相变压器接法与钟点数

相位关系也不同。图 7.27 列出了变压器的 24 种连接方式及其对应的钟点数，可供参阅；另一个要考虑的因素是，触发电路电流综合的输入端有 *RC* 移相滤波环节，它使从同步变压器来的同步电压移相滞后了一个角度才输入到 V_1 管的基极，故选择同步电压时还得把这个移相滞后角考虑进去。这就是说选择同步电压时，必须综合考虑 *RC* 滤波器的移相角和变压器连接所形成的相位角。总的原则是要使两个滞后角合起来刚好滞后 120°。例如，可以把滤波器的移相角定为 30°，这样只要从主、同变压器的连接关系中找一个滞后主电压 90°的副边电压作同步电压，即可满足滞后 120°的要求。有时也可反过来找。例如从主、同变压器的连接关系中已经知道，距主电压最近的一个同步电压滞后角是 60°，这时只要让滤波器的移相角为 60°即可满足要求。由于 6 个主电压相位依次相差 60°，故只要找出一个晶闸管的同步电压，其余的便可按 60°的关系推算出来。

下面通过几个实例来说明选择的方法。

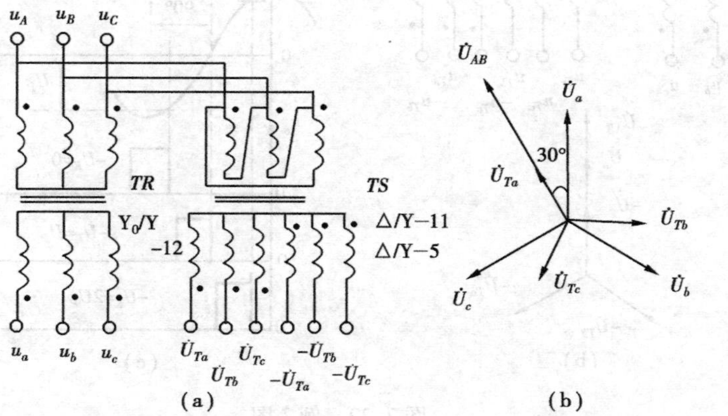

图 7.28　例 1 图

例 7.1　三相全控桥可逆电路，选用图 7.9 所示的触发电路。主、同变压器连接如图 7.28 所示，试选择 6 只晶闸管的同步电压。

解　在图 7.28 中，主变压器接成 Y_0/Y—12，同步变压器接成△/Y—11 和△/Y—5。由于变压器的初、次级线圈都是绕在同一个铁芯柱上，故初、次级的同名端电压相位相同。图中同步变压器 u_{Ta} 的原边接在 u_A 和 u_B 之间，所以 u_{Ta} 的相位就是 u_{AB} 的相位。在主变压器这一边，因 u_a 的原边绕组接在 u_A 和中线之间，所以 u_a 的相位就是 u_A 的相位。由于 u_{AB} 超前 u_A30°，故 u_{Ta} 超前 u_a30°。向量关系见图 7.28(b)。由图可见，u_{Tb} 滞后 u_a90°，这样通过 R、C 的参数选择，将滤波器移相角定为 30°，就可选择 u_{Tb} 作为 u_a 的同步电压。由于 u_a、$-u_c$、u_b、$-u_a$、u_c、$-u_b$ 依次互差 60°，而 u_{Tb}、$-u_{Ta}$、u_{Tc}、$-u_{Tb}$、u_{Ta}、$-u_{Tc}$ 也是依次互差 60°，于是找出 u_a 的同步电压为 u_{Tb}，便推出其他几个主电压的同步电压依次为 $-u_{Ta}$、u_{Tc}、$-u_{Tb}$、u_{Ta}、$-u_{Tc}$。列表如表 7.3。

表 7.3　主电压的同步电压

被触发的晶闸管	VT_1	VT_2	VT_3	VT_4	VT_5	VT_6
主电路电压	$+u_a$	$-u_c$	$+u_b$	$-u_a$	$+u_c$	$-u_b$
同步电压	$+u_{Tb}$	$-u_{Ta}$	$+u_{Tc}$	$-u_{Tb}$	$+u_{Ta}$	$-u_{Tc}$

用同样的方法还可以确定阻挡电压 u_α 和 u_β。在综合考虑时，要考虑到变压器可能的几种组合及其形成的主、同电压相位差，这个相位差角一般为有限的几个特殊角。同时要考虑到滤波移相的范围（小于 90°）及 R、C 参数改变时对滤波效果的影响等问题。

例 7.2　三相全控桥整流电路，带电阻性负载，主电路整流变压器为△/Y—11 接法，同步变压器为△/Y—9 接法，采用同步电压为正弦波的晶体管触发电路，其中晶体管全部为 PNP

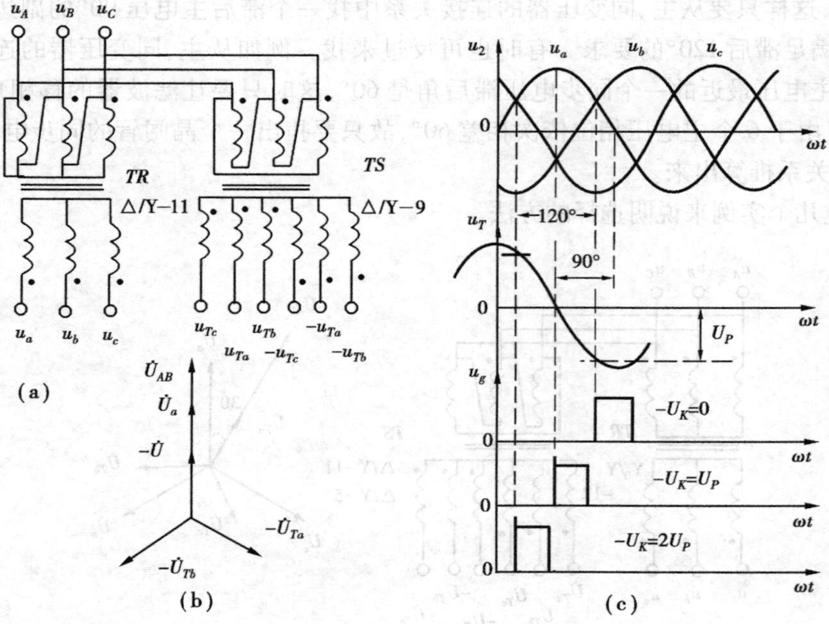

图 7.29　例 2 图

型,试选择晶闸管的同步电压。

解　在该例中,整流变压器和同步变压器的连接和向量图关系如图 7.29(b)所示。因晶体管为 PNP 型,故其 u_T 正弦波的下降段为移相控制的工作段,主电路为带纯电阻负载的整流电路,其移相范围为 120°可选择控制电压 U_K 为单一方向可调的直流电压,另设置偏移电压 U_P,通过加入 U_P,使 $U_K=0$ 时,$U_d=0$。另外考虑到正弦波两个顶部的非线性,选择正弦波中部线性度较好的 120°区间作为工作段。综上所述,可将 u_T 由正变负的过零点对准要控制的主电压最大正值处。这样即可确定同步电压应超前主电压 90°。同样,这个 90°应包括主、同变压器联接的相位关系和滤波移相环节的滞后角。如确定移相滞后角为 30°,则可选择超前 120°的 u_T 作为同步电压(120° - 30° = 90°)。以 u_a 为例,可选择 $-u_{Tb}$ 为其同步电压,如图7.29(b)所示。u_a 和 $-u_{Tb}$ 的关系确定后,其余各主电压和同步电压的关系可按 60°的关系递推出来,最后得到如下结果:

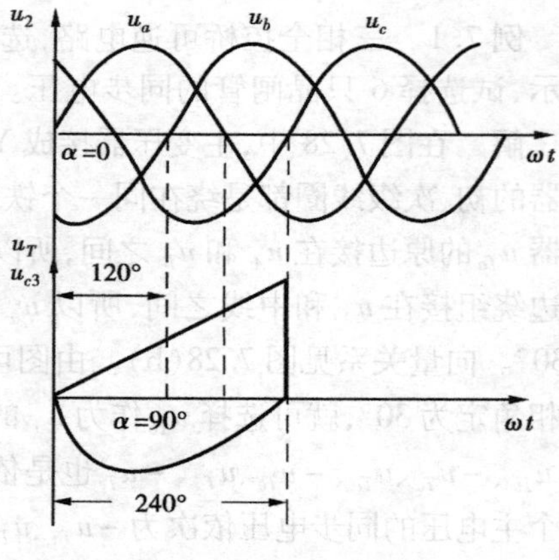

图 7.30　例 3 图

晶闸管	VT_1	VT_2	VT_3	VT_4	VT_5	VT_6
主电压	u_a	$-u_c$	u_b	$-u_a$	u_c	$-u_b$
同步电压	$-u_{Tb}$	u_{Ta}	$-u_{Tc}$	u_{Tb}	$-u_{Ta}$	u_{Tc}

例 7.3　三相全控桥可逆整流电路,采用图 7.16 所示锯齿波触发电路,主电路整流变压

器和同步变压器的接法同例 2。试为各晶闸管确定同步信号电压 u_T。

解 图17.6所示锯齿波触发电路，设其锯齿波宽度可达240°，锯齿波从 u_T 由零变负时开始形成。根据题意，可将锯齿波中点（120°处）作为 $\alpha=90°$ 时刻。这样，通过加入偏移电压 U_P，当 $U_K=0$ 时，$U_d=0$；U_K 极性和大小改变时，α 在 0～180°变化，满足整流与逆变的需要。由图7.30可见，当锯齿波中点对应 $\alpha=90°$ 时，u_T 刚好与主电压反相。该例中不用考虑滤波移相角，可从主、同变压器连接中找出超前（或滞后）主电压180°的 u_T，即满足要求。以 u_a 为例，可选择 u_{Tc}，依此类推，各晶闸管同步信号电压确定如表7.4。

表 7.4　主电压的同步信号电压

晶闸管	VT_1	VT_2	VT_3	VT_4	VT_5	VT_6
主电压	u_a	$-u_c$	u_b	$-u_a$	u_c	$-u_b$
同步信号电压	u_{Tc}	$-u_{Tb}$	u_{Ta}	$-u_{Tc}$	u_{Tb}	$-u_{Ta}$

7.7　集成触发器及数字触发器简介

前面几节讨论的触发电路都是由分立元件所组成，采用的是模拟量进行移相控制的方式，所以又称为分立式相控模拟触发电路。

随着微电子技术的发展，采用集成电路构成触发电路或将分立式的触发电路最大限度地集成在一块片子上，已经成了触发电路的发展方向。过去要用大量分立元件实现的功能，现在用一、二块集成电路和少量外围元件即可完成。这样不仅降低了成本，缩小了体积、简化了电路及其计算，而且调试容易使用方便，提高了可靠性，为以最可靠、简洁的方式解决触发电路设计问题提供了可能。

另一方面，随着生产自动化技术的发展，对触发电路精度的要求越来越高，原有分立式的模拟触发电路，已经不能满足这种要求。于是出现了数字触发电路，尤其是微机技术的广泛应用，为数字触发电路开辟了新的领域，这方面的技术目前的发展也很迅速。下面分别对集成触发电路和数字触发电路作一简要介绍。

7.7.1　集成触发电路

目前常用的集成触发电路大体可分为3类：第一类是利用运算放大器、时基电路（如555、556）等集成模块和部分分立元件构成的触发电路，由于运算放大器有一系列优点，用它构成的触发电路，不仅电路简单，而且可从实现某些分立元件难以实现的功能，使触发电路的性能更趋完善；第二类是在分立式触发电路基础上经功能扩充后，构成了专用单片集成相控触发电路，由于在集成电路制造工艺中，电路的复杂性不是主要的问题，故可设计得比较完善，各项指标也可比分立式触发电路更理想。国外是从60年代后期开始研制单片的集成相控电路，国内1976年开始研制，目前已开发出KC、KJ等多个系列的产品，并已广泛用于生产中；第三类是若干个触发电路组成的集成触发单元，这种集成触发单元往往是针对某种特定主电路设计的，一个主电路用一个触发单元就可以满足触发要求，因此它所用的外围元件更少，使用更方便，如国产的KJZ系列中的 KJZ_2 型是单相全控桥的触发单元，KJZ_3 是三相半控桥的集成触发单元，KJZ_6 是三相全控桥的集成触发单元等。各种型号的集成触发电路，其用途、参数及内部电路，在产品说明和手册中都可查到。它们分别适用于各种不同类型的晶闸管变流装置，应用时可根据变流装置的种类和要求选择相应的型号。下面介绍其中的几种。

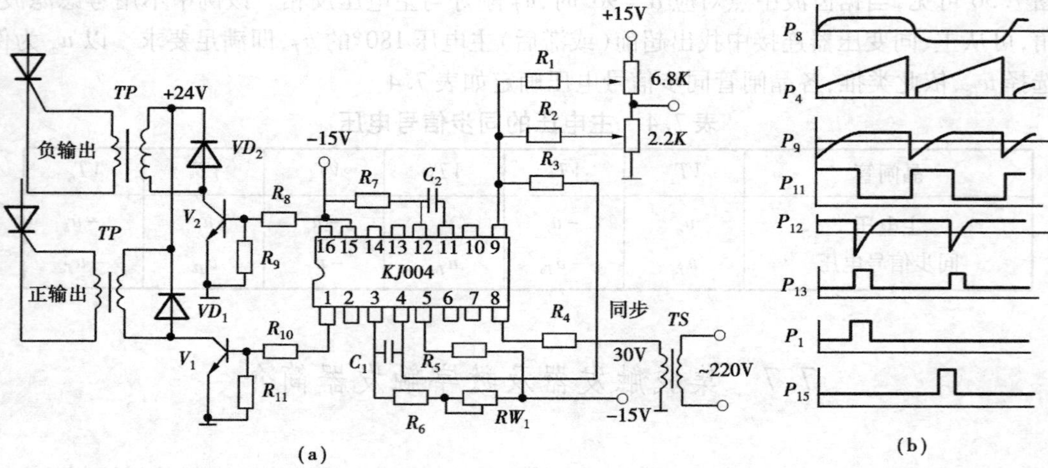

图 7.31　KJ004 的实际应用电路

图 7.31(a)KJ004 的实际应用电路。KJ004 集成触发器是由同步检测电路，锯齿波形成电路，偏移电压、移相电压及锯齿波电压综合比较放大电路，功率放大电路 4 部分组成。在单相和三相全控桥式整流电路中，它可以提供相位差为 180°的两路移相触发脉冲。其中锯齿波的斜率决定于外接电阻 R_6、R_{W1} 和电容 C_1 的数值。对于不同的移相控制电压 U_K 来说，只要改变电阻 R_1、R_2 的比值，调节相应的偏移电压 U_P，同时调整电位器 R_{W1} 改变锯齿波的斜率，触发脉冲即可在整个移相范围内（大于 170°）移动。移相电压增加时，导通角增大。R_7 和 C_2 组成微分电路，改变 R_7 和 C_2 的数值，输出脉冲宽度可在 400 μs ~ 2 ms 之间变化。输出脉冲幅值大于 13 V 时，最大输出电流可达 100 mA。同步电压为已知时，同步电路串联电阻 R_4 可按下式计算

$$R_4 = \frac{\text{同步电压}}{2 \sim 3} \quad \text{k}\Omega$$

该触发器 1 端为正向脉冲输出端，15 端为负向脉冲输出端，13、14 为脉冲列调制和脉冲封锁的控制端。各点电压波形见图 7.31(b)。KJ009 的基本性能与 KJ004 相同，两者可以互换。不同的是 KJ009 的抗干扰能力较强，触发脉冲的前沿较陡，输出脉冲宽度的调节范围较大（100 ~ 2 ms）。

KJ041 为 6 路双脉冲形成器，它是三相全控桥式电路的触发器，它具有双脉冲形成和电子开关封锁等功能。由两块 KJ041 组成的逻辑控制电路，适用于正、反组可逆系统。

KJ041 实用电路如图 7.32 所示。移相触发器输出脉冲加到该器件的 1 ~ 6 端，器件内的输入二极管完成“或”功能，形成补脉冲，该脉冲经放大后，分 6 路输出。补脉冲按 $-C \to +a$，$+b \to -c$，$-a \to +b$，$+c \to -a$，$-b \to +c$，$+a \to -b$ 顺序组合。当控制端 7 接逻辑“0”电平时，器件内的电子开关断开，各路输出触发脉冲。当控制端 7 接逻辑“1”电平（+15 V）时，电子开关接通，各路无触发脉冲输出。当输出端 10 ~ 15 脚接 $3DK_4$ 时，输出触发脉冲电流可达 800

mA。将两块 KJ041 相应的输入端并联，两个控制端分别作为正、反组控制输入端，输出端接 12 只功率放大管，可组成 12 脉冲正、反组控制可逆系统，控制端逻辑“0”电平有效。各点电压波形见图 7.32。

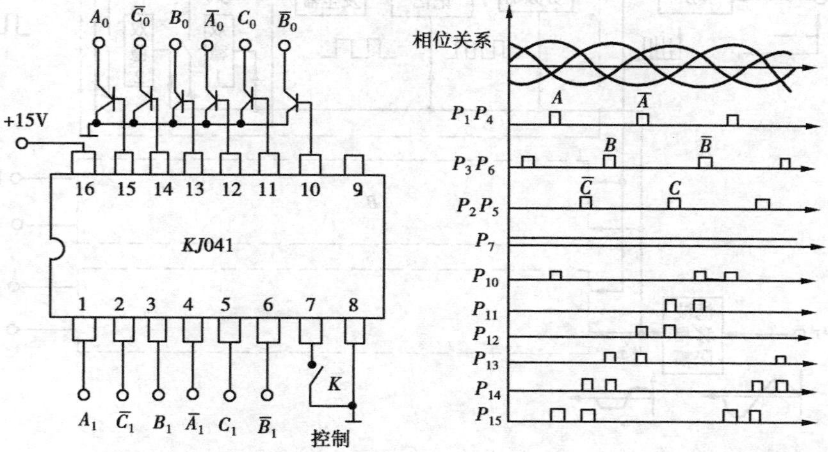

图 7.32　KJ041 的实用电路

7.7.2　数字触发电路

前面介绍的均属于模拟式触发电路，它们存在着一个共同的缺点，就是容易受电网电压的影响，另外由于电路所用的元件参数具有分散性，这样就使得各触发器的移相特性不一致，破坏了三相触发脉冲的对称性。出现上述情况会使整流变压器的原边电流不平衡，出现零序电流，使电网三相电压中性点发生偏移，附加谐波电流增大。可控整流装置功率越大，这种现象就越严重。

采用数字式触发电路能有效地克服上述缺点。由于数字式触发电路是通过模/数转换器将模拟量转换成数字量，通过控制计数脉冲的个数来进行移相控制，因此其控制精度高，各相脉冲间的对称性好。在大功率整流装置中，尤其能体现出其优越性。20 世纪 70 年代中期，从国外引进的一些大型设备的整流装置中，已经用了数字触发电路取代传统的模拟电路。

下面对数字触发电路的结构特点及工作原理作一简要介绍。

1. 原理框图

数字式触发电路的原理框图如图 7.33 所示。它一般由以下部分构成，即：模数转换器；分频器；脉冲发生器；脉冲分配器；脉冲输出环节。各部分的作用如下：

模数转换器（A/D）：将连续变化的控制电压（即模拟量）转换成频率与之成正比的计数脉冲（即数字量）。

分频器：将计数频率成倍数下降，其输入为高频计数脉冲（f_i），输出为低频计数脉冲（f_0）。频率下降倍数为 $K_f = f_i/f_0$，K_f 称为分频系数，它是两个数相除之商，故分频器也称为除法器。

脉冲发生器：将分频器的输出脉冲信号转换成幅值和形状符合要求的脉冲。

脉冲分配器：控制两个双稳电路将两路脉冲通道交替接地（封锁），在脉冲分配的两个输出端交替输出两个彼此相差 180°的控制脉冲。

脉冲输出环节：将脉冲分配器送来的脉冲进行功率放大，并经脉冲变压器输出到晶闸管门极。

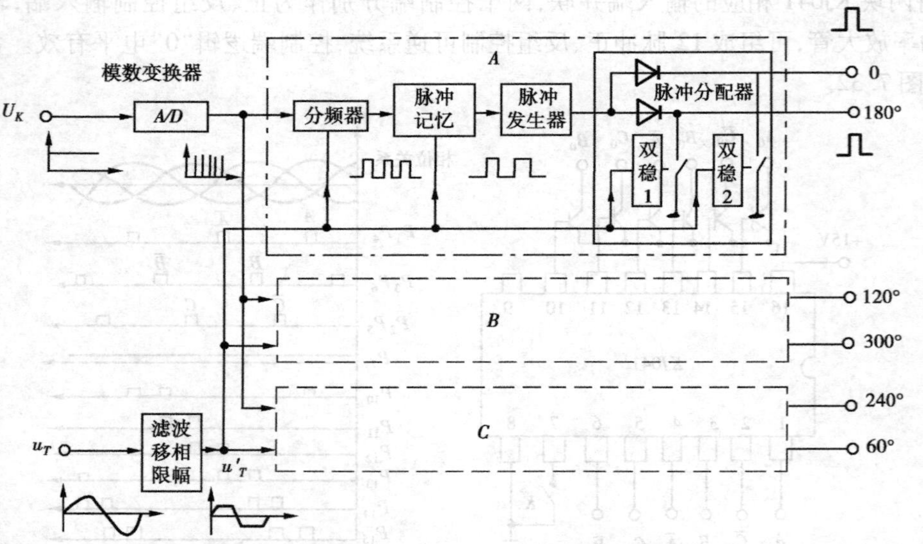

图 7.33　数字触发器原理框图

2. 工作原理

在图 7.33 中，来自电流调节器的直流控制电压 U_K，在模数转换器中被转换为相应频率的计数脉冲。例如，当 $U_K=0$ V 时，计数脉冲频率为 13～14 Hz；$U_K=10$ V 时，计数脉冲频率为 130～140 Hz；U_K 越大，脉冲频率越高，脉冲个数越多。当 U_K 给定后，A/D 便以相应的频率不停地输出时钟脉冲，此脉冲输入到计数器后，使计数器不停的计数，但此时由于脉冲记忆装置的封锁作用，计数器的计数脉冲还不能送到脉冲发生器产生触发脉冲。此时，同步电压 u_T 经滤波、移相、限幅后形成梯形波电压 u'_T。u'_T 送到分频器和脉冲记忆装置以后，其过零点一方面使分频器清“零”，另一方面解除记忆装置的记忆封锁。计数器被清零后，便从零开始对输入的计数脉冲重新计数，当计满 128 个脉冲时（分频器本身是一个 7 位二进制计数器，$2^7=128$），分频器输出第一个正脉冲，此正脉冲送到脉冲发生器，使触发器输出一个正触发脉冲，同时分频器将脉冲记忆装置封锁，使第二次计数满 128 个脉冲时，分频器不再送出正脉冲，保证一个半周（一次过零）只输出一个触发脉冲。当 u'_T 下次再过零时，分频器又被清零，记忆装置解除封锁，计数器从零开始计数，计满 128 个脉冲时，又送出正脉冲，重复前述过程。显然从 u'_T 过零点开始，第一次计数到 128 个脉冲是产生触发脉冲经历的时间，改变计数脉冲的频率（即改变控制电压 U_K），就能改变触发脉冲发出的时间，从而实现移相控制。

图 7.33 所示的触发电路可以得到六个彼此相差 60°的触发脉冲，只要正确地安排好这六个触发脉冲的相位，就可以用来触发三相全控桥的 6 只晶闸管。

近年来，采用单片微机构成的触发电路日益增多，这是因为单片机集成度高、功能齐全、价格低廉，用它组装的晶闸管触发电路具有电路简单、体积小、精度高、工作稳定可靠，控制灵活简便、全数字化等优点，只要配以适当的应用程序，就可以实现对晶闸管变流装置的控制。也可以根据需要加入检测、控制等算法在程序中，便可用于直流拖动、交流变频调速，同步机励磁，变频电源等系统。目前，单片机构成的触发电路所追求的目标是：在保证较高的触发精度，即较高的分辨率和对称度的情况下，使得处理触发器的数据和信息占用 CPU 的时间尽量短，以便可以根据系统控制的需要配以较为复杂的调节算法。此外还要求构成触发器的电路尽量简单,制作容易、运行可靠、调试维修方便。这些情况,反映了当前晶闸管触发电路的发展趋势。对这方面有兴趣的读者,可进一步参阅有关的资料。

习题及思考题

7.1 晶闸管变流装置对触发电路有哪些基本要求？三相桥式全控整流电路能否用正弦波电压作为触发信号？为什么？

7.2 如图7.4所示的阻容移相桥触发电路。若同步变压器副边电压接反了,会出现什么问题？试用相量图加以说明。

7.3 单结晶体管触发电路中,若在削波稳压管两端并接滤波电容,电路能否正常工作？若稳压管损坏断路,电路会出现什么问题？

7.4 在单结晶体管触发电路的实验中观察到:当 R_e 减小时,触发脉冲增多变密;但当 R_e 进一步减小时,会只剩一个脉冲;再减小 R_e 时连一个脉冲都没有了。这是为什么？

7.5 如图7.7所示的单结晶体管振荡电路。单结晶体管型号为BT35B,$I_p=4\ \mu A$,分压比 $\eta=0.6$,$U_V=3.5\ V$,$I_V=2\ mA$,$E=20\ V$。试求(1)R_e 的取值范围;(2)$C=0.22\ \mu f$ 时振荡频率 f 的调节范围。(提示:$E\approx U_{bb}$)

7.6 说明同步信号为正弦波的晶体管触发电路脉冲形成环节的工作原理,其输出脉冲宽度由什么参数决定？

7.7 在图7.16所示的锯齿波触发电路中,双脉冲是怎样形成的？偏移电压 U_p 起什么作用？

7.8 三相全控桥整流电路中,各相触发脉冲间距不均匀时,对输出电压有何影响？对同步电压分别为正弦波和锯齿波的晶体管触发电路来说,要使各相触发脉冲间距均匀,应调整触发电路中的什么参数？

7.9 三相全控桥可逆整流电路采用图7.9所示的正弦波同步触发电路。主变压器接成△/Y—11,同步变压器也接成△/Y—11。试选择各晶闸管的同步电压。这时 $R-C$ 滤波器的移相角应为多少度？

7.10 上题参数不变,不同的是采用PNP型晶体管组成触发电路。试选择各晶闸管的同步电压和阻挡电压 u_α、u_β。

7.11 三相全控桥整流电路采用图7.16所示锯齿波同步触发电路。主变压器接成△/Y—5,试选择同步变压器的连接组及各晶闸管的同步电压。

7.12 为什么采用数字式触发电路时各相触发脉冲间的对称度比模拟式的好？除图7.33介绍的形式外,目前数字式触发电路还常采用哪种形式？

第 8 章　晶闸管主电路的参数计算及保护

内 容 提 要

本章主要以晶闸管整流电路为对象，从工程实际出发，讨论主电路各元件参数的计算及选择元件的方法；分析晶闸管电路在实际运行中可能产生的主要故障及相应的保护措施。同时，对晶闸管串并联结中，为保证其可靠工作，应采用的均压和均流措施作必要的分析。

需要指出的是：本章所论述的有关参数计算及选择元件的方法，许多均是工程实践中经验的总结，一方面有较强的实践性，但也表现出较大的分散性，而且往往与元件制造的工艺及质量有关，读者在学习和应用中，务必从实际出发，同时注意参考较新的设计手册及厂家的产品说明。

8.1　晶闸管电压电流参数的选择

合理地选择晶闸管，就是在保证晶闸管装置可靠运行的前提下，降低成本，获得较好的技术经济指标。在采用普通型(KP 型)晶闸管的整流电路中，主要是正确地选择晶闸管的额定电压与额定电流参数。这些参数的选择主要与整流电路的型式，电流电压与负载电压电流的大小，负载的性质以及晶闸管的控制角 α 的大小等有关。由于在工程实际中，各种因素差别较大，因此要精确计算晶闸管电流值是较为繁复的，为了简化计算，本章均以 $\alpha = 0°$来计算晶闸管的电流定额。但在有些整流电路中，若晶闸管长期工作在控制角 α 较大的情况下，则应参阅有关资料，修改波形系数，按实际情况选择晶闸管元件。

一般，晶闸管的参数计算及选用原则如下：

(1)计算每个支路中晶闸管元件实际承受的正、反向工作峰值电压。

(2)计算每个支路中晶闸管元件实际流过的电流有效值和平均值。

(3)根据整流装置的用途、结构、使用场合及特殊要求等确定电压和电流的储备系数。

(4)根据各元件的制造厂家提供的元件参数水平并综合技术经济指标选用晶闸管元件。

8.1.1　晶闸管额定电压 U_{Te} 的选择

晶闸管额定电压必须大于元件在电路中实际承受的最大电压 U_m，考虑到电网电压的波动和操作过电压等因素，还要放宽 2 ~ 3 倍的安全系数。即按下式选取

$$U_{Te} = (2 \sim 3) U_m \tag{8.1}$$

式中系数(2 ~ 3)的取值，应视运行条件，元件质量和对可靠性的要求程度而定。通常，对要求高可靠性的装置取值较大。不同整流电路中，晶闸管承受的最大峰值电压 U_m 不同，如表 8.1 所示。

按式(8.1)所计算的 U_{Te} 值，选取相应电压级别的晶闸管元件，同时还必须在电路中采取相应的过电压保护措施。

表 8.1　整流器件的最大峰值电压 U_m 和通态平均电流的计算系数 K_{fb}

整流主电路		单相半波	单相双半波	单相桥式	三相半波	三相桥式	带平衡电抗器的双反星形
U_m		$\sqrt{2}U_2$	$2\sqrt{2}U_2$	$\sqrt{2}U_2$	$\sqrt{6}U_2$	$\sqrt{6}U_2$	$\sqrt{6}U_2$
K_{fb} ($\alpha=0°$)	电阻负载	1	0.5	0.5	0.374	0.368	0.185
	电感负载	0.45[①]	0.45	0.45	0.368	0.368	0.184

①指带有续流二极管的电路

8.1.2　晶闸管额定(通态)平均电流 $I_{T(AV)}$ 的选择

为使晶闸管元件不因过热而损坏,需要按电流的有效值来计算其电流额定值。即必须使元件的额定电流有效值大于流过元件实际电流的最大有效值。由第一章知,晶闸管流过正弦半波电流的有效值 I 和额定值(通态平均电流)$I_{T(AV)}$ 的关系,当 $\alpha=0°$时为

$$I = 1.57 I_{T(AV)} \tag{8.2}$$

在各种不同型式的整流电路中,流经整流元件的实际电流有效值等于波形系数 k_f 与元件电流平均值的乘积,而元件电流平均值为 I_d/k_b,(式中 k_b 为共阴极或共阳极电路的支路数)。考虑(1.5~2)倍的电流有效值安全系数后,式(8.2)可以写为:

$$(1.5\sim2)k_f\frac{I_d}{k_b} = 1.57 I_{T(AV)}$$

所以

$$I_{T(AV)} = (1.5\sim2)\frac{k_f}{1.57k_b}I_d =$$

$$(1.5\sim2)k_{fb}\cdot I_d \tag{8.3}$$

式中计算系数 $k_{fb}=k_f/1.57k_b$,当 $\alpha=0°$时,不同整流电路、不同负载性质时的 k_{fb} 值示于表8.1中。

对非标准负载等级,根据一般晶闸管元件的热时间常数,通常取负载循环中热冲击最严重的15 min内的有效值作为直流电流的额定值。即

$$I_d = \sqrt{\frac{1}{15}\sum_{k=1}^{J} I_{dT}^2 \Delta t_k} \quad \text{A} \tag{8.4}$$

式中　J——负载循环曲线中,热冲击最严重的15 min内的电流"阶梯"数;

Δt_k——各级电流的持续时间(min)。

按式(8.3)计算的 $I_{T(AV)}$ 值,还应注意如下因素的影响:当环境温度大于+40°C 和元件实际冷却条件低于标准要求时,或对于电阻性负载,当控制角 α 较大时,均应降低元件的额定电流值使用。对晶闸管元件,还应同时采取相应的短路和过载保护措施。

例 8.1　某晶闸管三相全控桥式整流电路,供电给ZZ-91型直流电动机,其额定值为 $U_{MN}=220$ V,$I_{MN}=287$ A,$P_{MN}=55$ kW,要求负载短时过载倍数为1.5;电网电压波动系数为0.9;直流输出电路串接有平波电抗器;已知整流变压器次级相电压为132 V。试计算晶闸管的额定电压和额定电流并选择晶闸管。

解　(1)晶闸管额定电压 U_{Te}

查表8.1,对于三相全控桥式电路,晶闸管承受的最大峰值电压 $U_m=\sqrt{6}U_2=\sqrt{6}\times132$ V,

故按式(8.1)计算的晶闸管额定电压为

$$U_{Te} = (2 \sim 3)U_m = (2 \sim 3)\sqrt{6} \times 132 = 647 \sim 970 \text{ V}$$

取 800 V。

(2)晶闸管的额定电流 $I_{T(AV)}$

查表 8.1,系数 $k_{fb}=0.368$,按式(8.3)计算的晶闸管额定电流为

$$I_{T(AV)} = (1.5 \sim 2)k_{fb} \cdot I_d = (1.5 \sim 2) \times 0.368 \times (287 \times 1.5) = 238 \sim 317 \text{ A}$$

取 300A。

选择 KP300-8 型晶闸管,共 6 只。

8.2 晶闸管过电压保护

与一般半导体元件相同,晶闸管元件的主要弱点是过电压过电流的承受能力差。当施加在元件两端的电压超过其正向转折或反向击穿电压时,即使时间很短也会导致元件损坏,或使元件发生不应有的转折导通,造成事故或元件性能降低,留下隐患。过电压保护的目的是使元件在任何情况下不致受到超过元件所能承受的电压的侵害。因此必须采取有效措施消除和抑制可能产生的各种过电压。

首先分析过电压产生的原因。

8.2.1 产生过电压的原因

整流器中产生过电压的原因有外因过电压和内因过电压两种。前者主要来自系统中的通断过程和雷击,后者则主要由于晶闸管元件的周期通断(换相)过程,即晶闸管载流子积蓄效应引起的过电压。主要有下列几种。

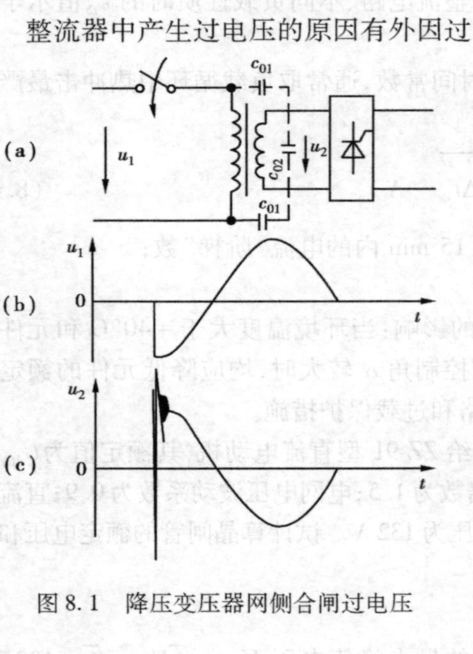

图 8.1 降压变压器网侧合闸过电压

1. 雷击过电压

由雷击所产生的大气干扰引起的过电压称作雷击过电压,一般是在变压器电网侧入口处装设避雷器来防止雷击过电压。

2. 静电感应过电压

如图 8.1 所示。因为整流变压器初级与次级绕组之间存在分布电容 C_{01},当高压电源合闸瞬间,网侧线圈的高压经 C_{01} 耦合至次级(元件侧),形成瞬时过电压。

3. 切断电感回路电流所造成的过电压

当整流变压器网侧拉闸时,由于其励磁电流突然切断,在次级(元件侧)感应出过电压。此种过电

压的峰值与分闸时电源电压的相位有关,可高达额定值的 3~5 倍,如图 8.2 所示。

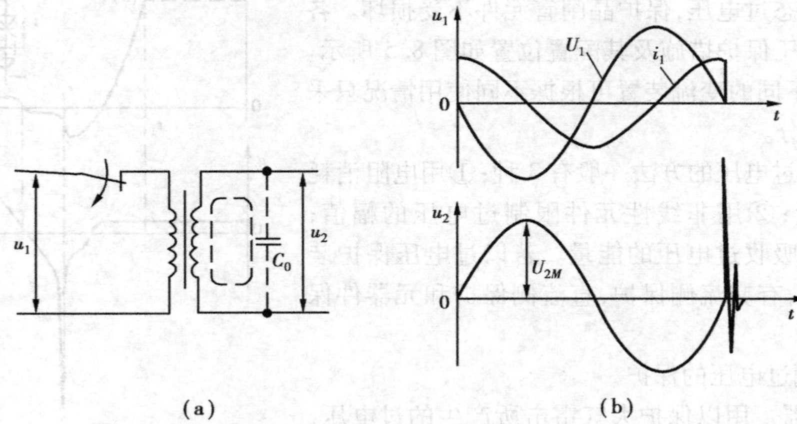

图 8.2　切断电感回路电流产生过电压

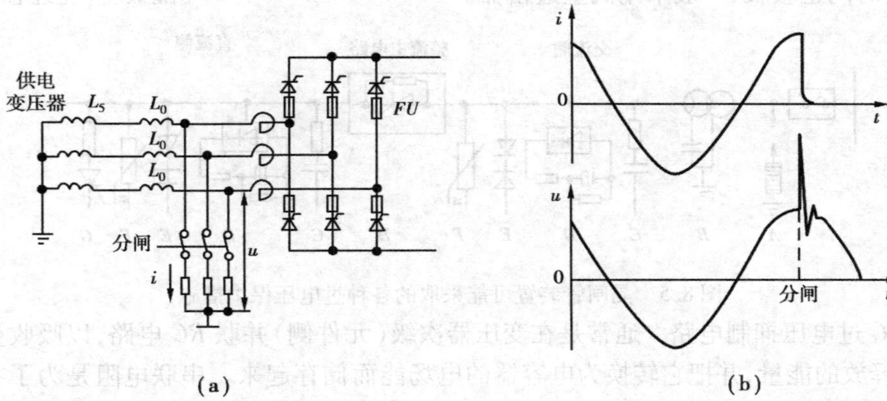

图 8.3　其他并联用电设备分闸时产生过电压

当整流器与其他用电设备共用一台变压器时,在其他用电设备分闸时,因变压器漏感 L_T 和线路分布电感 L_0 释放能量而产生过电压亦属此类,如图 8.3 所示。

上图中与晶闸管串联的快熔 FU 熔断时,因电流突然切断,亦将产生过电压。同样,对于直流侧有电感电容滤波的电路,在开关分断或快熔熔断时也会产生此种过电压。

4. 晶闸管载流子积蓄效应引起的过电压(换相过电压)。

由于晶闸管元件在换相结束后,其反向阻断能力不能立即恢复,内部残存载流子在反向电压作用下瞬时出现较大的反向电流,而当元件恢复阻断能力时,此反向电流迅速减小,其$\frac{di}{dt}$很大,可高达 1 000 A/μs,此电流突变可在回路电感中产生很高的过电压,如图 8.4 所示。

8.2.2　过电压的保护

正常工作时,晶闸管承受的最大峰值电压 U_m 如表 8.1 所示。超过此峰值电压的就算过电压。在整流装置中,任何偶然出现的过电压均不应超过元件的不重复峰值电压 U_{dsm},而任何周期性出现的过电压则应小于元件的重复峰值电压 U_{rsm}。这两种过电压都是经常发生和不可避免的。因此，在变流电路中，必须采用各种有效保护措施，以抑制各种暂态过电压，保护晶闸管元件不受损坏。各种常用的过电压保护措施及其配置位置如图 8.5 所示。当然，实际上不同的变流装置可根据不同使用情况只采用其中的一部分。

抑制暂态过电压的方法一般有 3 种：①用电阻消耗过电压的能量；②用非线性元件限制过电压的幅值；③用储能元件吸收过电压的能量。若以过电压保护装设的部位来分，有交流侧保护，直流侧保护和元器件保护 3 种。

1. 交流侧过电压的保护

(1)避雷器　用以保护大气雷击所产生的过电压，如图 8.5 所示。主要保护变压器。因此种过电压能量较大，持续时间也较长，一般采用阀型避雷器。

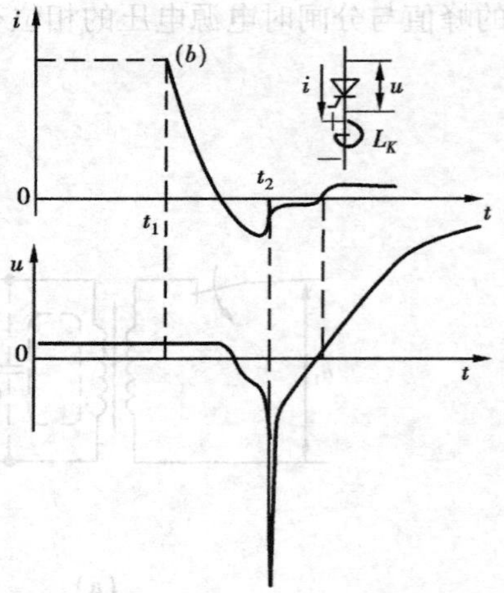

图 8.4　晶闸管内部载流子积蓄效应产生过电压

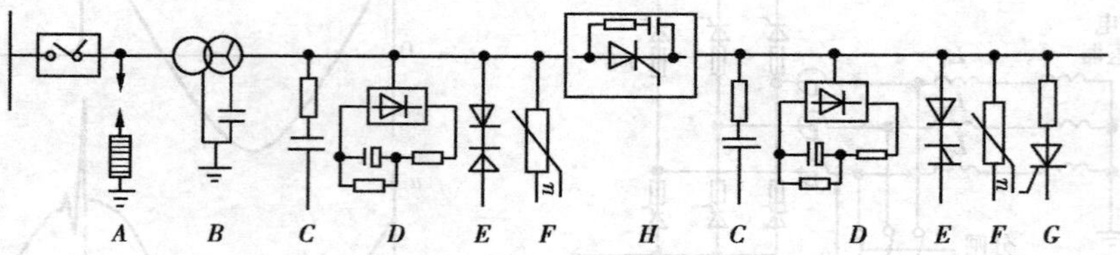

图 8.5　晶闸管装置可能采取的各种过电压保护措施

(2)RC 过电压抑制电路　通常是在变压器次级(元件侧)并联 RC 电路，以吸收变压器铁心的磁场释放的能量，并把它转换为电容器的电场能而储存起来。串联电阻是为了在能量转换过程中可以消耗一部分能量并且抑制 LC 回路可能产生的振荡。当整流器容量较大时，RC 电路也可接在变压器的电源侧。如图 8.6 所示。

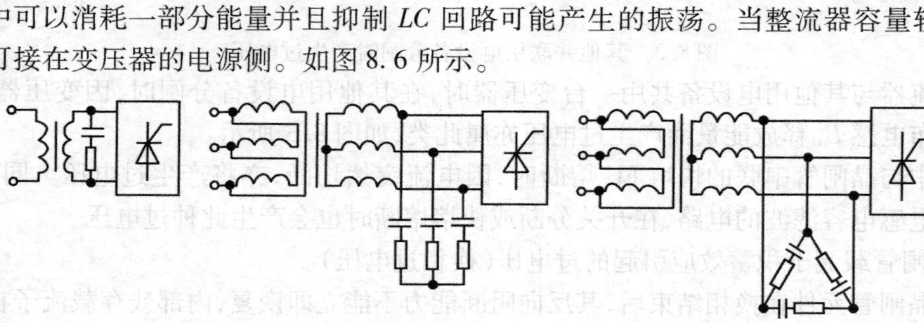

图 8.6　阻容过电压保护电路的接法

单相整流电路 RC 参数的计算公式为

$$C_a \geqslant 6 i_0 \% \frac{S_{TM}}{U_2^2} \ \mu\mathrm{F} \tag{8.5}$$

电容 C_a 的耐压

$$U_{Ca} \geqslant 1.5\sqrt{2} U_2 \ \mathrm{V} \tag{8.6}$$

$$R_a \geqslant 2.3 \frac{U_2^2}{S_{TM}} \sqrt{\frac{u_k \%}{i_0 \%}}\ \Omega \tag{8.7}$$

电阻 R_a 的功率为

$$P_{Ra} \geqslant (3 \sim 4) I_C^2 R\ \mathrm{W} \tag{8.8}$$

$$I_C = 2\pi f C_a U_{Ca} \times 10^{-6}\ \mathrm{A} \tag{8.9}$$

式中 S_{TM}——变压器每相平均计算容量(VA)

U_2——变压器二次相电压有效值(V)

$i_0\%$——励磁电流百分数

当 $S_{TM} \leqslant$ 几百伏安时 $i_0\% = 10$

当 $S_{TM} \geqslant 1\ 000$ 伏安时 $i_0\% = 3 \sim 5$

u_K——变压器的短路比,当变压器容量为 10 ~ 1 000 kVA 时,$u_k\% = 5 \sim 10$

I_C, U_{Ca}——当 R_a 正常工作时电流电压的有效值(A,V)

上述 R、C 值的计算公式(8.5)和(8.7)是依单相条件推导得出的,对于三相电路,变压器次级绕组的接法可以与 RC 吸收电路的接法相同,也可以不同。严格来讲,应按不同情况和初始条件另行推出 RC 的计算公式,但实用中也可按式(8.5)和(8.7)进行近似计算。只是在不同接法时,R_a 和 C_a 的数值应按表 8.2 进行相应的换算。

表 8.2 变压器和阻容装置不同接法时电阻和电容的数值

变压器接法	单 相	三相,二次 Y 接		三相,二次△接	
阻容装置接法	与变压器次级并联	Y 接	△ 接	Y 接	△ 接
电 容(μF)	C_a	C_a	$\frac{1}{3}C_a$	$3C_a$	C_a
电 阻(Ω)	R_a	R_a	$3R_a$	$\frac{1}{3}R_a$	R_a

在实际应用中,由于触头断开时电弧的耗能和其他放电回路的存在,变压器磁场能量不可能全部转换为阻容吸收能量,因此,按式(8.5)和(8.7)计算所得的 C_a、R_a 值偏大,可适当减小。至于 R_c 电路采用何种接法,可根据实际使用情况而定。△接法时 C_a 的容量小但耐压要求高;Y 接法时 C_a 的容量大些但耐压要求则低,电阻取值也小。

例 8.2 三相桥式晶闸管整流电路。已知三相整流变压器的平均计算容量为 50 kVA,次级绕组为星形接法,相电压为 200 V,变压器短路比百分数 $u_k\% = 5$,励磁电流百分数 $i_0\% = 8$,采用三角形接法的阻容保护装置以减小电容量。试计算阻容保护元件的参数。

解 变压器每相平均计算容量为

$$S_{TM} = \frac{1}{3} \times 50 \times 10^3 = 16.7 \times 10^3\ \mathrm{VA}$$

(1)电容器的计算

因阻容保护为三角形接法,C_a 为星形接法计算值的 $\frac{1}{3}$,按式(8.5)可得

$$C_a \geqslant \frac{1}{3} \times 6 \times i_0\% \frac{S_{TM}}{U_2^2} \geqslant$$

$$\frac{1}{3} \times 6 \times 8 \times \frac{16.7 \times 10^3}{200^2} = 6.68\ \mu\text{F}$$

取 $C_a = 8\ \mu\text{F}$。

电容器 C_a 的耐压值为

$$U_{Ca} > 1.5 \times \sqrt{3} \times 200 = 520\ \text{V}$$

取 630 V。选择 CZJ 型交流密封纸介电容。

(2)电阻值的计算

因为是三角形接法，由表 8.2 知，R_a 应为星形接法时的 3 倍，按式(8.7)可得

$$R_a \geqslant 3 \times 2.3 \times \frac{U_2^2}{S_{TM}}\sqrt{\frac{u_k\%}{i_0\%}} \geqslant$$

$$3 \times 2.3 \times \frac{200^2}{16.7 \times 10^3}\sqrt{\frac{5}{8}} = 13.1\ \Omega$$

考虑到所取电容 C_a 值已大于计算值，故电阻 R_a 可适当取小些，取 $R_a = 12\ \Omega$。

正常工作时，RC 支路始终有交流电流流过，过电压总是短暂的，所以可按长期发热来确定电阻的功率。RC 支路电流 I_c 近似为

$$I_c = 2\pi f C_a U_{Ca} \times 10^{-6} =$$

$$2\pi \times 50 \times 8 \times \sqrt{3} \times 200 \times 10^{-6} = 0.87\ \text{A}$$

电阻 R_a 的功率为

$$P_{Ra} \geqslant (3 \sim 4) I_C^2 R_a =$$

$$(3 \sim 4) \times 0.87^2 \times 12 =$$

$$(27 \sim 36)\ \text{W}$$

故选用 $RxYc$-50 W-12 Ω 被釉绕线电阻。

表 8.3　交流侧过电压保护用整流式阻容电路及计算公式

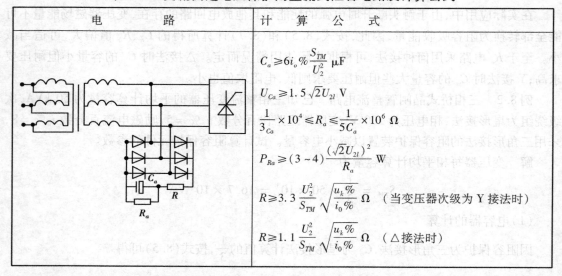

电　　路	计　算　公　式
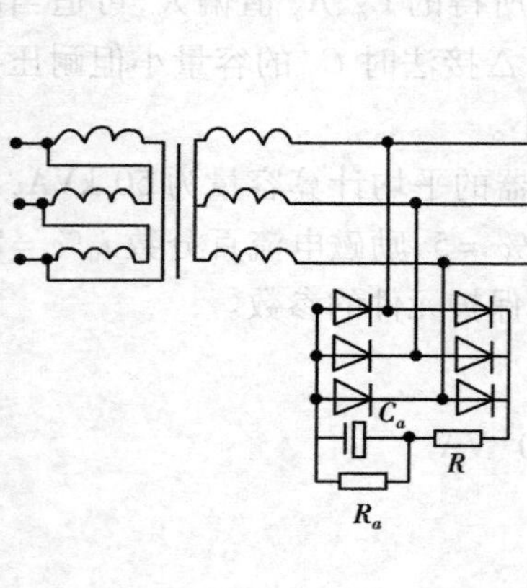	$C_a \geqslant 6 i_o\% \frac{S_{TM}}{U_2^2}\ \mu\text{F}$ $U_{Ca} \geqslant 1.5\sqrt{2}U_{2l}\ \text{V}$ $\frac{1}{3_{Ca}} \times 10^4 \leqslant R_a \leqslant \frac{1}{5C_a} \times 10^6\ \Omega$ $P_{Ra} \geqslant (3 \sim 4)\frac{(\sqrt{2}U_{2l})^2}{R_a}\ \text{W}$ $R \geqslant 3.3\frac{U_2^2}{S_{TM}}\sqrt{\frac{u_k\%}{i_0\%}}\ \Omega$　(当变压器次级为 Y 接法时) $R \geqslant 1.1\frac{U_2^2}{S_{TM}}\sqrt{\frac{u_k\%}{i_0\%}}\ \Omega$　(△接法时)

*表中 U_{2l} 为变压器次级线电压有效值。其他符号含义同前。因正常情况下 R 中电流很小，故其功率可不必专门考虑。

对于大容量的晶闸管装置，三相 RC 保护电路的体积较大，且由于在一般 RC 电路中，因电容器所贮存的能量将在晶闸管触发导通时释放，从而增大了晶闸管开通时的 $\frac{di}{dt}$ 值，且工作中的发热量也较大。为此，可采用整流式 RC 吸收电路。这虽然多了一个三相整流桥，但是只用一个电容器，且因只承受直流电压而可用体积小、容量大的电解电容，从而减小 RC 电路的体积。整流式 RC 电路的接线方式及计算公式如表 8.3 所示。

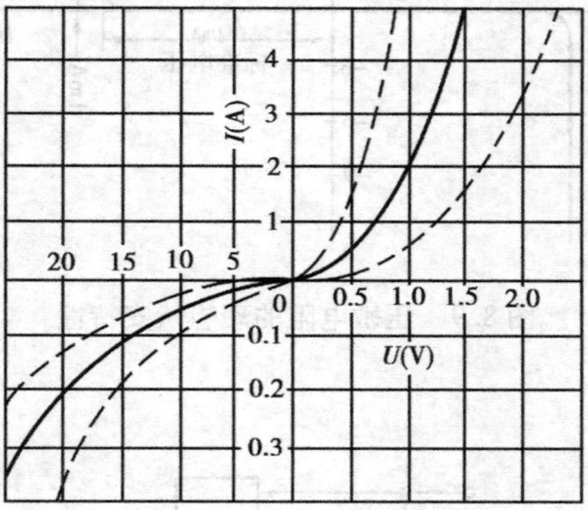

图 8.7　硒片的伏安特性

(3)用非线性元件抑制过电压　当发生雷击或从电网侵入更高的浪涌电压时，仅用阻容保护是不够的，此时过电压仍可能超过元件的允许值。所以必须同时设置非线性元件保护。非线性元件有与稳压管相近似的伏安特性，可以把浪涌过电压抑制在晶闸管元件允许的范围。常用的非线性元件有硒堆和金属氧化物压敏电阻。

①硒堆　若干个硒整流片串联组成硒堆。硒片的伏安特性如图 8.7 所示。它具有较陡的反向非线性特性。当超过其转折电压时，反向电流增加很快，可消耗很大的瞬时功率，使过电压被限制在其反向击穿电压。每片硒片的额定反向电压有效值 U_R 约为 20 ~ 30 V。每堆的片数 n 为

$$n = (1.1 \sim 1.3)\frac{U_l}{U_R} \tag{8.10}$$

计算硒片面积 S 的经验公式为

$$S \geqslant 3.9 I_0^* I_{ln} \text{ mm}^2 \tag{8.11}$$

式中　I_0^*——变压器励磁电流的标么值；

I_{ln}——变压器次级线电流额定值(A)。

硒堆保护的联结方法如图 8.8 所示。

硒堆具有“自愈”特性，即在被击穿之后，一旦过电压消失，一般仍能正常工作。当然烧坏时则应更换。硒堆保护的优点是能吸收较大的浪涌能量，缺点是体积大，伏安特性不够理想，且会发生“贮存老化”，使正向电阻增大，反向电阻降低。所以当长期不用后再使用时，必须经过“化成”(即先加 50% 额定电压 10 min，再加额定电压 2 h 后)才能重新使用。可见硒堆不是一种理想的保护元件。目前多用压敏电阻。

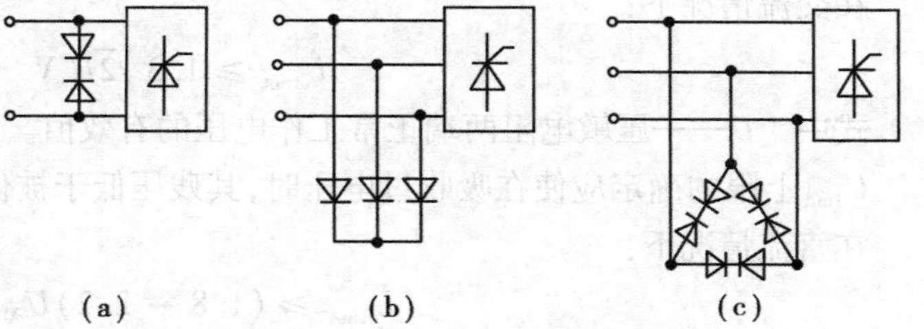

图 8.8　硒堆保护的联结方法

②金属氧化物压敏电阻　这是由氧化锌，氧化铋等烧结制成的非线性电阻元件。其伏安特性如图 8.9 所示。由于它具有正反向相同的很陡的伏安特性，击穿前漏电流为微安数量级，损耗很小，过电压时(击穿后)则能通过高达数千安的浪涌电流，所以抑制过电流能力很强。且反应速度快，体积小，是一种较好的过电压保护元件。压敏电阻的主要缺点是持续平均功率

太小(只有数瓦级),若正常工作电压超过其额定电压时,则在很短时间内损坏。此外,在每次被击穿通过较大浪涌电流之后,标称电压就会降低,故不宜用于抑制过电压出现较频繁的场合。

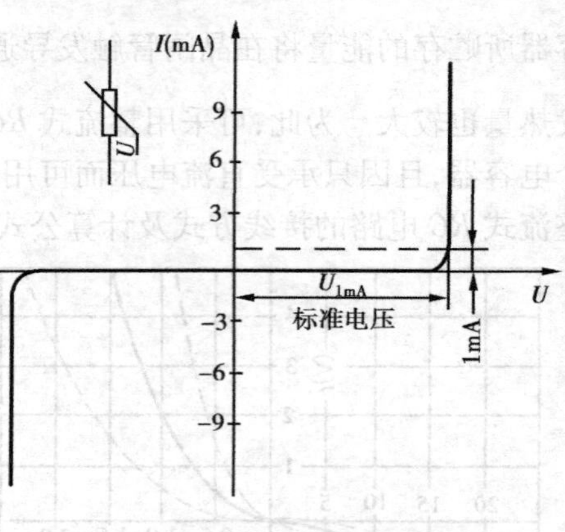

图 8.9　压敏电阻的理想伏安特性

压敏电阻的主要参数有:

U_{1mA}——漏电流为 1 mA 时的额定电压值(V)。

U_y——放电电流达到规定值 I_y 时的电压(V),其数值由残压比 U_y/U_{1mA} 所确定。

允许通流容量——在规定波形下允许通过的浪涌电流峰值(A)。

参数 U_{1mA} 的下限值决定于施加在压敏电阻两端的最高峰值电压,即当电网电压波动达最高允许值并在 U_{1mA} 下降 10% 时,流过压敏电阻的漏电流应小于 1 mA。

压敏电阻保护的联结方法如图 8.10 所示。

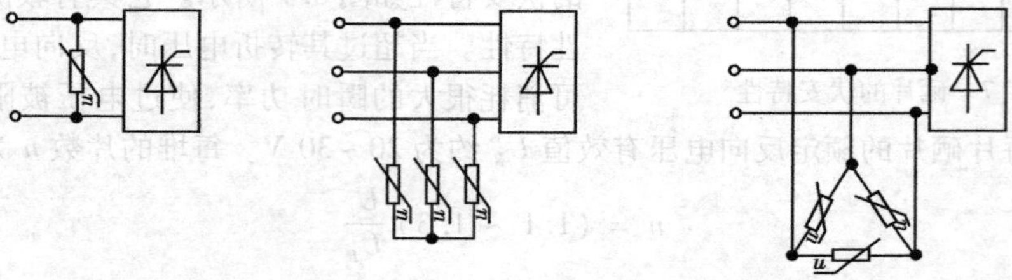

图 8.10　压敏电阻过电压保护接线方法

压敏电阻的参数计算与选用方法:

额定电压 U_{1mA} 的选取可按下式计算。

在交流情况下:

$$U_{1mA} \geqslant 1.3\sqrt{2}U \text{ V} \tag{8.12}$$

式中　U——压敏电阻两端正常工作电压的有效值。

U_{1mA} 上限的确定应使在吸收过电压时,其残压低于被保护晶闸管所允许的过电压值。

在直流情况下:

$$U_{1mA} \geqslant (1.8 \sim 2.2)U_{d0} \text{ V} \tag{8.13}$$

式中　U_{d0}——晶闸管控制角 $\alpha = 0$ 时的直流输出电压。

压敏电阻通流容量的选择:

通流容量的选定应使压敏电阻所吸收的过电压能量小于其通流容量。此外还要考虑浪涌电压的重复率。通常用于中小功率整流器操作过电压保护时,可选择 3 ~5 kA;用于防雷保护时可选择 5 ~ 20 kA;用于熄灭火花可选择 3 kA 以下。然后再根据峰值能耗来验算其承受浪涌电流的能力。一般是用切断变压器空载电流产生较大过电压情况来校验。

国产 VYJ 型压敏电阻的额定电压有:100、220、440、760、1 000 V 等。放电电流 100 A 的残压比小于 1.8 ~2,放电电流 3 kA 的残压比小于 3。通流容量有:0.5,1,1.5,2,3,4,5 kA 等,详细规格请参看有关制造厂家的说明。

2. 直流侧的过电压保护

整流器直流侧开断时,如直流侧快速开关断开或桥臂快熔熔断等情况,也会在A、B之间产生过电压,如图8.11所示。前者因变压器贮能的释放产生过电压;后者则由于直流电抗器贮能的释放产生过电压,都可使晶闸管元件损坏。当直流端处在短路情况下断开直流电路时,产生的浪涌峰值电压特别严重,所以直流侧过电压也必须采取措施加以抑制。

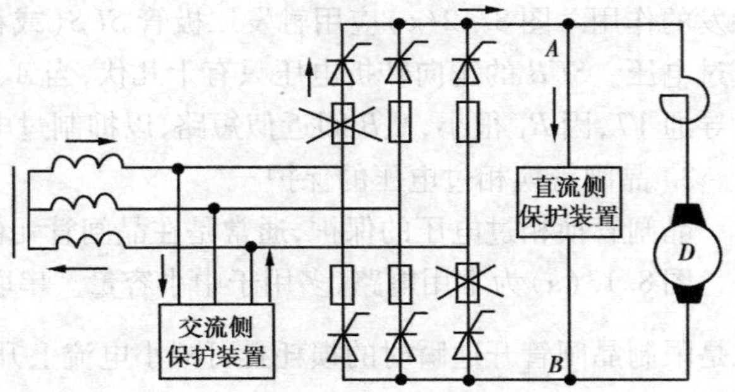

图8.11 直流侧快速开关跳角或快熔熔断引起的过电压

原则上直流侧保护可以采取与交流侧保护相同的方法。主要有:阻容保护,非线性元件抑制和用晶闸管泄能保护。因为直流侧阻容保护会使系统的快速性达不到要求的指标,且能量损耗较大,在晶闸管换相对增大$\frac{di}{dt}$,因而应尽量少用或不用阻容保护,而主要应用如图8.12所示的方法。即用非线性元件抑制直流侧过电压。

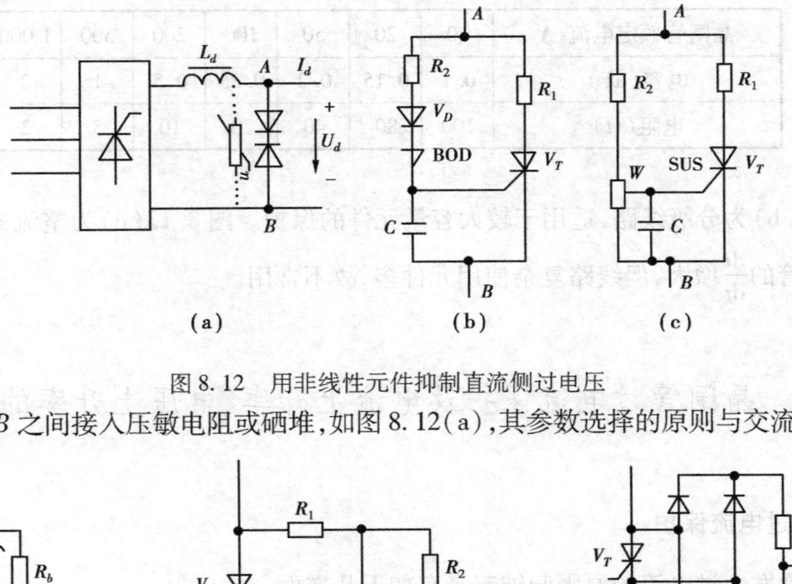

图8.12 用非线性元件抑制直流侧过电压

(1)在A、B之间接入压敏电阻或硒堆,如图8.12(a),其参数选择的原则与交流侧保护相同。

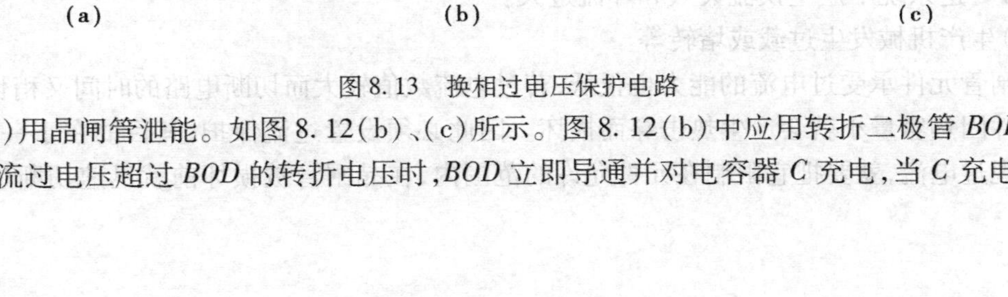

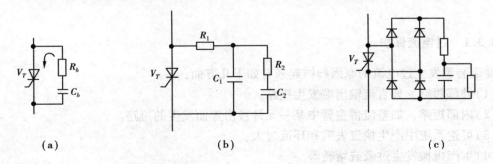

图8.13 换相过电压保护电路

(2)用晶闸管泄能。如图8.12(b)、(c)所示。图8.12(b)中应用转折二极管BOD,当A、B间直流过电压超过BOD的转折电压时,BOD立即导通并对电容器C充电,当C充电电压达

到 VT 触发电平时，VT 导通，过电压能量通过 R_1，VT 泄放，以达到抑制过电压的目的。电阻 R_2 起限制流过 BOD 及 VT 的门极电流的作用。电容 C 还可以起到消除因纹波或干扰引起 VT 误触发的作用。图 8.12(c)应用触发二极管 SUS(或称硅单向开关)，它是用电阻分压来检测直流过电压。SUB 的正向转折电压只有十几伏，当 A、B 间电压超过时 SUB 即转折导通，从而触发导通 VT，因 R_1 很小，A、B 间近似短路，以抑制过电压。

3. 晶闸管换相过电压的保护

晶闸管换相过电压的保护，通常是在晶闸管元件两端并联 RC 电路，如图 8.13 所示。

图 8.13(a)为常用电路，多用于中小容量。串联电阻 R 的作用一是阻尼 LTC 回路的振荡，二是限制晶闸管开通瞬时的损耗且可减小电流上升率 $\frac{di}{dt}$。

电容 C 的选择可按式(8.14)计算

$$C = (2 \sim 4) I_{TAV} \times 10^{-3} \ \mu F \tag{8.14}$$

电容 C 的耐压应大于正常工作时晶闸管两端电压的峰值的 1.5 倍。电阻 R 一般取 $R = 10 \sim 30\ \Omega$，对于整流管取下限值，对于晶闸管取上限值。其功率应满足

$$P_R \geqslant 1.75 f C U_m^2 \times 10^{-6}\ W \tag{8.15}$$

实际应用中，RC 的值可按经验数据选取，如表 8.4 所示。

表 8.4　与晶闸管并联的阻容电路经验数据

晶闸管额定电流/A	10	20	50	100	200	500	1 000
电容(μF)	0.1	0.15	0.2	0.25	0.5	1	2
电阻(Ω)	100	80	40	20	10	5	2

图 8.13(b)为分级线路，适用于较大容量元件的保护。图 8.13(c)为整流式阻容保护，它不会使晶闸管的 $\frac{di}{dt}$ 增大，但线路复杂使用元件多，故不常用。

8.3　晶闸管过电流保护及电流上升率、电压上升率的限制

8.3.1　过电流保护

变流装置发生过电流的原因归纳起来有如下几方面：

(1)外部短路　如直流输出端发生短路。

(2)内部短路　如整流桥主臂中某一元件被击穿而发生的短路。

(3)可逆系统中产生换流失败和环流过大。

(4)生产机械发生过载或堵转等。

晶闸管元件承受过电流的能力也很低，若过电流数值较大而切断电路的时间又稍长，则晶闸管元件因热容量小就会产生热击穿而损坏。因此必须设置过流保护，其目的在于一旦变流电路出现过电流，就要把它限制在元件允许的范围内，在晶闸管被损坏前就迅速切断过电流，

并断开桥臂中的故障元件,以保护其他元件。

晶闸管变流装置可能采用的过流保护措施及其动作时间如图 8. 14 所示。可按实际需要选择其中一种或数种。

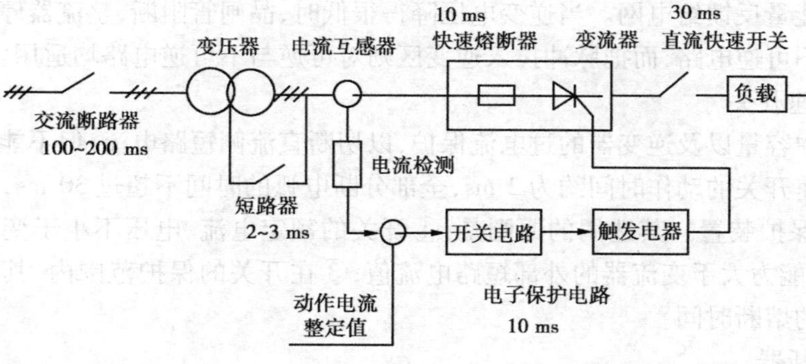

图 8. 14 晶闸管装置过电流保护措施及其动作时间

下面,就图 8. 14 中的过电流保护措施的适用范围,相互协调及元件选择作简要说明。

1. 交流断路器

当过电流超过其整定值时动作,切断变压器网侧交流电路。使变压器退出运行。断路器全部动作时间较长,约为 100 ~ 200 ms。晶闸管元件不能在这样长的时间内承受过电流,故它只能作为变流装置的后备保护。交流断路器的选配原则是:①其额定电流和电压不小于安装处的额定值;②其断流能力大于安装处的短路电流。

2. 进线电抗器

它串接在变流装置的交流进线侧,以限制过电流。缺点是在负载时会产生较大的压降,增加线路损耗。

3. 灵敏过电流继电器

它安装在直流侧或经电流互感器接在交流侧。当电路发生过电流时动作,跳开交流侧电源开关。其动作时间约为 100 ~ 200 ms,所以只有当短路电流不大或对由于机械过载引起的过电流才能起到保护作用,对数值较大作用时间短的短路电流则不起保护作用。

4. 短路器

动作时使变压器二次侧短接,避免故障电流流过整流元件,从而起到保护作用。其动作时间快,约为 2 ~ 3 ms。缺点是短路电流对变压器有冲击,减少变压器使用寿命。目前已较少采用。

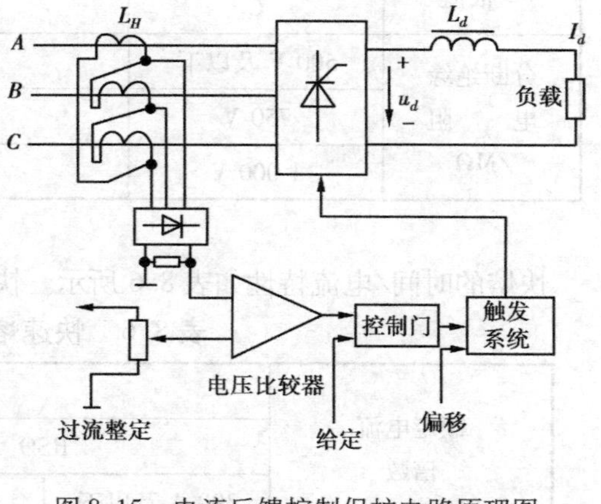

图 8. 15 电流反馈控制保护电路原理图

5. 电流反馈控制电路

在交流侧设置电流检测电路,当检测出过电流信号时,利用它去控制触发器,使触发脉冲封锁或把脉冲迅速移到逆变区,从而使整流电压减小,抑制过电流。其作用时间低于 10 ms,特点是动作快、无过电压。适用于直流侧外部短路以及当元件被击穿后对其他尚完好的元件的保护。典型电路的原理图如图 8. 15 所示。正常情况下,电流信号小于过电流整定值,比较器输出低电平，控制门开通，触发器受给定和偏移两电压的控制，变流器正常工作。当过流时，电流信号大于整定值，比较器输出为高电平、控制门被封锁，触发器仅在偏移电压作用下，此时一般整定使晶闸管控制角 $\alpha = 150^\circ$，变流器进入逆变状态，输出电压迅速降低，抑制了过电流。同时把 L 中的能量反馈给电网。当逆变电压降得很低时，晶闸管阻断，整流器停止工作。脉冲封锁只适用于不可逆电路，而把脉冲拉入逆变区则对可逆与不可逆电路均适用。

6. 直流快速开关

多用于大中容量以及逆变器的过电流保护，以切断直流侧短路电流，但不能保护内部短路故障。直流快速开关的动作时间约为 2 ms，全部分断电弧的时间不超过 30 ms，是目前较好的直流侧过电流保护装置。其选用的原则是：①开关的额定电流、电压不小于变流装置的额定值；②分断电流能力大于变流器的外部短路电流值；③在开关的保护范围内，其动作时间应小于快速熔断器的熔断时间。

7. 快速熔断器

快速熔断器（简称快熔）是一种最简单有效而应用最普遍的过电流保护元件，其断流时间一般小于 10 ms，国产快熔的主要参数如表 8.5 所示。目前国产快熔的型式有：大容量插入式 RTK，保护整流二级管用 RSO 型和保护晶闸管用 RS3 型。RLS 为小容量螺旋型。

表 8.5　快速熔断器的参数

项　目		参　数	备　注
额定电压/V		250，500，750，1 000	方均根值
额定电流/A		7.5，(10)，15，30，50，80，(100)，150，(250)，300，350，450，(500)，600，750，1 000	括号内的数值尽量不采用
分断能力（KA）方均根值	A	50	$\cos\phi$　0.25
	B	100	$\cos\phi$　0.25
	C	200	$\cos\phi$　0.2
分断绝缘电阻/MΩ	500 V 及以下	0.5	熔断器分断后 3 min内测量
	750 V	0.75	
	1 000 V	1	

快熔的时间/电流特性如表 8.6 所示。快熔的允许能量 I^2t 值等参数请参阅有关资料手册。

表 8.6　快速熔断器时间/电流特性

额定电流倍数	熔断时间/s			
	RSO		RS3	
	300 A 及以下	300 A 以上	300 A 及以下	300 A 以上
1.1	4 h 不熔断			
6	/	/	不大于 0.02	/
8	不大于 0.02	/		不大于 0.02
10	/	不大于 0.02		/

快熔的安装接入方式与特点如表 8.7 所示。表中 k_c 值见表 8.8。

表 8.7　熔断器的接入方式与特点

熔断器接入方式	特　点	熔断器的额定电流 I_{RN}	备　注
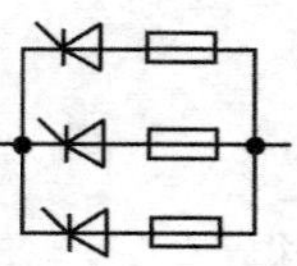	熔断器与每一个元件相串联 可靠地保护每一个元件 熔断器用量多，价格较高	I_{RN}　$1.57I_T$	I_T—元件通态平均电流
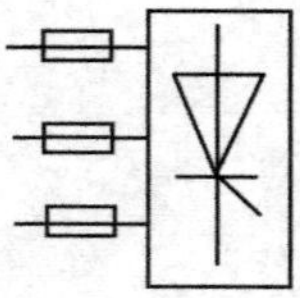	能在交流、直流和元件短路时起保护作用 对保护元件的可靠性稍有降低 熔断器用量省	I_{RN}　K_cJ_d K_c——交流侧线电流与 I_d 之比 I_d——整流输出电流	系数 K_c 见表 8.8
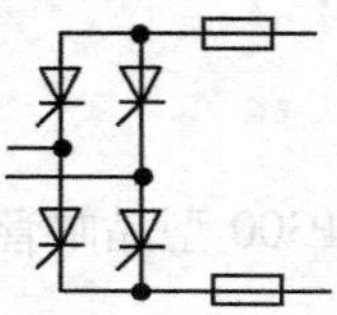	直流负载侧故障时动作 元件短路时(内部短路)不能起保护作用	I_{RN}　I_d	受电路 L/R 值影响很大。

表 8.8　整流电路形式与系数 K_c 的关系表

整流电路形式		单相全波	单相桥式	三相零式	三相桥式	六相零式六相曲折	双 Y 带平衡电抗器
系数 K_c	电感负载	0.707	1	0.577	0.816	0.408	0.289
	电阻负载	0.785	1.11	0.578	0.818	0.409	0.290

快熔的选用原则如下：

①额定电压的选择　快熔的额定电压 U_{RN} 不小于线路正常工作电压的方均根值。

②额定电流的选择　快熔的额定电流 I_{RN} 应按它所保护的元件实际流过的电流 I_R（方均根值）来选择，而不是根据元件的标称额定电流 I_{TAV} 值来确定。一般可按下式计算

$$I_{RN} \geqslant k_i k_a I_R \text{ A} \tag{8.16}$$

式中　k_i——电流裕度系数，取 $k_i = 1.1 \sim 1.5$

k_a——环境温度系数，取 $k_a = 1 \sim 1.2$

I_R——实际流过快熔的电流有效值。

在确定快熔额定电流时要注意两点情况：

①在同一整流臂中若有多个元件并联时，要考虑电流不均衡系数，快熔应按在支路中流过最大可能电流的条件来选择。

②要考虑整流柜内的环境温度，一般要比柜外为高，有时可相差 10°C。

③I^2t 值的核算：快熔有一定的允许通过的能量 I^2t 值，元件也具有承受一定 I^2t 值的能力。为了使快熔能可靠地保护元件，要求快熔的 $(I^2t)_R$ 值在任何情况下都应小于元件的 I_{TSM}^2t 值。其关系为

$$(I^2t)_R \leqslant 0.9I_{TSMR}^2t \tag{8.17}$$

式中 $(I^2t)_R$——快熔的允许能量值，可由产品说明书中查得。

I_{TSMR}——元件的浪涌峰值电流的有效值。可由元件手册中查得。

t——元件承受浪涌电流的半周时间，在 50 Hz 情况下 $t=1/100$ s。

例 8.3 三相桥式全控整流电路，晶闸管为 KP300 型，直流输出电流为 $I_d=250$ A，交流电压为 380 V，计算桥臂中与晶闸管串联的快熔参数。

解 ①因工作时电压为 380 V，取 $U_{RN}=500$ V

②流过快熔的电流有效值 I_R 为

$$I_R = \frac{1}{\sqrt{3}}I_d = \frac{1}{\sqrt{3}} \times 250 = 145 \text{ A}$$

快熔的额定电流计算

$$I_{RN} = k_i k_a I_R = 1.5 \times 1.2 \times 145 = 261 \text{ A}$$

选取 $I_{RN}=300$ A

③验算 I^2t 值。

从有关手册查知 RS3 型 500 V/300 A 快熔的 $(I^2t)_R=135\ 000\ \text{A}^2\text{s}$，KP300 型晶闸管的浪涌电流峰值 $I_{TSM}=5\ 650$ A，其有效值为 $\frac{1}{\sqrt{2}}\times 5\ 650=3\ 995$ A。

所以 $0.9I_{TSMR}^2t=0.9\times 3\ 995^2\times\frac{1}{100}=143\ 640\ \text{A}^2\text{s}$

故 $(I^2t)_R<0.9I_{TSMR}^2$

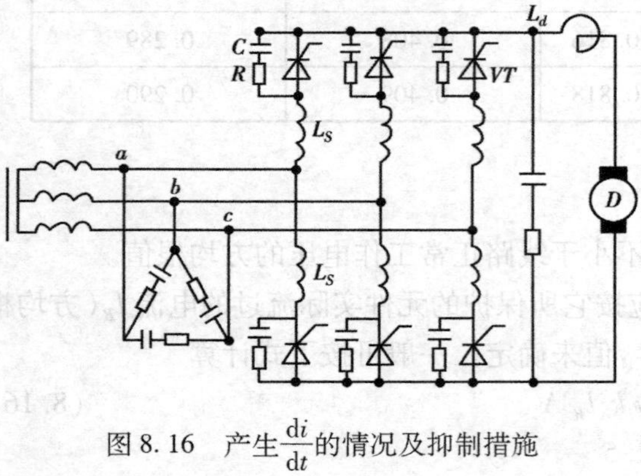

图 8.16 产生$\frac{di}{dt}$的情况及抑制措施

8.3.2 电流上升率$\frac{di}{dt}$的限制

晶闸管在导通的初瞬，电流主要集中在靠近门极的阴极表面较小的区域，局部电流密度很大，然后随着时间的增长才逐渐扩大到整个阴极面。此过程约需几微秒到几十微秒。若导通时电流上升率$\frac{di}{dt}$太大，会引起门极附近过热，导致 PN 结击穿使元件损坏。因此必须把$\frac{di}{dt}$限制在最大允许的范围内。

产生$\frac{di}{dt}$过大的可能原因有：在晶闸管换相过程中对导通元件产生的$\frac{di}{dt}$，由于晶闸管在换相

过程中相当于交流侧线电压短路，因交流侧阻容保护的电容放电造成$\frac{\mathrm{d}i}{\mathrm{d}t}$过大；晶闸管换相时因直流侧整流电压突然增高，对阻容保护电容进行充电造成$\frac{\mathrm{d}i}{\mathrm{d}t}$过大；与晶闸管并联的阻容保护电容在元件导通瞬间释放储能造成$\frac{\mathrm{d}i}{\mathrm{d}t}$过大。如图 8. 16 所示。通常，限制$\frac{\mathrm{d}i}{\mathrm{d}t}$的措施主要有：

1. 在晶闸管阳极回路串入电感 L_s。

L_s 的数值可用图 8. 17 所示的换相过程等效电路来计算。图中，设已触发 VT_2 而 VT_1 尚未关断。u 为交流电源线电压。由图 8. 17 可得

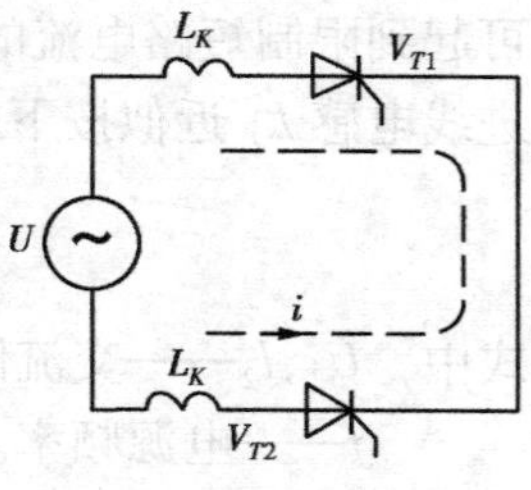

图 8. 17　换相等效电路

$$U_{\mathrm{m}} = 2L_{\mathrm{K}}\frac{\mathrm{d}i}{\mathrm{d}t}\ \mathrm{V}$$

$$L_K = \frac{U_{\mathrm{m}}}{2\frac{\mathrm{d}i}{\mathrm{d}t}}\ \mathrm{H} \tag{8.18}$$

式中　U_{m}——交流电压 u 的峰值(V)

$\frac{\mathrm{d}i}{\mathrm{d}t}$——晶闸管通态电流临界上升率。

通常，桥臂电感 L_K 取 10 ~ 20 μH，由空心线圈绕制而成。

2. 采用整流式阻容吸收装置。如图 8. 13(c)所示。使电容放电电流不流经晶闸管。

8. 3. 3　电压上升率$\frac{\mathrm{d}u}{\mathrm{d}t}$的限制

处在阻断状态下晶闸管的 J_2 结面相当于一个结电容，当加到晶闸管上的正向电压上升率$\frac{\mathrm{d}u}{\mathrm{d}t}$过大时，会使流过 J_2 结面的充电电流过大，起了触发电流的作用，造成晶闸管误导通。从而引起较大的浪涌电流，损坏快熔或晶闸管。因此对$\frac{\mathrm{d}u}{\mathrm{d}t}$也必须予以限制，使之小于晶闸管的断态电压临界上升率。

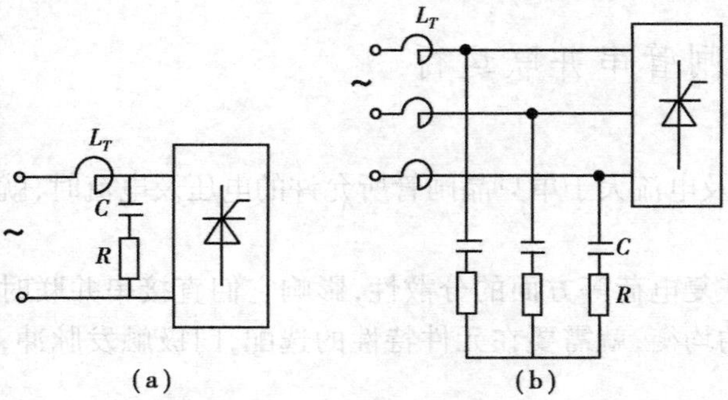

图 8. 18　串入进线电感 L_T 限制$\frac{\mathrm{d}u}{\mathrm{d}t}$

产生$\frac{\mathrm{d}u}{\mathrm{d}t}$过大的原因及其限制措施如下：

1. 交流侧产生的$\frac{\mathrm{d}u}{\mathrm{d}t}$

对于带有整流变压器和交流侧阻容保护的变流装置，如图 8. 6 所示。因变压器漏感 L_T 和交流侧 RC 吸收电路组成了滤波环节，使由交流电网侵入的前沿陡、幅值大的过电压有较大衰

减,并使作用于晶闸管的正向电压上升率$\frac{du}{dt}$大为减小。在无整流变压器供电的情况下,则应在电源输入端串联在数值上相当于变压器漏感的进线电感L_{T1},如图 8.18 所示。以抑制$\frac{du}{dt}$,同时还可起到限制短路电流的作用。

进线电感L_T近似按下式计算

$$L_T = \frac{U_2}{WI_2}u_k\% = \frac{U_2}{2\pi fI_2}u_k\% \tag{8.19}$$

式中 U_2, I_2——交流侧的相电压和相电流。

f——电源频率。

$u_k\%$——与晶闸管装置容量相等的整流变压器的短路比。

2. 晶闸管换相时产生的$\frac{du}{dt}$

在晶闸管导通换相瞬间,两相晶闸管同时导通,在换相重叠角γ期间,相当于线电压被短路,因而在输出电压波形上出现一个缺口,当加在晶闸管上的电压变化率$\frac{du}{dt}$为正时,有可能造成晶闸管的误导通。

防止$\frac{du}{dt}$过大造成误导通的方法是在每个桥臂串接一个空心电抗器L_k,如图 8.16 所示。利用R、C、L_k串联电路的滤波特性,使加在晶闸管上的电压波形缺口变平,降低$\frac{du}{dt}$的数值。

应当指出,目前晶闸管保护装置的参数定量计算还缺乏成熟和统一的方法,有待于进一步科学实验和论证。按本章介绍的计算公式所得的参数,仅供选用时参考。读者应随时参阅厂家产品说明并参照最近同类产品的参数来选取。

8.4 晶闸管串并联运行

在电力电子设备中,当一个臂的电压及电流大于单只晶闸管所允许的电压及电流时,就需要用两只或数只元件作串并联连接。

由于晶闸管的伏安特性,开通时间,恢复电荷等方面的分散性,影响它们直接串并联时电压及电流的均衡。为使其实现电压电流的均衡,就需要在元件特性的选配,门极触发脉冲,均压均流电路等方面采取相应措施。

8.4.1 晶闸管的串联

当晶闸管的额定电压小于电路实际要求的电压时,则需要用相同规格型号的元件相串联。

晶闸管的工作状态可分为:①正向阻断状态;②开通过程;③正向导通状态;④反向导通;⑤关断过程(阻断能力恢复过程);⑥反向阻断状态。上述各种工作状态中,除正(反)向导通状态因正向压降很小不存在均压问题外,由于晶闸管参数的分散性,即使同一规格型号的元件,其正(反)向伏安特性也各不相同,这就造成了静态均压问题。由于开通和关断过程的特性不一致，就造成了动态均压问题。

1. 静态均压

由于串联晶闸管的正(反)向阻断特性不同，但流过的漏电流都相同，因而在各个晶闸管上会有不同的电压分配，如图 8.19(a)所示。

晶闸管串联时的静态均压是要使晶闸管处于正、反向阻断状态时的电压均衡。为此，除尽量选用特性一致的元件相串联外，最常用的方法是给每个串联晶闸管两端并联均压电阻 R_P。如图 8.19(b)所示。

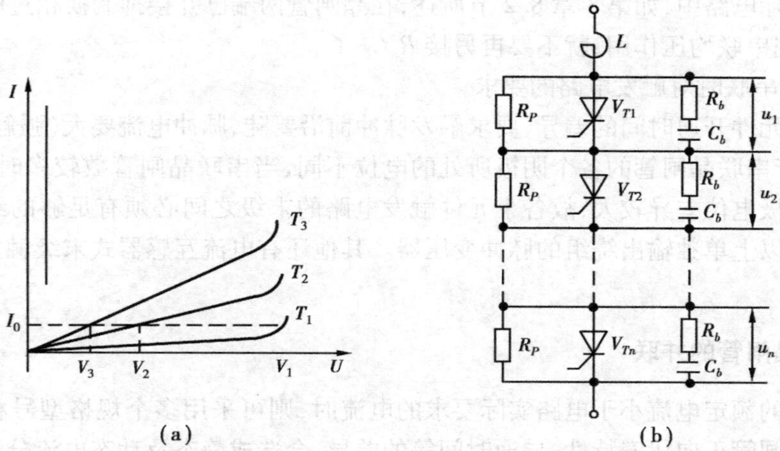

图 8.19　串联晶闸管的正向伏安特性及静、动态场压

R_P 中的电流应大于串联元件的漏电流 I_0，R_P 的值可由下式确定

$$R_P \leqslant \left(\frac{1}{k_u}-1\right)\frac{U_{RM}}{I_{RM}}\ \Omega \tag{8.20}$$

式中　U_{RM}——取额定正(反)向重复峰值电压 $U_{DRM}(U_{RRM})$ 中的较小值。

I_{RM}——对应于 U_{RM} 的额定重复峰值漏电流。

k_u——均压系数，取 0.8 ~0.9。

均压电阻 R_P 的功率 P_{RP} 为

$$P_{RP} = K\left(\frac{U_{AM}}{n_s}\right)^2\frac{1}{R_P}\ \text{W} \tag{8.21}$$

式中　U_{AM}——臂的工作峰值电压(V)

n_s——串联元件数

K——系数，单相电路(导电 180°)取 0.25，三相电路(导电 120°)取 0.45，直流电路取 1

2. 动态均压

由于晶闸管的结电容，开通与关断时间，触发特性以及反向恢复电荷等存在着差异。因而在开通和关断过程中会出现瞬态电压分配不均衡。如当关断晶闸管时，先关断的元件在关断瞬间，承受全部换相的反向电压，可能导致元件反向击穿损坏。

动态均压的作用就是把上述瞬时出现的过电压抑制在元件的允许值范围内。常用的动态均压方法是在每个串联元件的两端并联 R_bC_b 吸收电路，如图 8.19(b)所示。R_b、C_b 的计算较繁复，一般可按表 8.9 的经验数据选取。

表 8.9　晶闸管串联时动态均压阻容经验数据

晶闸管额定电流 $I_{T/AV}$/A	1	5	10	20	50	100	200
C_b/μF	0.01	0.05	0.1	0.15	0.2	0.25	0.5
R_b/Ω	100	100	100	80	42	20	10

由于在实际电路中，如第 8 章 8.2 节所述，在晶闸管两端已并接抑制换相过电压的阻容电路，它也可起到串联均压作用，就不要再另接 R_bC_b 了。

3. 晶闸管串联时对触发电路的要求

为了减小元件开通时间的差异，要求触发脉冲前沿要陡，脉冲电流要大（强触发）。

此外，由于串联晶闸管的各个阴极所处的电位不同，当串联晶闸管数较多时，串联臂两端的晶闸管的门极电位差异较大，故各个元件触发电路的末级之间必须有足够的绝缘强度。通常用具有两个以上单独输出绕组的脉冲变压器。其他还有电流互感器式末级触发电路和光电触发电路等。

8.4.2　晶闸管的并联

当晶闸管的额定电流小于电路实际要求的电流时，则可采用多个规格型号相同的元件相并联。由于晶闸管正向伏安特性、导通时间等的差异，会造成静态及动态电流分配的不均衡及开通过程中电流上升率的不同，如图 8.20 所示。故必须采取均流措施。

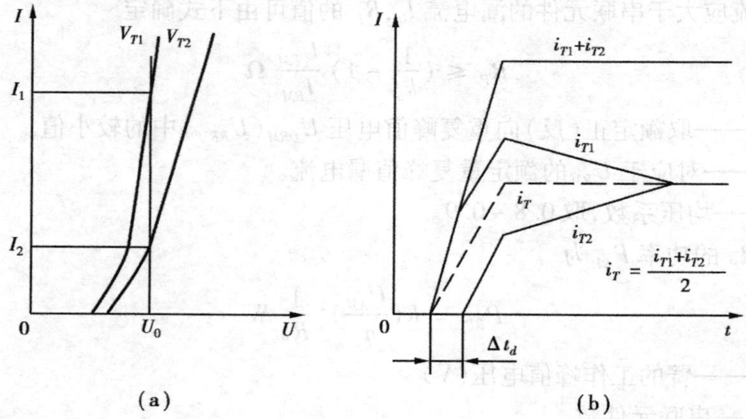

图 8.20　晶闸管通态 V—A 特性及开通时间造成的电流不均衡

1. 串联电阻器均流

如图 8.21(a) 所示。此法只对静态均流起作用。R 的阻值可根据元件在最大工作电流时使电阻 R 上的压降 U_R 为元件正向压降的(0.5～2.0)倍为宜。这种方法只适用于小容量元件，对于大容量元件的并联，其均流可通过细心挑选元件的正向压降，依靠快熔的电阻，空心电抗器内阻和主电路连接导线的电阻之和来完成。

2. 串联电抗器均流

如图 8.21(b) 所示。图中电抗器 L_S 可以是空心电抗器、铁心电抗器或在各支路导线上套

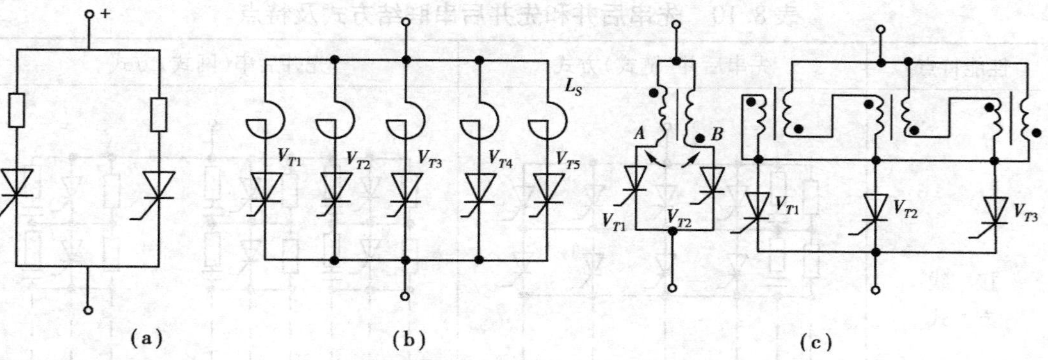

图 8.21　晶闸管并联均流电路

磁环。这种方法损耗小、可抑制$\frac{di}{dt}$值，起到动态均流作用。缺点是体积和重量均较大。

电感 L_S 可按下式计算

$$L_S = \frac{U_P}{\frac{di}{dt}} \ \mu F \tag{8.22}$$

式中　$U_P = 1.1\sqrt{2}U_2$

U_2——电源相电压有效值

$\frac{di}{dt}$——按有关资料参照选取。常取$\frac{di}{dt} = 10 \ A/\mu s$

3. 采用均流互感器均流

如图 8.21(c)所示。它的两个绕组分别接在相邻的两个并联支路中，通过公共铁心相耦合。当两个线圈内流过的电流相等时，因其同各端不同，故铁心内励磁安匝相互抵消，不影响电流分流。若两支路的电流不等，就会感生出一个电势，使原来支路电流小的增大，而原来支路电流大的则减小，达到均流的目的。由于均流互感器只用于平衡差电流，在晶闸管容量相同时，体积和重量较串联电抗器为小。但当并联支路数较多时，则电路就要复杂多了。一般只应用于两条支路并联的情况。

晶闸管并联运行时，如开通时间不一致，会造成先导通的管子承受过电流而烧毁。因此也要求开通特性尽量一致，且要用前沿陡的强脉冲触发。同时晶闸管的额定电流值也应降低使用。

8.4.3　晶闸管的串并联

当变流装置既要求输出高电压又要求输出大电流时，往往采用串并联接线方式。这种连结可分为先串后并(链式)和先并后串(网式)两种方式。

链式及网式两种接线方式及性能特点如表 8.10 所示。

表 8.10 先串后并和先并后串联结方式及特点

性能特点	先串后并(链式)方式	先并后串(网式)方式
接 线 方 式	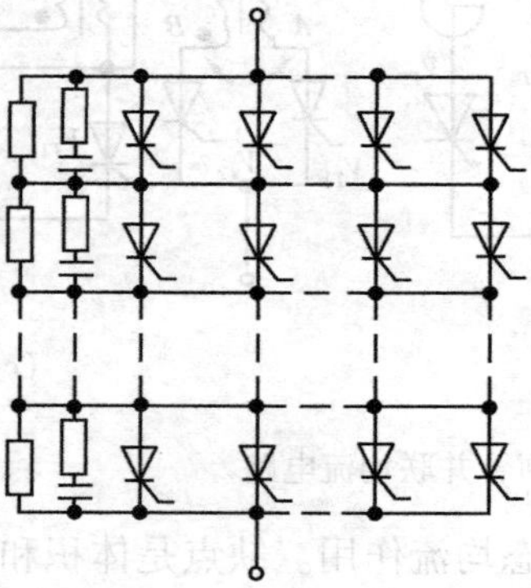	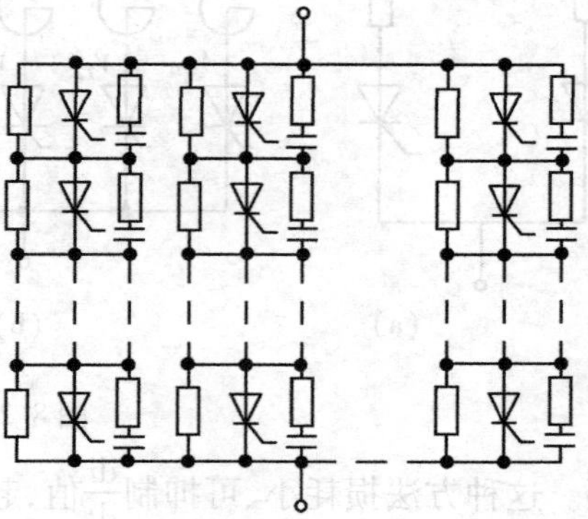
电流均衡	即使元件的正向特性不同,电流也是均衡的	实现均流困难,要采取均流措施
电压均衡	实现均压较困难,要采取均压措施	并联一排元件电压是均衡的
当一个元件被击穿时	与损坏元件相串联的元件承受过电压	除与损坏元件并联的一排元件外,其余全部元件均承受过电压
当元件开通时	正常工作各串联元件均可流过过电流	与损坏元件相并联的一排元件流过过电流
均压阻容装置	各个元件均需均压 RC 电路	每排元件只需一组 RC 电路
门极电路的绝缘	全部元件均需绝缘	各排并联元件之间绝缘即可
故障检测	容易	较难检测

8.4.4 成组串联和成组并联

在大功率变流装置中,还广泛采用整流变压器次级分组整流,然后再成组串联或并联。如图 8.22 所示。

成组串联时,如图 8.22(a)所示。因每组都是独立的,故不存在均压问题。而成组并联时,应采取均流措施。如图 8.22(b)所示,接入了平衡电抗器 L_P。

在成组串联时,变压器二次绕组通常一组接成 Y 接法,另一组接成△接法,如图 8.22(a)所示。此种情况下,因两组整流电压 u_{d1} 和 u_{d2} 的波头相差 30°,如图 8.23(a)所示。串联后整流电压 u_d 波形每周期脉动 12 次,如图 8.23(b)所示。从而减小脉动和纹波系数,同时可以减小平波电抗器的体积。

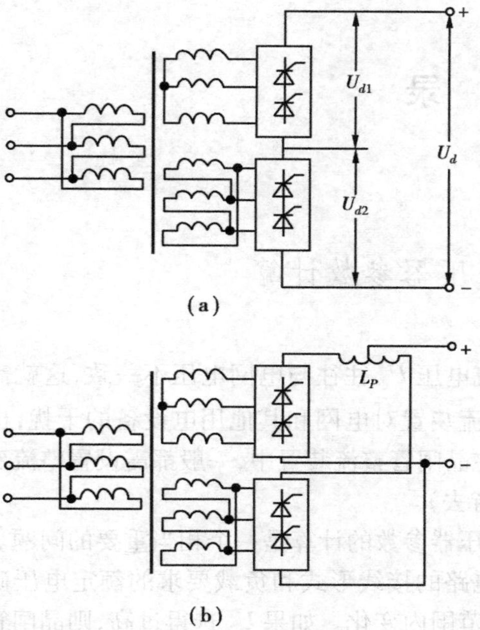

图 8.22　成组串联和成组并联

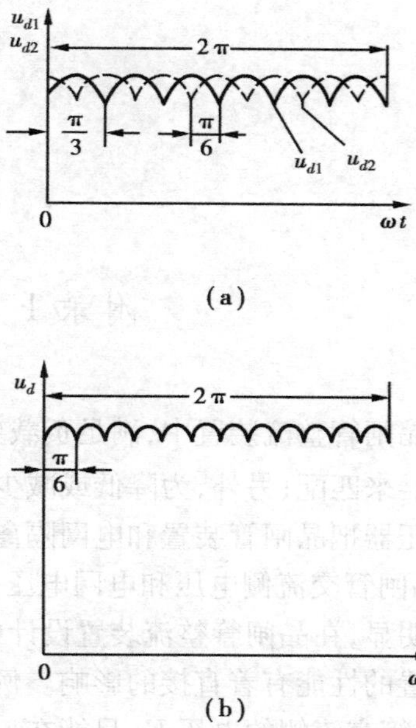

图 8.23　变压器次级为 Y 接法时，成组串联时的输出电压波形

习题及思考题

8.1　平相桥式半控整流电路，纯电阻负载，要求输出最大直流电压 $U_d = 220$ V，最大负载电流 $I_d = 80$ A，求晶闸管的额定电压和额定电流值并选择其型号。

8.2　由线电压为 380 V 的三相交流电网经进线电抗器对三相桥式全控整流电路直接供电。负载电动机的额定参数为：$P_{MN} = 75$ kW，$U_{MN} = 440$ V，$I_{MN} = 190$ A，过载倍数为 2，带有平波电抗器。求晶闸管的额定电压和额定电流并选择其型号。

8.3　晶闸管两端并联阻容电路的作用是什么，为什么？

8.4　用阻容元件作过电压保护时，电容的数值和它的耐压值，电阻的数值和它的功率与哪些因素有关？

8.5　三相整流变压器的平均计算容量为 1 720 kVA，次级绕组为星形接法，相电压为 600 V，短路比 $u_k\% = 6$，$i_0\% = 4$。整流电路为三相全控桥式电路。交流侧采用三角形接法的阻容保护，试计算 C_a 和 R_a 的值及其耐压和功率参数。

8.6　在晶闸管串联电路中，试说明在下述几种情况下，造成各元件电压不均衡的主要原因是什么。

(1)晶闸管工作在正、反向阻断状态时。

(2)在晶闸管导通瞬时。

(3)在晶闸管关断瞬时。

8.7　试比较晶闸管串并联连接链式及网式两种方式的优缺点。

附　录

附录 1　整流变压器参数计算

在晶闸管整流装置中，满足负载要求的交流电压 U_2 往往与电网电压不一致，这就需要利用变压器来匹配；另外，为降低或减少晶闸管变流装置对电网和其他用电设备的干扰，也需要设置变压器把晶闸管装置和电网隔离。因此，在晶闸管整流装置中，一般都需设置整流变压器（仅当晶闸管交流侧电压和电网电压一致时可省去）。

很明显，在晶闸管整流装置设计中，整流变压器参数的计算是一个相当重要的问题。它对整流装置的性能有着直接的影响。例如，当主电路的接线形式和负载要求的额定电压确定之后，晶闸管交流侧的电压 U_2 只能在一个较小的范围内变化。如果 U_2 选得过高，则晶闸管装置在运行的过程中控制角 α 就会过大，整个装置的功率因数变坏，无功功率增加，并且在电源回路电感上的压降增大；此外，相应晶闸管器件的额定电压要求也高，装置成本提高；如果 U_2 值选得偏低，则可能出现即使控制角 $\alpha=0°$ 而整流输出仍然达不到负载所要求的额定电压，因而也就达不到负载所要求的功率。因此，必须根据负载的要求，合理计算整流变压器的 U_2 等参数，以确保变流装置安全可靠的运行。

一般说，整流变压器的初级电压是电网电压，它是已知的。而整流变压器参数的计算，其意指根据负载的要求，计算次级的相电压 U_2，次级相电流 I_2，初级相电流 I_1，初级容量 S_1，次级容量 S_2 和平均计算容量 S。只有在这些参数正确计算之后，才能根据计算结果正确合理选择整流变压器或者自行设计整流变压器。

考虑到整流装置的负载不同，电路的运行情况不同，其交直流侧各电量的基本关系也不同。为方便，本节以具有大电感的直流电动机负载为例，分析整流变压器参数的计算。其基本原则同样适用于其他性质的负载。

1. 次级电压 U_2

欲精确地计算整流变压器次级电压 U_2，就必须首先对影响 U_2 值的主电路的各个因素加以考虑。概括地说，影响 U_2 值的因素有：

（1）U_2 值的大小首先要保证满足负载所要求的最大直流平均电压 U_d。

（2）在分析整流电路工作原理时，我们曾经假设晶闸管是理想的开关元件，导通时认为其电阻为零，而关断时，认为其电阻为无穷大。但在事实上，晶闸管并非是理想的可控开关元件，导通时有一定的管压降，用 U_T 表示。

（3）变压器漏抗的存在，导致晶闸管整流装置在换相过程中产生换相压降，用 ΔU_x 表示。

（4）当晶闸管整流装置对直流电动机供电时，为改善电动机的性能，保证流过电机的电流连续平滑，一般都需串接足够大电感的平波电抗器。因平波电抗器具有一定的直流电阻，当电流流经该电阻时，就要产生一定的电压降。

(5)晶闸管装置供电的电动机恒速系统，在最大负载电流时，其电机的端电压除考虑电动机的额定电压 U_D 外，还需要把电机电枢电阻的压降加以考虑。即电机的端电压应当为电动机的额定电压 U_D 和超载电流($I_{d\max}-I_D$)在电枢电阻 R_D 上压降之和。

考虑到(1)、(2)、(3)、(4)、(5)诸因素，因此在选择变压器次级电压 U_2 值时，应当取比理想情况下满足负载要求的 U_D 所要求的 U_2 稍大的值。U_2 的具体数值可根据此情况下直流回路的电压平衡方程求得。

考虑到最严重情况，回路的电压平衡方程为

$$U_d = \Delta U_{x\max} + U_{P\max} + U_{D\max} + nU_T \quad (附 1.1)$$

式中右端1项 $\Delta U_{x\max}$ 表示在直流侧电流最大 $I_{d\max}$ 时，变压器漏抗压降平均值。在数值上

$$\Delta U_{x\max} = \frac{m}{2\pi}\omega L_B \cdot I_{d\max}$$

式中 m——每周期的换流次数。

L_B——变压器次级每相漏感。

ω——电源的角频率 $\omega = 2\pi f$。

通过变换，变压器的漏抗压降平均值 $\Delta U_{x\max}$ 可写成

$$\Delta U_{x\max} = A \cdot C \cdot U_2 \cdot \frac{u_k\%}{100} \cdot \frac{I_{d\max}}{I_d} \quad (附 1.2)$$

其中 $A = U_{d0}/U_2$——由附表1.1选取。

C——由附表1.1选取。

U_2——变压器次级的相电压。

$U_k\%$——变压器的短路电压百分比，100千伏安以下的变压器取 $U_k\% = 5$，100～1 000千伏安的变压器取 $U_k\% = 5 \sim 8$。

$I_{d\max}/I_d$——负载的过载倍数，即最大过载电流与额定电流之比，其数值由运行要求决定。

第2项 $U_{P\max}$ 表示除了电动机电枢电阻 R_D 外，包括平波电抗器电阻在内所有电阻 R_P 上的压降

$$U_{P\max} = I_{d\max}R_P = I_{d\max}\gamma_P \frac{U_D}{I_D}$$

因此

$$U_{P\max} = U_D\gamma_P \frac{I_{d\max}}{I_d} \quad (附 1.3)$$

式中 $\gamma_P = \dfrac{I_D R_P}{U_D}$——对于电动机额定电流和电压的电阻 R_P 的标么值。

第3项 $U_{D\max}$ 表示恒速系统在电动机最大过载 $I_{D\max}$ 时电机的端电压。恒速电动机过载时的端电压 $U_{D\max}$ 应等于电动机额定电压 U_D 加上超载电流($I_{D\max}-I_D$)在电动机电阻 R_D 上所产生的压降。如果晶闸管装置仅对电动机供电，则晶闸管装置的输出电流等于电动机的电枢电流，所以最大电流时 $I_{d\max} = I_{D\max}$；额定负载电流时 $I_d = I_D$。因此，电动机的端电压

$$U_{D\max} = U_D + (I_{D\max} - I_D)R_D = U_D + (I_{d\max} - I_d)\gamma_D \frac{U_D}{I_D} \quad (附 1.4)$$

因此，$U_{D\max} = U_D\left[1+\gamma_D\left(\frac{I_{d\max}}{I_d}-1\right)\right]$

式中　$\gamma_D = \frac{I_D R_D}{U_D}$ ——电动机电枢电路总电阻 R_D 的标么值，对容量为 15 ~ 150kW 的电动机，通常 $\gamma_D = 0.08 \sim 0.04$。

第 4 项 nV_T 表示主电路中电流经过 n 个串联晶闸管的管压降之和。

而平衡式(1)左端的 U_D 随着主电路的接线形式和负载性质的不同而不同。显然逐个按主电路形式列写比较繁琐。这里给出考虑到电网电压波动后的通式

$$U_d = \varepsilon U_2\left(\frac{U_{d0}}{U_2}\right)\left(\frac{U_{d\alpha}}{U_{d0}}\right) = \varepsilon U_2 AB \tag{附 1.5}$$

式中　$A = \frac{U_{d0}}{U_2}$ 表示当控制角 $\alpha = 0°$ 时，整流电压平均值与变压器次级相电压有效值之比。此值可根据整流电路的接线形式查表附 1.1。

$B = \frac{U_{d\alpha}}{U_{d0}}$ 表示控制角为 α 时和 $\alpha = 0°$ 时整流电压平均值之比。根据接线形式可查表附 1.1。

ε 为电网电压波动系数。根据规定，允许波动 $+5\% \sim -10\%$，即 $\varepsilon = 1.05 \sim 0.9$。

将(附 1.2)、(附 1.3)、(附 1.4)以及(附 1.5)式代入(附 1.1)式可得

$$\varepsilon U_2 AB = ACU_2 \frac{u_k\%}{100}\frac{I_{d\max}}{I_d} + U_D\gamma_D\frac{I_{d\max}}{I_d} + U_D\left[1+\gamma_D\left(\frac{I_{d\max}}{I_d}-1\right)\right] + nU_T$$

所以

$$U_2 = \frac{U_D\left[1+(\gamma_D+\gamma_P)\frac{I_{d\max}}{I_d}-\gamma_D\right]+nU_T}{A\left[\varepsilon B - C\frac{U_k\%}{100}\cdot\frac{I_{d\max}}{I_d}\right]} \tag{附 1.6}$$

该式即为变压器次级电压 U_2 的精确表达式。

在要求不太精确的情况下，变压器次级电压 U_2 可由简化式确定。

$$U_2 = (1 \sim 1.2)\frac{U_D}{A\varepsilon B} \tag{附 1.7}$$

或

$$U_2 = (1.2 \sim 1.5)\frac{U_D}{A} \tag{附 1.8}$$

式中的 U_D 为电动机的额定电压；系数(1 ~ 1.2)或(1.2 ~ 1.5)是考虑到各种因素影响后的安全系数。

2. 次级相电流 I_2 和初级相电流 I_1

在忽略变压器激磁电流的情况下，可根据变压器的磁势平衡方程写出初级和次级电流的关系式

$$I_1 N_1 = I_2 N_2$$

或 $$I_1 = I_2 \cdot \frac{N_2}{N_1} = I_2 \frac{1}{k}$$

式中 N_1 和 N_2 为变压器初级和次级绕组的匝数；$k = \frac{N_1}{N_2}$为变压器的变比。

为简化分析，令 $N_1 = N_2$（即 $k = 1$），则由上式可见，对于普通电力变压器而言，初、次级电流是有效值相等的正弦波电流。但对于整流变压器来说，由前面关于整流电路工作原理的波形分析结果可知，通常初、次级电流的波形并非是正弦的。在大电感负载的情况下，其整流电流 I_d 是平稳的直流，而变压器的次级和初级绕组中的电流都具有矩形波的形状。

欲求得各种接线形式情况下，变压器初、次级的电流有效值，就要根据相应接线形式下，初、次级电流的波形求其有效值。从而可得到

$$I_2 = K_{I_2} \cdot I_d$$
$$I_1 = K_{I_1} \cdot I_d$$

式中 K_{I_1}和 K_{I_2}分别为各种接线形式时变压器初、次级电流有效值和负载电流平均值之比。

现举例说明，在一定接线形式下，K_{I_1}以及 K_{I_2}的求法。

(1)桥式接线形式

这里以三相全控桥为例，次级绕组 a 相中的电流波形 i_2 如图附 1.1 所示。

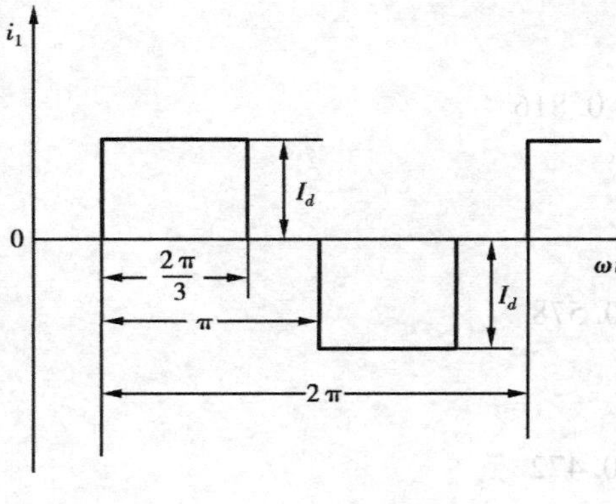

图附 1.1 三相桥式连接时，变压器绕组电流波形

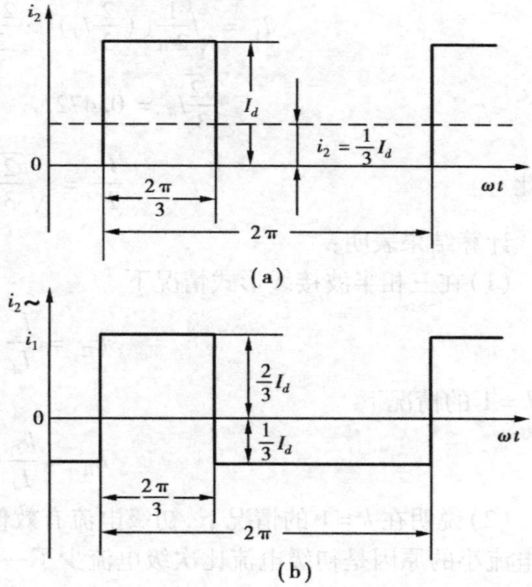

图附 1.2 三相半波连接，变压器绕组电流波形

显然 i_2 是非正弦周期波形，如果把 i_2 分解成基波和各次谐波，它们都可以通过变压器的磁耦合反映到初级绕组中去。因此初级绕组 A 相中具有和次级 a 相同形状的电流波形 i_1（匝比 $k = 1$）。

根据其波形很容易求出其电流有效值为

$$I_1 = I_2 = \sqrt{\frac{1}{2\pi}\left[I_d^2 \frac{2\pi}{3} + (-I_d)^2 \frac{2\pi}{3}\right]} =$$

$$\sqrt{\frac{2}{3}} I_d = 0.816 I_d$$

很明显 $$k_{I2}=\frac{I_2}{I_d}=0.816$$

$$k_{I1}=\frac{k\cdot I_1}{I_d}\text{ 当 }k=1\text{ 时，}k_{I1}=\frac{k_{I1}}{I_d}=0.816$$

这正说明，在匝比 $k=1$ 的情况下，对于桥式线路，初级和次级电流有效值相等。

(2)半波接线方式

这里以三相半波整流电路为例说明半波接线方式 I_1 和 I_2 的计算。

三相半波整流电路连接的变压器次级绕组 a 相中的电流波形如图附 1.2(a)所示。

显然，电流 i_2 可以分解成直流分量 $i_2=\frac{1}{3}I_d$ 和交流分量 i_{2N}，因直流分量只能产生直流磁势 $i_2=N_2$，无法经变压器的磁耦合影响到初级电流作相应变化，故初级电流 i_1 只能随 $i_{2\sim}$ 相应变化如图附 1.2(b)所示。

因此，次级电流有效值

$$I_2=\sqrt{\frac{1}{2\pi}\left[I_d^2\cdot\frac{2\pi}{3}\right]}=\sqrt{\frac{1}{3}}I_d=0.578I_d$$

初级电流有效值

$$I_1=\sqrt{\frac{1}{2\pi}\left[\left(\frac{2}{3}I_d\right)^2\cdot\frac{2\pi}{3}+\left(-\frac{1}{3}I_d\right)^2\frac{4\pi}{3}\right]}=$$

$$\frac{\sqrt{2}}{3}I_d=0.472I_d$$

因此 $$\frac{I_1}{I_2}=\sqrt{\frac{2}{3}}=0.816$$

计算结果表明：

(1)在三相半波接线形式情况下

$$k_{I2}=\frac{I_2}{I_d}=0.578$$

在 $k=1$ 的情况下

$$k_{I1}=\frac{k_{I1}}{I_d}=0.472$$

(2)说明在 $k=1$ 的情况下，初级电流有效值在数值上仅为次级电流有效值的 81.6%。初级电流小的原因是初级电流比次级电流少了一个直流分量的电流。

按照类似的计算方法，可计算得其他主回路接线方式时 k_{I1} 和 k_{I2} 的数值如表附 1.1 中所示。

(3)次级容量 S_2，初级容量 S_1 以及平均计算容量 S(视在容量)

在计算得到变压器次级相电压有效值 U_2 以及相电流有效值 I_2 后，根据变压器本身的相数 m 就可计算变压器的容量，其值

$$S_2=m_2U_2I_2$$

$$S_1=m_1U_1I_1$$

平均计算容量 $$S=\frac{1}{2}(S_1+S_2)$$

式中，m_1 和 m_2 为变压器初、次级绕组的相数。对于不同的接线形式 m_1 和 m_2 可查阅表附 1.1。

表附 1.1　整流变压器的计算系数(电感负载)

整流主电路		单相双半波	单相半控桥	单相全控桥	三相半波	三相半控桥	三相全控桥	带平衡电抗器的双反星形
序号		1	2	3	4	5	6	7
$A=\frac{U_{d0}}{U_2}$		0.90	0.90	0.90	1.17	2.34	2.34	1.17
$B=\frac{U_{d\alpha}}{Ud_0}$	带续流二极管	$\frac{1+\cos\alpha}{2}$	$\frac{1+\cos\alpha}{2}$	$\frac{1+\cos\alpha}{2}$	$\cos\alpha(\alpha=0°\sim30°)$ $0.577[1+\cos(\alpha+30°)]$ $(\alpha=30°\sim50°)$	$\frac{1+\cos\alpha}{2}$	$\cos\alpha(\alpha=0°\sim60°)$ $[1+\cos(\alpha+60°)]$ $(\alpha=60°\sim120°)$	$\cos\alpha(\alpha=0°\sim60°)$ $[1+\cos(\alpha+60°)]$ $(\alpha=60°\sim120°)$
	不带续流二极管	$\cos\alpha$	$\frac{1+\cos\alpha}{2}$	$\cos\alpha$	$\cos\alpha$	$\frac{1+\cos\alpha}{2}$	$\cos\alpha$	$\cos\alpha$
C		$\frac{1}{\sqrt{2}}=0.707$	$\frac{1}{\sqrt{2}}=0.707$	$\frac{1}{\sqrt{2}}=0.707$	$\frac{\sqrt{3}}{2}=0.866$	$\frac{1}{2}=0.5$	$\frac{1}{2}=0.5$	$\frac{1}{2}=0.5$
$k_{I2}=\frac{I_2}{I_d}$		0.707	1	1	0.578	0.816	0.816	0.289
$k_{I1}=\frac{k_{I1}}{I_d}$		1	1	1	0.472	0.816	0.816	0.408
m_2		2	1	1	3	3	3	3
m_1		1	1	1	3	3	3	3
S_1/S_2		0.707	1	1	0.816	1	1	0.707
S_2/P_d		1.57	1.11	1.11	1.48	1.05	1.05	1.48
S_1/P_d		1.11	1.11	1.11	1.21	1.05	1.05	1.05
S/P_d		1.34	1.11	1.11	1.34	1.05	1.05	1.26

表附 1.2　整流变压器的计算系数

整流主电路	单相双半波	单相半控桥	单相全控桥	三相半波	三相半控桥	三相全控桥	带平衡电抗器的双反星形
序号	1	2	3	4	5	6	7
$A=\frac{U_{d0}}{U_2}$	0.90	0.90	0.90	1.17	2.34	2.34	1.17
$B=\frac{U_{d\alpha}}{Ud_0}$	$\frac{1+\cos\alpha}{2}$	$\frac{1+\cos\alpha}{2}$	$\frac{1+\cos\alpha}{2}$	$\cos\alpha(\alpha=0°\sim30°)$ $0.577[1+\cos(\alpha+30°)]$ $(\alpha=30°\sim150°)$	$\frac{1+\cos\alpha}{2}$	$\cos\alpha(\alpha=0°\sim60°)$ $[1+\cos(\alpha+60°)]$ $(\alpha=60°\sim120°)$	$\cos\alpha(\alpha=0°\sim60°)$ $[1+\cos(\alpha+60°)]$ $(\alpha=60°\sim120°)$
$k_{I2}=\frac{I_2}{I_d}$	0.785	1.11	1.11	0.587	0.816	0.816	0.294
$k_{I1}=\frac{k_{I1}}{I_d}$	1.11	1.11	1.11	0.480	0.816	0.816	0.415
m_2	2	1	1	3	3	3	6
m_1	1	1	1	3	3	3	3
S_1/S_2	0.707	1	1	0.816	1	1	0.707
S_2/P_d	1.75	1.23	1.23	1.51	1.05	1.05	1.51
S_1/P_d	1.23	1.23	1.23	1.05	1.05	1.05	1.05
S/P_d	1.49	1.23	1.23	1.37	1.05	1.05	1.28

以上结论是在电感性负载下推得的。如果负载是电阻性负载,那么变压器绕组中的电流波形就不再是矩形波,而是正弦波的一部分,并且晶闸管在电源电压由正过零变负时关断。在此情况下,欲求其有关有效值,则需要按这一特殊性考虑。只要注意到这点,其整流变压器的参数计算程序与电感性负载基本相同,在此不再详述。附表 1. 2 列出了电阻性负载时的有关系数,以供读者使用时参考。

附录2 平波电抗器参数计算

在使用晶闸管整流装置供电时,其供电电压和电流中,含有各种谐波成分。当控制角 α 增大,负载电流减小到一定程度时,还会产生电流断续现象,造成对变流器特性的不利影响。当负载为直流电动机时,由于电流断续和直流的脉动,会使晶闸管导通角 θ 减小,整流器等效内阻增大,电动机的机械特性变软,换向条件恶化,并且增加电动机的损耗。因此,除在设计变流装置时要适当增大晶闸管和二极管的容量,选择适于变流器供电的特殊系列的直流电动机外,通常还采用在直流电路内串接平波电抗器,以限制电流的脉动分量,维持电流连续。

电抗器的主要参数是:流过电抗器的电流和电抗器的电感量。前者一般是给定的,无须计算,下面仅对直流侧串接的平波电抗器的电感量进行计算。

一、电动机电枢电感 L_M 和变压器漏感 L_T 的计算

由于电动机电枢和变压器存在漏感,因而在设计和计算直流回路附加电抗器的电感量时,要从根据等效电路折算后求得的所需总电感量中,扣除上述两种电感量。

1. 电动机电枢电感量 L_M 按下式计算

$$L_{\mathrm{m}} = k_M \frac{U_{Mn}}{2pn_{Mn}I_{Mn}} \times 10^3 \ \mathrm{mH} \qquad (附2.1)$$

式中 U_{Mn}——电动机额定电压(V)。

I_{Mn}——电动机额定电流(A)。

n_{Mn}——电动机额定转速(r/min)。

p——电动机磁极对数。

k_M——计算系数。

对有补偿电机:$k_M = 5 \sim 6$

对一般无补偿电机:$k_M = 8 \sim 12$

对快速无补偿电机:$k_M = 6 \sim 8$

2. 整流变压器漏电感折算到次级绕组每相的漏电感量 L_T 按下式计算

$$L_T = k_{LT} \frac{u_k\%}{100} \times \frac{U_2}{I_d} \ \mathrm{mH} \qquad (附2.2)$$

式中 U_2——变压器次级相电压有效值(V);

I_d——晶闸管装置直流侧的额定负载电流(平均值)(A)

$u_k\%$——变压器的短路比。100 kVA 以下的变压器取 $u_k\% = 5$;100 ~ 1 000 kVA 的变压器取 $u_k\% = 5 \sim 10$;

k_{TL}——与整流主电路形式有关的系数,查表附 2.1 的序号 3。

表附 2.1 计算电感量时的有关系数

序号	电感量的有关数值		单相全控桥	三相半波	三相全控桥	带平均电抗器的双反星形
1	L_m	f_d	100	150	300	300
		最大脉动时 α 值	90°	90°	90°	90°
		U_{dM}/U_2	1.2	0.88	0.80	0.80
2	L_l	K_l	2.87	1.46	0.693	0.348
3	L_T	K_{TL}	3.18	6.75	3.9	7.8

二、限制输出电流脉动的电感量 L_m 的计算

由于晶闸管整流装置输出电压是脉动的,因而输出电流也是脉动的,它可以分解为一个恒定的直流分量和一个交流分量。衡量输出负载电流交流分量大小的电流脉动系数 s_i 可以定义为:

$$s_i = \frac{I_{dM}}{I_d} \tag{附 2.3}$$

式中 I_{dM}——输出电流最低频率的交流分量幅值(A);

I_d——输出脉动电流平均值(A)。

通常,负载需要的仅是直流分量,而交流分量会引起有害后果。对于直流电动机负载,过大的交流分量会使电动机换向恶化和增加附加损耗。为使晶闸管——电动机系统能正常可靠地工作,对 s_i 有一定的要求,一般在三相整流电路中,要求 $s_i<5\%\sim10\%$;在单相整流电路中,要求 $s_i<20\%$。这样仅靠电动机自身的电感量是不能满足要求的,必须在输出电路中串接平波电抗器 L_m,使输出电压中的交流分量基本上降落在电抗器上,以减少输出电流中的交流分量,使负载能够获得较为恒定的电压和电流。

整流输出电压中交变分量是随控制角 α 的变化而改变的,分析结果表明,对于常用整流电路,其输出电流的最低谐波频率为 f_d(Hz),其最大脉动均产生于 $\alpha=90°$处。最低谐波频率的电压幅值 U_{dM}与变压器次级为星形接法时相电压有效值 U_2 之比即 U_{dM}/U_2 示于表附 2.1 的序号 1 中。

限制电流脉动,满足一定 s_i 要求的电感量 L_m 可按下式计算:

$$L_m = \frac{(\frac{U_{dM}}{U_2}) \times 10^3}{2\pi f_d} \times \frac{U_2}{s_i I_d}\ \text{mH} \tag{附 2.4}$$

式中 U_{dM}/U_2——最低谐波频率的电压幅值与交流侧相电压之比;

f_d——输出电流的最低谐波频率(Hz);

s_i——根据运行要求给出;

I_d——额定负载电流平均值(A)。

按式(附 2.4)计算出的电感量是指整流回路应具备的总电感量,实际串接的平波电抗器

的电感量 L_{ma} 为：

$$L_{ma} = L_m - L_M - L_T \tag{附 2.5}$$

还应指出，在具体计算时，对于三相桥式系统，因变压器两相串联导电，故要用 $2L_T$ 代入上式中进行计算；对于双反星形电路，则应取 $\frac{1}{2}L_T$ 代入上式计算。

三、使输出电流连续的临界电感量 L_l 的计算

在晶闸管的控制角 α 较大，负载电流小到一定程度时，会使输出电流不连续。这将导致晶闸管的导通角 θ 减小，使电动机的机械特性变软，运行不稳定。因此必须在输出回路中串入电抗器 L_l。

若要求变流器在某一最小输出电流 I_{dmin} 时仍能维持电流连续，则电抗器的电感量 L_l 可按下式计算：

$$L_l = k_l \frac{U_2}{I_{dmin}} \text{ mH} \tag{附 2.6}$$

式中　U_2——交流侧电源相电压有效值（V）。

I_{dmin}——要求连续的最小负载电流平均值（A）。

k_l——与整流主电路形式有关的计算系数，见表附 2.1 中的序号 2。

可以证明，对于不同控制角 α，所需的电感量 L_l 为

$$L_l = K_l \frac{U_2}{I_{dmin}} \sin\alpha \text{ mH} \tag{附 2.7}$$

式中　K_l、U_2、I_{dmin} 含义同式（附 2.6）。

同样，实际临界电感量 L_{la} 亦应从式（附 2.6）所求得的 L_l 中扣除 L_M 和 L_T。即：

$$L_{la} = L_l - L_M - L_T \tag{附 2.8}$$

在实际应用中，对不可逆整流电路，可以只串接一只电抗器，使它在额定负载电流 I_d 时的电感量不小于 L_{ma}，在最小负载电流 I_{dmin} 时的电感量不小于 L_{la}。通常，总是 $L_{la} > L_{ma}$。当设计的电抗器不能同时满足两种情况，则可调节电抗器的空气隙，气隙增大，大电流时电抗器不易饱和，对限制电流脉动有利；气隙减小，则小电流时电抗器的电抗值增大，对维持电流连续有利。这种电感量随负载电流增大而减小的电抗器，称摆动电抗器；若计算出的 L_{ma} 和 L_{la} 相差不大，即要求电感量不随负载电流而变的电抗器，称线性电抗器。L_{la} 和 L_{ma} 合并，统称为平波电抗器。由于平波电抗器工作时有直流电流流过，故设计电抗器的结构参数时应当考虑直流励磁的存在。

还应指出，由于电磁计算的非线性和所用铁心材料的不同，各种参考文献的计算公式也有差异，请读者根据实际情况，参阅有关设计手册和厂家的资料，最好能通过试验，修正计算中的有关系数。至于限制环流的均衡电抗器电感量的计算，不在本附录中列出，请自行参阅有关文献手册。

计算举例　已知晶闸管三相全控桥式整流电路供电给 ZZK-32 型快速无补偿直流电动机，其额定容量 $P_{Mn} = 6$ kW，$U_{Mn} = 220$ V，$I_{Mn} = 32$ A，$n_{Mn} = 1\ 350$ r/min，磁极对数 $n = 2$。变压器次级相电压为 127 V，短路比 $u_k\% = 5$。整流器输出额定电流为 35.5 A，要求额定电流时 $s_i \leq 0.05$，在 5% 额定电流时能保证电流连续。试计算平波电抗器的电感量。

解　(1)电动机电枢电感 L_M

$$L_M = K_M \frac{U_{Mn}}{2pn_{Mn}I_{Mn}} \times 10^3 =$$

$$8 \frac{220 \times 10^3}{2 \times 2 \times 1\,350 \times 32} = 10.2\ \text{mH}$$

式中　对快速无补偿电机，$K_M = 8$

(2)变压器漏电感 L_T

$$L_T = K_{TL} \frac{u_k\%}{100} \times \frac{U_2}{I_d} =$$

$$3.9 \times \frac{5}{100} \times \frac{127}{35.5} = 0.7\ \text{mH}$$

式中　查表附2.1序号3，$K_{TL} = 3.9$。

(3)限制输出电流脉动的电感量 L_{ma}

$$L_{ma} = L_m - L_M - 2L_T =$$

$$\frac{(\frac{U_{dM}}{U_2}) \times 10^3}{2\pi f_d} \times \frac{U_2}{s_i I_d} - L_M - 2L_T =$$

$$\frac{0.46 \times 10^3}{2\pi \times 300} \times \frac{127}{0.05 \times 35.5} - 10.2 - 2 \times 0.7 =$$

$$17.5 - 11.6 = 5.9\ \text{mH}$$

(4)使输出电流连续的临界电感量 L_{la}

$$L_{la} = L_l - L_M - 2L_T =$$

$$K_l \frac{U_2}{I_{d\min}} - L_M - 2L_T =$$

$$0.693 \frac{127}{0.05 \times 35.5} - 10.2 - 2 \times 0.7 =$$

$$49.6 - 11.6 = 38\ \text{mH}$$

平波电抗器的额定电流为 $1.1 \times 35.5 = 39$ A。

根据如上计算，$L_{la} > L_{ma}$，故取其中较大者，即电抗器电感量应大于38 mH，且为铁心气隙可调的摆动电抗器。

附录3　脉冲变压器设计

晶闸管触发电路常用脉冲变压器来输出触发脉冲。其好处主要有三点：一是可以将触发器与触发器、触发电路与主电路实行电器隔离，有利于安全运行和防止干扰；二是可以起匹配作用，将较高的脉冲电压降低，增大输出的电流，以满足晶闸管的需要；三是可以改变输出脉冲的正负极性或同时送出两组独立脉冲，以满足晶闸管的控制要求。

脉冲变压器和普通电源变压器的区别在于：电源变压器传送的是交流正弦电压，主要是功率传递;脉冲变压器传送的是前沿陡峭,单一方向变化的脉冲电压,主要是信号传递。脉冲变压器的这种特点,使得它的设计与电源变压器的设计有许多不同。首先,要求脉冲变压器传递脉冲信号不失真;其次,要求脉冲变压器的效率要高,功耗要小。但由于脉冲变压器原边电流是单方向流动的,故铁心利用率低,磁路容易饱和,另外脉冲变压器的漏抗对脉冲前沿有不良影响,矩形波的平台部分相当于低频和直流分量,对脉冲传递的保真度和效率都有影响,这些都是设计脉冲变压器时必须注意的问题。

目前,脉冲变压器的设计有多种方法,参数的选择也有较大的分散性,本文介绍的设计方法,仅为其中较为实用的一种。

一、脉冲变压器设计的基本原则

图附 3.1 是脉冲变压器铁心的磁化曲线。当加在脉冲变压器上的电压是周期性重复的单向变化的脉冲时,则每个周期铁心都将沿着图中曲线 3 和曲线 3′在 M-N 之间磁化。图中,N 点为最高磁化点,M 点为最大磁滞回线的剩磁点,曲线 1 是磁化主线,曲线 2 是磁滞回线的一部分,曲线 3 是脉冲变压器的工作周期线。B、H 分别为磁通密度和磁场强度,B_m、H_m 分别为 B 和 H 的最大值,B_r 是剩磁磁密。

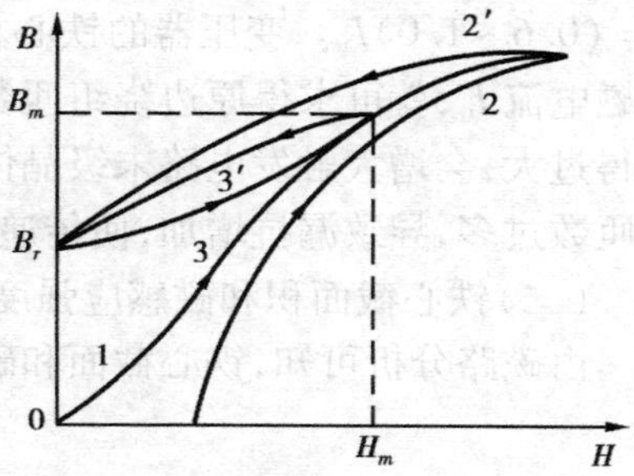

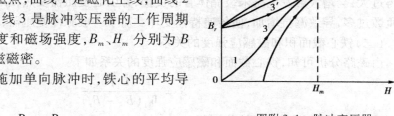

图附 3.1 脉冲变压器的磁化曲线

当周期性向变压器施加单向脉冲时,铁心的平均导磁率为:

$$u_{cp} = \frac{B_m - B_r}{H_m}$$

可见,向变压器施加单向脉冲时,铁心导磁率 μ_{cp} 总是比施加交变电压为低,并且剩磁 Br 越高,μ_{cp} 就越低,变压器铁心得不到充分利用。为了提高变压器的利用率,希望脉冲变压器铁心材料的剩磁 B_r 要低,最大磁密 B_m 和导磁率要高。因此应尽量选用较好的磁性材料,如冷轧硅钢片、坡莫合金、铁淦氧体,铁心的截面要选得大一点。

采用附加位移绕组的方法,可以减小脉冲变压器的尺寸,该绕组的作用是使铁心磁化的原始工作点沿着磁化曲线移到负的最大磁密点上,由于增加了铁心中磁密的变化范围,故可减少变压器的匝数和磁路截面。但在位移绕组回路中必须串入足够大的电阻,使在两个脉冲间隔期变压器的去磁过程不致被滞后。

如果用一只变压器产生两个相位相反的脉冲,则变压器铁心就利用得比较好了,因为在这种情况下和采用位移绕组一样,铁心的交变磁化将沿着整个回线进行。但这种线路会产生一个反相的寄生脉冲,此脉冲在基本脉冲终止的瞬间产生,影响到反相的一组,在固定不变的情况下,可将此寄生脉冲限制在某一允许值之内来解决。但当可控变流器的控制角要求快速变化的情况下,产生寄生脉冲是不允许的,它将使可控变流器提前导通。

特别要指出的是,设计脉冲变压器时不能使铁心磁感应强度 B 达到其极限值 B_s,因为此时铁心饱和,将会出现极大的激磁电流。通常取 $B_m \leqslant (0.8 \sim 0.85) B_s$。如传递的是宽度小于 $T/2$(T 为脉冲的周期)的矩形波时,$B_m \leqslant \frac{1}{3} B_s$。为了尽量减小剩磁 B_r,必要时脉冲变压器的铁心可留一定气隙。

二、基本关系和计算方法

(一)激磁电流 I_0 与原边匝数 W_1 的关系

当脉冲变压器的原边加上矩形脉冲时,原边绕组就产生一个磁场强度 H_m,该磁场强度可由下式表示:

$$H_{\mathrm{m}} \cdot l_c = W_1 \cdot I_0$$

式中 H_m——铁心不饱和时的最大磁场强度

l_c——铁心磁路的平均长度

W_1——原边绕组匝数

I_0——原边绕组激磁电流

$I_0=(0.15\sim0.5)I_1$,I_1 为脉冲变压器副边绕组折合到原边的电流。当 I_1 较小时,也可取 $I_0=(0.6\sim1.0)I_1$。变压器的铁心材料和结构确定后,H_m 和 l_c 就为已知,这时只要合理选择激磁电流 I_0,就可求得原边绕组匝数 W_1。可见,I_0 的选择是脉冲变压器设计的关键之一。I_0 选得过大,会增大触发电路末级晶体管的负担,并引起变压器发热;I_0 选得过小,又会使原边绕组匝数过多,导致漏抗增加,使传递特性变坏。对于一般脉冲变压器,希望 $W_1 \leqslant 300$ 匝。

(二)铁心截面积和磁感应强度的关系

由磁路分析可知,铁心截面和磁感应强度的关系如下

$$S = \frac{U_1 \tau}{W_1(B_{\mathrm{m}} - B_r)}$$

式中 S——铁心磁路的截面积

U_1——加在原边绕组上的矩形波脉冲电压幅值

τ——矩形波脉冲电压宽度

W_1——原边绕组的匝数

B_{m}——铁心未饱和时的最大磁感应强度

B_r——铁心剩磁的磁感应强度

铁心截面积可根据上式进行计算。

上面介绍了设计脉冲变压器的基本原则,接着就可以根据这些原则进行计算了。

(三)脉冲变压器主要参数的计算方法

设计算前,下列数据均为已知:

U_1——输入矩形波脉冲的幅值

τ——脉冲宽度

T——工作周期

U_2——输出脉冲要求的幅值

R_{fz}——负载电阻

计算的步骤和方法如下:

1. 确定变比和原、副边绕组的电流变比 $K = U_1/U_2$

副边绕组电流 $I_2 = U_2/R_{fz}$

原边绕组电流 $I_1 = I_2/K$

2. 选择铁心材料及型式

若输入脉冲的频率$f=1/T$,则

$f \leqslant 100$ Hz 时选用热轧硅钢片。

$f \leqslant 1\,000$ Hz 时选用冷轧硅钢片。

$f \geqslant 1\,000$ Hz 时选用坡莫合金或铁淦氧材料。

铁心可做成“E”字形,或铁淦氧磁环。尺寸根据输出功率大小确定,详见表附 3.1。

表附 3.1　E 型铁心尺寸表

	a /mm	c /mm	F /mm	A /mm	H /mm	L_c /mm
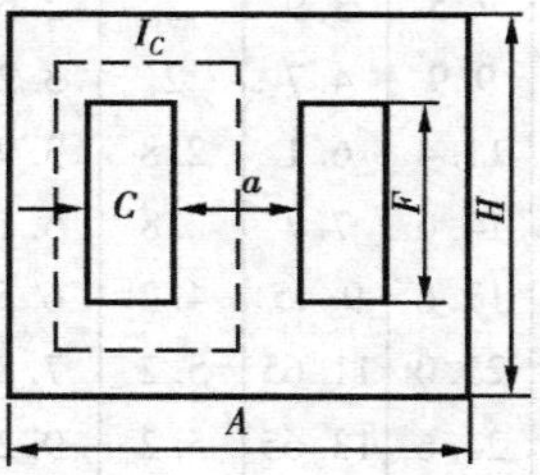	5	4.5	12	19.5	17.5	50
	10	6.5	18	36	31	72
	12	8.0	22	44	38	92
	13	7.5	22	40	34	83
	15	10	28	56	48	110
	16	9	24	50	40	100
	19	12	33.5	67	57.5	125
	22	11	33	66	55	130
	28	14	42	84	70	170
	32	16	48	96	80	180
	38	19	57	114	95	220
	44	22	66	132	110	260
	48	25.5	75	150	126	280
	50	25	75	150	125	300
	56	28	84	168	140	320
	64	32	96	192	160	370

表附 3.2　环型铁心尺寸表

尺寸/mm		型				号			
		K-1	K-2	K-3	K-4	K-5	K-6	K-7	K-8
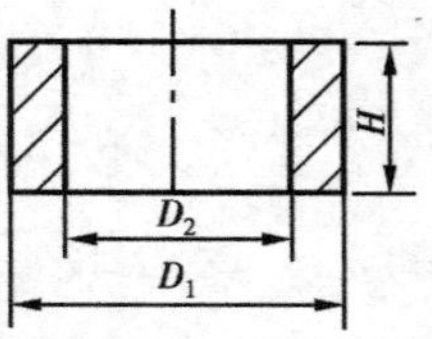	D_1	22	18	10	10	10	20	20	7
	D_2	14	11	7	7	6	12	8	4
	H	5	8	5	5	5	4	6	3

3. 计算原、副边绕组匝数 W_1、W_2

预选 I_0、H_m、l_c

$$W_1 = H_m \cdot l_c / I_0$$

若 $W_1 > 300$ 匝,则可适当增加 I_0 或重选铁心尺寸再预算:

$$W_2 = W_1/k$$

4. 确定铁心厚度

铁心截面积 S

$$S = \frac{U_1\tau}{W_1(B_m - B_r) \times 10^{-8}}\ \mathrm{cm}^2$$

铁心厚度 $b = S/k_c \cdot a$

式中　a——铁心宽度(cm)

　　　k_c——选片系数(0.9～0.95)

通常 $b = (1.3 \sim 1.5)a$。如果 b 尺寸过大,则表明铁心尺寸偏小,应改用大一号铁心。

表附 3.3　MXO-2000 罐形磁心尺寸表

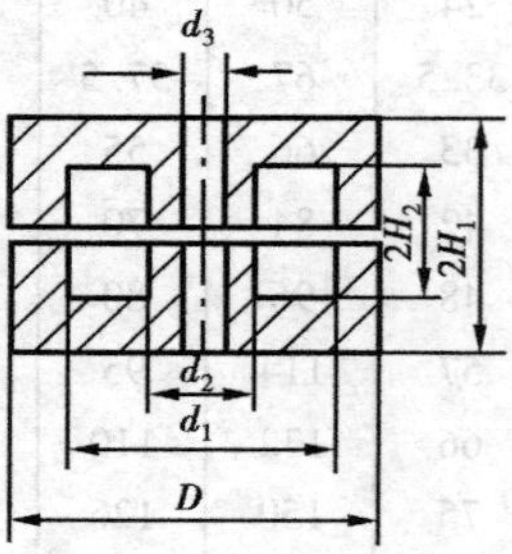

型　号	尺　寸 /mm					
	D	d_1	d_2	d_3	H_1	H_2
GU-9×5	9.5	7.5	3.9	2	2.6	1.8
GU-11×7	11.0	9.9	4.7	2	3.2	2.2
GU-14×8	14.5	11.4	6.1	2.8	3.9	2.8
GU-18×11	18.6	14.6	7.7	2.8	5.1	3.6
GU-22×13	22.2	17.6	9.45	4.2	6.5	4.6
GU-26×16	26.2	21.0	11.65	5.2	7.8	5.5
GU-30×19	30.7	24.6	13.65	5.2	9.2	6.5
GU-36×22	36.5	29.4	16.25	5.2	10.6	7.2
GU-42×26	43.4	35.3	17.25	5.2	13	8.7
GU-48×30	48.3	39.7	20.0	5.2	14.1	10.15

5. 确定绕组导线截面积和直径

导线尺寸根据电流有效值选取。

导线截面积　$A = I_{ef}/j = \pi(d/2)^2$

导线直径　$d = 2\sqrt{I_{ef}/\pi j}$

式中　I_{ef}——电流有效值

　　　j——电流密度,可取 2.5 A/mm^2。

原边绕组电流有效值

$$I_{ef1} = \sqrt{\tau/T} \cdot I_1 + I_0/3$$

副边绕组电流有效值

$$I_{ef2} = \sqrt{\tau/T} \cdot I_2$$

由于电流为脉冲形式,导线发热不严重。但在铁心窗口尺寸许可的条件下,截面可以选得大些,以减小变压器的内阻压降。

6. 计算与校核输出级晶体管功耗

晶体管工作在开关状态,其耗散功率为

$$P_c = U_{ces}\frac{\tau}{T} \cdot I\ \mathrm{W}$$

式中　U_{ces}——晶体管饱和压降

τ——脉冲宽度

T——脉冲周期

$I = I_1 + I_0$——通过原边绕组总电流

根据 P_c 可以选择合适的输出级晶体管，或校核已选用的晶体管是否满足要求。

三、设计举例

在一个脉冲触发电路中，已知脉冲周期 $T = 11$ ms，脉冲宽度 $\tau = 1.1$ ms，原边脉冲电压 $U_1 = 12$ V，副边脉冲电压 $U_2 = 8$ V，副边最小负载电阻 $R_{fz} = 50\ \Omega$，试设计一个脉冲变压器。

设计步骤：

1. 确定原、副边电流及变比 K

$$K = \frac{W_1}{W_2} = \frac{U_1}{U_2} = \frac{12}{8} = 1.5$$

$$I_2 = \frac{U_2}{R_{fz}} = \frac{8}{50} = 0.16\ \text{A}$$

$$I_1 = I_2/K = \frac{160}{1.5} = 106\ \text{mA}$$

2. 选铁心材料及确定铁心尺寸。选用冷轧硅钢片，其 $B_s = 12\ 000$ Gs，$B_r = 4\ 760$ Gs。

采用 $B_m = 0.8\text{B}_s$，故 $B_m = 0.8 \times 12\ 000 = 9\ 600$ Gs

冷轧硅钢片的导磁率 $\mu = 8\ 000$，于是

$$H_m = \frac{B_m}{\mu} = \frac{9\ 600}{8\ 000} = 1.2\ \text{奥斯特}$$

因 1 奥斯特 = 0.8 A/cm，故

$$1.2\ \text{奥斯特} = 1.2 \times 0.8 = 0.96\ \text{A/cm}$$

选用磁路长度 $l_c = 7.2$cm，$a = 1.0$ cm，取

$$I_0 = 0.3 I_1 = 0.3 \times 106 = 32\ \text{mA} = 0.032\ \text{A}$$

于是

$$W_1 = \frac{H_m \cdot l_c}{I_0} = \frac{0.96 \times 7.2}{0.032} = 216\ \text{匝}$$

$$W_2 = \frac{W_1}{K} = \frac{216}{1.5} = 144\ \text{匝}$$

3. 确定铁心厚度

因为

$$S = \frac{U_1 \tau}{W_1 (B_m - B_r) 10^{-8}} =$$

$$\frac{12 \times 1.1 \times 10^{-3}}{216 \times (9\ 600 - 4\ 760) \times 10^{-8}} = 1.2\ \text{cm}$$

故

$$b = \frac{S}{a} = \frac{1.26}{1} = 1.26\ \text{cm}$$

$b = 1.26 < 1.5a = 1.5$　说明铁心合适。

4. 确定导线截面积

$$I_{ef1} = \sqrt{\tau/T}I_1 + \frac{1}{3}I_0 =$$

$$\sqrt{1.1/11} \times 0.106 + \frac{0.032}{3} = 0.0445\ \text{A}$$

$$I_{ef2} = \sqrt{\tau/T} \cdot T_2 = \sqrt{1.1/11} \times 0.16 = 0.0505\ \text{A}$$

根据 2.5 A/mm^2 计算时,原绕组导线截面积为

$$A_1 = \frac{0.0445}{2.5} = 0.019\ \text{mm}^2$$

副绕组导线截面积为

$$A_2 = \frac{0.0505}{2.5} = 0.0206\ \text{mm}^2$$

据此可以求得导线直径,并求得绕组的断面,将其与窗口比较,如窗口过大,可用较粗的导线;反之,如窗口小,则需另选铁心。

5. 选触发器的输出晶体管

$$P_c = \frac{\tau}{T}U_{ces}(I_1 + I_0)$$

设 $U_{ces} = 2$ V,则

$$P_c = \frac{1.1}{11} \times 2 \times (106 + 32) = 276\ \text{mW}$$

可以据此选晶体管。

应该指出,上面介绍的脉冲变压器的设计忽略了许多因素,因此是近似的。如果脉冲变压器的要求很严格,还应参考有关脉冲变压器的设计资料,应用更精确的方法来进行设计。

主要参考文献

[1] 黄俊主编. 半导体变流技术. 机械工业出版社,1986

[2] 赵殿甲主编. 可控硅电路. 冶金工业出版社,1986

[3] 莫正康主编. 晶闸管变流技术. 机械工业出版社,1991

[4] 丁道宏主编. 电力电子技术. 航空工业出版社,1992

[5] 王会群,邢学文主编. 晶闸管变流技术. 冶金工业出版社,1988

[6] 刘竞成主编. 交流调速系统. 上海交通大学出版社,1984

[7] 姜泓,赵洪恕主编. 交流调速系统. 华中理工大学出版社,1990

[8] 黄俊,秦祖荫编. 电力电子自关断器件及电路. 机械工业出版社,1991

[9] 张永生主编. 电力半导体原理. 机械工业出版社,1986

[10] 张广溢,惠毅. 异步电机转子斩波调速系统的特性分析及参数计算. 电气传动,1986(6)

[11] 蒋祖光主编. 晶闸管交流电力控制器. 机械工业出版社,1988

[12] 孔凡才主编. 晶闸管直流调速系统. 北京科学技术出版社,1985

[13] 刘忠源主编. 同步电动机可控硅励磁系统. 水利电力出版社 1992

[14] 张明勋主编. 电力电子设备设计和应用手册. 机械工业出版社,1990

[15] 宫入庄太编. "パクーーエレクトロ＝クス"丸善株式会社,1981

[16] S. B. Dewan. A Stranghen "Power Semiconductor Circuits" Awiley—interscience Publication John Wiley & Sons 1975